教育部人文社会科学重点研究基地山东大学文艺美学研究中心基金资助
“中华审美文化传统与有中国特色的当代审美文化建设问题研究”(10JJD750004)

美,在传统与创新之间

主　编　周纪文　傅合远
副主编　郭玉越

山东大学出版社

怀念我们敬爱的导师

——中国著名美学家周来祥先生！

序

本书是一个科研项目的结题成果，所以，还要从项目说起。科研项目是“中华审美文化传统与有中国特色的当代审美文化建设问题研究”，由周来祥先生和我共同主持，周先生是第一主持人，我们各自负责一个子课题。周先生作为第一主持人，不仅仅是排序上的安排，更是因为他和他的和谐论美学思想是这个项目的主导，整个项目的思想核心和课题结构主要集中在对中华传统和谐美学思想的阐述及其在当代的继承与创新问题上。

然而，天有不测风云。2011 年 6 月 30 日，项目开展仅仅半年时间，周先生就因病逝世了。我记得当时先生的博士在读学生戴孝军打来电话说：“先生不在了，我们怎么办?”他的这句话也说出了我当时的悲伤与无助，之后的很长一段时间，我都会常常感觉到这种迷茫。年底，傅合远先生加入了这个项目，因为都是周先生的学生，对于先生的思想领会得比较透彻，彼此也非常熟悉，对于项目的设计初衷基本上不用沟通。总之，这个研究项目自始至终依然是以周来祥先生的和谐论美学体系为思想基础和指导，以中华和谐美学传统及其在当代的传承和创新实践为研究对象。但是，先生的离去对于项目研究工作的进行还是造成了巨大的困难，尤其是先生亲自负责的传统美学研究部分的子课题。不得已我做出一个调整，把这一部分内容压缩为一个章节，纳入我所主持的当代审美文化部分，于是就有了现在书稿的整体结构。为了弥补这个遗憾，也为了大家更多更好地理解周来祥先生对中国传统美学的解读，我在书稿的最后附录了三篇周先生在这个研究领域的文章。

全书共分八章。首先讨论的是中华审美文化传统的人文精神及现代意义。文化精神是文化中一切思想的总和，是最能反映一种文化特质的部分。而最能体现中华审美文化人文精神之真善美的就是“中和”精神，这一章作为原研究课题的传统部分内容的压缩，就是对中华审美文化传统精神的概括和阐释，也是当代审美文化继承和创新的思想基础和观念核心。第二章其实是在概括传统审美文化精神的基础上，明确有中国特色的当代审美文化建设的指导思想和核心观念。认为和谐观念是当代审美文化建设之魂，创新是当代审美文化建设之器，以人为本是当代审美文化建设之根。在概括了传统审美文化精神和明确了当代审美文化建设核心观念的基础上，我们又从八个方面，分别剖析了当代文化艺术领域的创新实践，以分析事例和解读内涵为切入口，以反思批判和拓展思路为用力点，力求在纷纷扰扰的创新大戏中看清问题、抓住主脉、有所获益。这八个部分分别是传统文化资源的现代创造、传统艺术形式的现代变革、传统文化观念的现代阐释、传统审美意识和审美模式的现代演绎、当代审美文化的民族性与世界性问题、文化产业的发展与创新等。

书稿的撰写者全部是周来祥先生的学生或学生的学生，第一章由戴孝军完成，第二、四章由郭玉越完成，第三、五章由王雅楠完成，第六章由戴孝军和郭玉越完成，第七章由曾洁完成，第八章由盖惠娟完成。

感谢山东大学出版社的傅侃女士为本书出版的辛勤付出。

拙著即将付梓，我们这些做学生的，虽然完成了先生生前未做完的工作，但是欣慰之意难抵悲痛之情，就以此作为我们的怀念吧！

周纪文

2016年10月于济南

目 录

第一章
中华审美文化传统的人文精神及现代意义

文化精神是文化中一切思想的总和，是最能反映一种文化特质的部分。文化精神既有普遍性又有特殊性，普遍性与人类的共通性有关，特殊性则与文化的民族性有关。因此，从文化精神的角度，我们可以看到一个民族对外部世界和自身的认识、观念，感悟到一个民族的文化之魂。中华审美文化的人文精神到底是什么，可以说仁者见仁、智者见智：有人认为中国文化是“食文化”而相较于西方文化的“性文化”；还有人认为中国文化是“宗法文化”以对比于西方文化的“宗教文化”。姑且不管以上说法恰当与否，但就把文化简单地归为某种生活方式和信仰行为而言，确实有简单化之嫌，不能让人信服。同时，这种说法是一种表层的、经验的、具体的现象归纳，不是一种深层的、理性的、抽象的本质分析。我们认为，一种文化的精神彰显，不仅体现于人类认识行为的至真之上，体现于人类伦理行为的至善之上，还体现于人类审美活动的至美之上。因此，最能体现中华审美文化人文精神之真善美的就是“中和”精神。

第一节　中华审美文化的“中和”精神与和谐传统

“中和”（或者说“和谐”）在古代中国是一个贯穿始终的思想观念，源远流长。“和”的内涵在历史的发展中越来越深刻，越来越丰富，从一个日常词语逐步升华为一个哲学概念、美学概念、伦理道德概念，日益成为中华文化的核心范畴和主导精神。古代的“和谐”在内涵和精神上也表现出不断升华、不断拓展的过程。正如周来祥先生所指出的那样：“中国传统文化所讲的‘中和’，不只是贯彻始终，同时也是一个几乎无所不包的大概念、大范畴。它无所不在，无处不在，无时不在，渗透于中华民族的大脑、灵魂和发肢，甚至于从每一个文化细胞中都能看到它的踪迹和影子。从大的方面说，它体现为宇宙的本体，就是'中和'之道；体现为人类的行为、实践，就是'中和'之行；体现为待人接物、处理问题、解决问题的方式、方法，就是'中和'之用。从哲学认识论看，'中和'就是至真。从伦理道德看，'中和'就是至善。从美学上看，'中和'就是至美。"[①]和谐精神作为民族文化的根本精神，贯穿于审美文化的各元素、各层面、各维度的具体关系之中，形成了中华审美文化的一些基本特征。这些具体特征也有着一些共同的基础，比如儒、释、道合流，文、史、哲相融形成的感性与理性的统一，泛审美化、伦理性与审美性融合，等等。

一、"中和"精神与儒、释、道

"中和"精神的本质内涵是什么呢？它应该说是对一切领域中矛盾、差别的调和，忽略斗争、对立，主张中庸、和谐。而这种"中和"的核心是伦理，即以等级、差别为前提的"中和"。因此，"中和"并非平等的大同，而是肯定差别的合理性，它是建立在差别基础上的和谐。例如，君臣、父子、夫妻之间的"中和"关系，是以一方服从、隶属于另一方为前提的。这种以伦理为核心的"中和"观，体现了中国古代文化的实用主义品格。

在审美领域中，"中和"转化成为"和谐美"的理想。以"和"为美是中国古代审美文化的基本性质，它具体体现在感性服从理性、情服从理、形式服从内容、审美服从伦理、艺术服从政治等前提下诸对立因素的调和一致。重人伦的文化观念在审美与艺术中又转化为注重主观情志的抒发、崇尚意趣的独特美学风尚，构成了中国古代审美文化不同于西方古代审美文化的一系列特征。

在中国古代审美文化的发展演变中，逐步形成了儒、释、道三家相互依存、相互作用而又以儒家为主的审美文化格局。"中和"精神虽然也贯穿于儒、释、道三家之中，但因为三家所秉持的文化理念的侧重点不同，因此"中和"精神在儒、释、道三家中所体现出来的侧重点也不一样。其中，儒家主要侧重于人与人、人与社会关系的和谐，主要表现在以人自身的和谐为基点，推己及人，以构建人与人、人与社会的和谐世界为目标，而审美在此过程中主要充当了实现伦理目标的工具手段，如儒家的"诗教"或"乐教"等就是这一工具手段的反映。在培养人的目标上，"文质彬彬"的君子是儒家的理想化人格；在行为方式上，"执两用中""过犹不及"是儒家的行为准则；在审美理想上，"尽善尽美"是儒家的美的理想；等等。这些都体现了儒家的"中和"精神。除了充当伦理教化的工具之外，儒家的审美又

① 周来祥、周纪文：《中华审美文化通史·秦汉卷》，安徽教育出版社 2007 年版，第 16 页。

成了中国古代审美文化的最高目标和理想，像“孔颜乐处”就是儒家关于人的审美化生存的最理想目标。鉴于此，儒家的“中和”精神既与现实的伦理政治、国家民族紧密联系，又与人的审美化的生存有关，因此，儒家审美文化就成为了中国古代审美文化的大潮。

与儒家相反，道家主要侧重于天与人、人与自然的和谐，这既是道家对儒家一味强调以伦理宗法构建等级差别基础上的和谐社会的批驳，又是对儒家轻视人与自然关系的补充。在天与人、人与自然的关系上，道家不重视人的对外开拓的积极性、主动性，而是更加内敛，把人的积极性、主动性的“技”的训练变为顺应“道”的途径。在道家看来，“道”既是形而上的最高理想，又是形而下的日常生活的存在。形而上的最高存在牢牢掌控着天下的万事万物，是宇宙万物之母、之源；形而下的日常存在又让人感到“道”就在身边，须臾不可离开。因此，一切合于“道”、顺应“道”就成了道家审美文化的最高目标和理想。在行为方式上，道家追求天然，反对人为，主张以“无以人灭天，无以故灭命”的“无为无不为”为最佳的做事原则；在人的目标上，精神的逍遥游是人的最高境界；在审美理想上，追求心与物的和谐大美是道家的最高理想。所以，道家在天与人、人与自然的关系上，侧重的是人与自然的和谐，追求的是“天乐”而不是“人乐”，人的最理想审美化的生存方式是一切顺应自然，合于自然，以自然为最高准则，以合于自然为最大的快乐、最高的美。当然，道家所谓的“自然”不是现代的自然，而是近似于“本来如此，天生如此”，是什么样就是什么样。

有别于儒家及道家，佛教以及中国化的禅宗主要侧重于人与人格神“佛”（释迦牟尼）的和谐，实际上是把儒家外向型的积极性、主动性的修身养性和道家的养生逐渐变为了佛家的“养心”。中国传统审美文化很重视“养心”，儒家把人的身心修养安放于文学艺术之中，以尽善尽美的文艺滋润人心，以形成内心情感的和谐和均衡，进而由人心之和扩大到人人之和、人与社会之和、人与自然之和，是中华审美文化的心学滥觞。相反，道家则把人的身心放到山水自然之中，反对儒家严密而又繁琐的礼仪约束，强化人的身心的释放，追求一种精神的逍遥游，这就是庄子的“游心”思想。佛教以及佛教中国化的禅宗也是注重心理的和谐与平衡修炼，但是佛教以心为本体，要求治心的时候必须要脱离尘世并进行严酷的修行，这就影响了佛教在中国的传播和普及，佛教真正融入普通中国人的现实生活是在佛教中国化的禅宗诞生之后。禅宗也主张以心为本，不过它要求治心的手段不是要人们脱离尘世并进行严酷的修炼，而是主张“我心即佛，佛即我心，心佛一体”，强调顿悟和生命的体验，主张“平常心是道”，认为人们在日常现实生活之中就能成佛。

儒家的修身养性是为了事功型的“齐家、治国、平天下”，道家的养生是为了生命的长久和快乐，佛家的养心却是为了让人成为具有佛心的人格神。这样，中国传统审美文化就一步步成为了主体性、抒情性、写意性和内敛型的，以优美为主、兼容阳刚之气的和谐文化，中国美学也因此成了以“和”为美的和谐美学。

二、“中和”精神内涵的发展演变

“中和”精神的内涵有一个发展演变的过程。在先秦时期的孔子时代之前，“中和”这个词尚未出现，只出现了“和”这个字，但“和”所表达的含义和“中和”这个词是一致的，那就是调和、协调、和解、和谐，不走极端。到了春秋时期的史伯、晏子、单穆公时代，出现了“和同之辨”，认为“和”是不同事物的协调、平衡，“同”则是相同事物的相加和重复，并进一步从主客体的关系入手阐述了“和”的事物对人的心理、生理结构的影响，这已经具备了素朴辨证法的眼光。“中和”作为一个整体概念最早出现在《礼记・中庸》里面：“喜怒哀乐之未发谓之中，发而皆中节谓之和。中也者，天下之大本也；和也者，天下之达道也。致中和，天地位焉，万物育焉。”在这里，我们一方面看到了儒家对“和”的一种改造，那就是用“礼”对人的心理情感加以约束和控制，使得人的感性具有了理性的内容，理性具有了感性的积淀，感性与理性达到了和谐统一；另一方面，儒家将“中和”这个概念上升到了天下万事万物的本体地位，认为只有遵循了“中和”，天地才能各安其位，运行有序，孕育万物，共生共荣。在这里，儒家是以人道之和推出天道之和（人道即天道），然后，又以天道论证人道，“天人合一”，是和之于人，而非和之于天。这就使得“中和”这个概念成为了儒家的核心概念，也成了整个中华传统审美文化的核心概念，使得中华传统审美文化从先秦儒家之后审美的视阈侧重于脚踏在人间的现实人生，而不仰望并不存在的彼岸神秘世界。汉代的董仲舒强化了“中和”精神的人生现实倾向，用“天人感应说”（即天与人的相通）降低了天的神秘性，提高了人的主动性和能动性，并把天与人的和谐关系运用于君与臣的和谐关系，为现实政治提供了理论基础。宋明理学时期，儒学融合了老庄的道家和佛禅的思想，使儒学有了一个大的改变，朱熹更是把中和精神拉回到现实的世俗生活，使得“中和”“中庸”向着实用化、生活化、世俗化的方向发展。朱熹认为，中和不但是“天人合一”的最高理想，还是人们处理日常现实生活中具体问题的最佳方法，这增强了中和精神的现实操作性。

“中和”精神不仅是儒家的，也是道家和禅宗的。老庄道家发挥了儒家追求心里和谐的一面，但抛弃了儒家对人的礼法约束和限制。道家的心理和谐是从物和心的关系入手来解决治心的问题。在道家看来，人的精神自由一方面必须抛弃客观的、现实的、具体的、外物的限制和约束，并涤除各种各样的非现实的、抽象的、看不见的人的欲望、愿望和情感；另一方面还要抛弃人的肉身，这样才能实现“以天和天”的精神的逍遥游。但是，老庄也认识到人是不可能脱离现实的物质世界和人的肉身的，所以人的异化就不可避免，而要实现精神的完全自由，必须采用“心斋”和“坐忘”的手段，也就是道家所注重的“养生”和“技”的锻炼，注重生命的体验和宇宙精神的契合以及“技”转化为“道”的过程。因此，道家在追求“道”的过程中重体验、重感悟，而不重抽象的归纳和演绎。

佛教以及佛教中国化的禅宗也是注重心理的和谐和平衡修炼，但是佛教以心为本体，要求治心的时候必须要脱离尘世，进行严酷的修行，这就影响了佛教在中国的传播和普及，佛教真正融入中国普通人的现实生活，是在佛教中国化的禅宗诞生之后。禅宗也是主张以心为本，不过它要求治心的手段不是要人们脱离尘世和进行严酷的修炼，而是主张“我心即佛，佛即我心，心佛一体”，强调顿悟和生命的体验，认为人们在日常现实生活之中就能成佛。

到了中唐之后，随着封建社会由强到衰的转变，社会矛盾进一步尖锐化，和谐精神开始逐步面临挑战，但“中和”精神的主导地位仍然没有变。

三、“中和”精神与中国传统的伦理政治

首先，“中和”精神促进了人的伦理化、社会化和理性化。中国的传统审美文化很重视现实的人生，重视人性的伦理教化。孔孟儒家特别重视把人伦理化，即在感性与理性的和谐中侧重于人的社会性、理性，把人从神秘的原始巫术和夏商周时期的祀神拉回到现实中来，把视野聚焦于人性的塑造上，从而更好地为伦理政治服务。儒家对人的塑造是采用“仁”和“礼”一内一外这两种方式进行的，礼法的外部约束我们可以从《礼记》中看出来，其可谓是覆盖面广，对人的衣食住行、生老病死都有严密的、明确的规定，这是人的理性化彰显的标志，是儒家的一大贡献。但礼法约束的严密和繁琐又使人的理性显得面目可憎，少了很多人情味，因此孔子创造性地采取了“以仁释礼”的方式，把外在礼法的约束变为人内心主动追求的行为方式，这便是孔子的聪明之处。“仁者，爱人”就是说“仁”的出发点是处理人与人之间的关系，而不是人与神之间的关系，这种关系的中介点是人的爱心，于是人与人之间的关系就变成了爱的情感关系。“以仁释礼”就使外在的礼法有了一个心理学的基础，用人的爱心冲淡了外在礼法的严密和繁琐，给人的理性增加了感性的因素，为其蒙上了一层温情脉脉的面纱。也可以说，孔子用感性融合了理性，“以仁释礼”就是中和精神的一种表现方式。

孔子何以会想出“以仁释礼”的方式呢？这可以看作是孔子对原始氏族血缘关系的继承和发展所必然采取的一种行为方式。在中国，理解人的伦理化必须要知道“血缘优先”这一原则。人的血缘关系分为亲情和亲疏两个方面：亲情是人与人之间由血缘关系所产生的自然而然的亲近的情感，主要表现为父母对子

女的爱心和子女对父母的孝心两个方面，这是不需要任何制度保障和舆论监督就能做到的；亲疏是由人与人之间血缘关系的远近而产生的不同程度的情感，主要表现为中国传统的“五服”制度，即斩衰、齐衰、大功、小功、缌麻五种丧葬服饰。亲情强调的是人与人之“和”，亲疏强调的是人与人有“等”，即爱有差别。孔子的“以仁释礼”一方面就是以人与人之间由血缘而产生的爱心来处理人与人之间的关系，为“礼”找到了一个心理的内涵；另一方面孔子把“仁心”和“仁政”联系起来，这就要“泛爱众”，就要“推己及人”，这就必须要贯彻“夫仁者，己欲立而立人，己欲达而达人”和“己所不欲，勿施于人”这两个原则，这样才可以使家无怨、邦无怨、天下无怨。通过由家及国，由己及人，由家邦无怨到“泛爱众”，形成一个人与人相亲相爱的和谐社会。这是孔子“仁”的最高政治理想和社会理想，也是一个“四海之内皆兄弟”的人人相和的美好愿景。

孔子的“仁”是从内部来修己、克己，而“礼”是从外部来约束和区分人的行为规范和准则。人类要过群体生活，必须以“仁心”为纽带，结合为一体，但群体生活还必须有分工，这就要靠礼仪来区分有序。这样，仁爱的亲和是有序的基础，“有序”则成了礼制和礼治局面，成了“仁爱”亲和的保障。这样，人与人之间、人与社会和国家之间各司其职、各安其位，社会和谐的局面才能形成。儒家的这种伦理政治是靠血缘关系维持的一种德政，再辅以刑的处罚，缺少现代的法治观念，这就是“内圣外王”之治。所谓“内圣外王”，就是修身治国统一于仁，就是内修德性以成圣人、外施仁政以成王者，它的核心和出发点还是“治心”，在于一种道德的完善。

其次，“中和”精神促进了政治的伦理化。中国传统的政治制度是一种宗法政治，是根据血缘关系的亲疏决定人在社会中权力地位的高低贵贱和财产占有的多寡。越是血缘关系网络中的嫡系近支，越占有权力体系中的重要地位；越是血缘关系的庶出旁支，越远离权力结构的核心，只能处于次要地位。儒家的这种“人人之和，爱有差等”的学说，就是要通过“礼”的行为规范区分出人的高低贵贱，认为每个人应该按照礼的规定做出符合自己身份地位的行为，而不能僭礼，乱了纲常。儒家把家族的这种“父父，子子”放大到了国家层面的“君君，臣臣”，只要在家父慈子孝，在国就是君贤臣忠。也就是说，只要人人各安其位，各司其职，就能达到社会的和谐稳定。

四、“中和”精神与中国传统的国家民族观念

中国传统的国家民族观念不同于现代的国家民族观念。从总体上来说，中国传统的国家观念两千年来基本上是家国一致，国是放大的家，家是缩小的国，家的一切适用于国的一切。具体来说，秦汉之前中国是“中央之国”“宗主之国”

“万邦之国”，人对国家的认同分为两个方面：一是对自身所属邦国的认同；二是对中央之国的天下共主的认同。西周的分封制改变了这种双重身份的认同：第一，确立了君臣之分；第二，确立了王朝中心与诸侯之间的距离，形成了中原、诸侯、四夷的同心圆式的天下秩序和天下观念；第三，形成了嫡长子继承制。

秦汉之后，大一统国家制度建立。在文化上，以儒家文化为正统的传统文化占据了核心地位，具体包括家国一致的政治原则、“内圣外王”的伦理政治、严格规范的等级礼仪制度、以士为主的官僚体制以及道德教化的教育制度等。地理上，大一统国家处在居于中原的绝对有利的位置。

民族观念方面则出现了“大一统”观念和“华夷观念”。我们国家是一个多民族国家，多民族国家的形成过程就是一个融合的过程，例子之一就是中华民族的龙图腾，还有共同的祖先炎帝和黄帝。“大一统”民族观念有两个方面：天下观和正统观。天下观是天子居于天下之中，四夷居天下之偏，形成中心—边缘之分，中心依血缘关系形成一个等级格局，中心和边缘又形成一个朝贡体系。正统观则是君权神授观。“华夷观念”方面则是形成了一个教化和慕华的观念，即先进的汉族文化传播到四夷，教化落后地区的民族，灌输华夷一家的和谐观念，夷又羡慕华，期望学习先进的汉族文化来改变自身的落后面貌，最终促进了民族融和。

五、“中和”精神与人的自我修养和人生理想

人格的自我完善是中华传统审美文化的出发点，重视伦理道德的教化是人格完善的手段，培养感性理性和谐一体的人性是人格完善的目标。因此，中华传统审美文化一直重视礼乐教化。具体来说，就是以“中和”或“中庸”的精神培养人的温柔敦厚、文质彬彬的和谐人性；对内心来说就是要培养“仁心”“爱心”，但要“乐而不淫，哀而不伤”，要以礼节情；对外在行为来说就是要做到“叩其两端”“允执其中”“过犹不及”十二个字，即无论做任何事都要把握事物的两个方面，全面观察、允执其中，以找到相互结合的平衡点，融合为一个和谐的整体——这个平衡点在于适度，“过犹不及”就是违背了“和”的精神。孔子把这种“和”“中庸”的精神和人的道德修养联系起来，认为“君子和而不同，小人同而不和”，即君子讲团结、谦让、包容，但绝不苟同，决不拉帮结派、结党营私、搞小集团的利益，而小人恰恰相反。“和”“中庸”是一种至高至上、至广至大的道德理想和道德行为，从这个意义上讲，“和”就是一种至善，“和”的社会就是一种善的社会。

继孔子之后，孟子又把这种“仁心”发展为“性善论”，认为恻隐、羞恶、辞让、是非之心（即“仁、义、礼、智”）是人天生就有的本性，是人区别于禽兽的标志。性善论强调人性的仁义化、人文化，标志着人从感性的人向理性的人及从自然人向

社会人的一个新发展，使得人完全走出了神性和兽性，向社会性、理性、人文性方面又前进了一大步。虽然人的本性为善，但还不足，还容易受外在环境的制约，易于向坏的方面发展。正如《孟子·告子上》中所言："富岁，子弟多赖；凶岁，子弟多暴。非天之降才尔殊也，其所以陷溺其心者然也。"所以必须要加以教化，才能保持住人性的本善。因此，孟子提出了"扩而充之"，这样便有了"养气"一说。孟子说："我善养吾浩然之气。""其为气也，至大至刚，以直养而无害，则塞于天地之间。其为气也，配义与道；无是，馁也。是集义所生者，非义袭而取之也。"（《孟子·公孙丑上》）首先，孟子的"气"是"至大至刚"的，很有力量，如果不加以损害，并用正气培养它，那么任何东西都没法阻挡它，它可以充塞于天地之间；其次，这个"气"要"配义与道"，就是说气要和"义与道"相结合，否则就丧失了，也就是说"气"是一种伦理道德力量。可见，孟子的"浩然之气"仍然属于道德伦理的范畴，他强调为人要有正义感、道德感，要在任何情况下都能坚持不懈，对自己，要"富贵不能淫，贫贱不能移，威武不能屈"（《孟子·滕文公下》）；对地位比较高的人，要"说大人则藐之，勿视其巍巍然"（《孟子·尽心下》）。总之，就是"穷则独善其身，达则兼善天下"（《孟子·尽心下》）。孟子这种在任何情况下都能坚持自己的操守，不畏地位、权贵，视功名利禄为粪土的精神，是中国古代优秀士人的气概。相较于孔子文质彬彬的谦谦君子形象，孟子的君子则是锋芒毕露、英姿勃发、正气逼人的大丈夫形象。

另外，孟子把人性善作为实行仁政、王道的思想基础，具体表现为他把孔子的"仁心"引导到了"仁政"，把"仁者，爱人"引导到了"仁者，爱民"，提出了"民为贵，社稷次之，君为轻"的思想。孟子认为仁政、王道不是外在的，而是人的一种内在要求，有仁心就能实行仁政，君王不是不能，而是不为。实行仁政就能"王天下"，要想"王天下"就必须"与民同乐"，就是争取民心。儒家重视人格的道德完善，以内心的情感让外在礼法的约束变为内心主动地追求，可以说儒家在人格修养方面的着眼点还是在于"治心"，只不过他们把这种"治心"放在了人与人之间的社会关系之中，不可避免地带有不自由的特点。道家也是"治心"，但其却是把"治心"放到自然之中，涤除肢体、欲望，以生命的律动和情感的体验感悟宇宙的精神，无概念却暗含着规律，无目的却符合着目的，必然的活动却能达到自由的审美境界。庄子的"庖丁解牛""梓庆造鐻"等，在物质的实践活动中悟道，这种得道的境界，是掌握了规律而又超越了规律的审美自由境界。道家在大自然中放飞自己的心灵，使得天下万物与我为一，心灵得以实现完全的"逍遥游"。

第二节　“中和”精神与“天人合一”

“天人合一”是中国传统审美文化的世界观和方法论。虽然学界对于“天人合一”的内涵有着不同的看法和解释，但是，“天人合一”充满着中国先人的哲学智慧和方法论精神确是不争的事实，而笔者认为，这种智慧和精神就是“中和”。“天人合一”的宇宙观或世界观就是人处理与外部世界和人与人关系的一种总的看法，中和精神就贯穿于传统中国人的“天人合一”之中。尽管随着时代的不同以及人的社会地位和观察角度的改变，出现了侧重“人和于天”还是“天和于人”的不同情况，但是追求和谐的精神并没有丝毫改变，“中和”仍然是中国传统审美文化的核心精神。另外，中国传统文化主要由儒、道、释三家构成，三家都追求“天人合一”，但三家的“天人合一”侧重点又不一样：儒家的“天人合一”告诉人们的是秩序，天已经为人们安排好了人间的秩序，这个秩序就是以天子为核心的家国一体的宗法制度和官僚制度，是不能怀疑的，只能顺从，僭越就会遭到天的惩罚，因此儒家的“天人合一”是“以人和天”；道家的“天人合一”告诉人们的是自然规律，是一种天然的东西，天生如此，是什么样就是什么样，人要顺从自然之性，而不能违背自然本性，否则就是以人害天，以人害性，因此道家的“天人合一”是“以天和人”；禅宗的“天人合一”告诉人们的是“平常心是道”，人心是天，天就是人心，二者是一体的，本来就是不可分的。因此，禅宗要求人们潜心修养，积德行善，在生活中体道、悟道，以实现“生活即道”。

因此，我们认为要从两个方面来理解“天人合一”：一方面要从中国传统的整体性思维方式来理解，即中国古代形成的宇宙一体观念；另一方面要明确人在天、地、人三者之中的地位和作用。

一、“天人合一”与整体性思维方式

中国古人把天、地、人看成一个和谐统一的整体，从整体的角度综合来观察和处理宇宙万物。老子提出：“道生一，一生二，二生三，三生万物。”（《老子》第四十二章）虽说后人对这个“一”有不同的解释，但这个“一”是一个整体，是一个混沌未分的宇宙却是学界公认的事实。庄子说：“天地与我并生，万物与我为一。”（《庄子·齐物论》）庄子也从主体与客体不分的角度阐释了天、地、人三位一体的宇宙整体论。儒家的孔子则以人心之和推及人人之和、人与社会之和、人与天下之和，也是把“天人合一”作为追求的目标和最高的理想，所以他常说“吾道一以贯之”（《论语·里仁》）。孟子也从“尽其心者，知其性也。知其性，则知天矣”而

得出"上下与天地同流",这样就可以"万物皆备于我矣。反身而诚,乐莫大焉"(《孟子·尽心上》)。汉代大儒董仲舒的"天人感应论"把"天"人格化,降低了天的神秘性、恐惧性和威严性,以"人和"主动迎合"天和",又以"天和"来约束"人和",实现了天人合一。六祖慧能提出"佛法是不二之法""一切即一,一即一切",还主张"性在身心存""佛是自性作"(《坛经》)。可见,禅宗无论是对对象的始源性的统一性的把握,还是佛我一体,主客不分的思维模式都是表达和再现了对象的统一性和完整性。正如高清海指出的:"西方讲求'知物',以'有'(存在的'实在性')为起始;中国讲求'悟道',以'无'(生命的'生成性')为开端。知物,是为了满足生命、实现价值;悟道,是为了圆满生命、完善人格。知物需要用'眼'去看;悟道需要用'心'体认。用眼看(观),是以主体与客体、内在与外在、人性与物性的分离为前提;用心体认(悟)则以主体与客体、内在与外在、人性与物性的融通一体为基点。这就是它们的思想分野,中西哲学迥然不同的思维特质和理论风格便是由此形成的。"①实际上,中华民族把天、地、人当作一个整体的思维方式已经渗透到了社会生活的方方面面。例如,中医的"辨证论治"就是比较重视一体性的思维方式,它不是像西医治病那样头疼医头、脚疼医脚,而是把人视为一个完整的整体,从整体与部分的关系出发来治病,有利于治"病根",但这种整体性思维也忽视了分析性,不能对事物进行精确的观察和分析。在军事上,中国人也是从整体和全局的角度来认识和制定军事战争的地位和作战原则的。在对战争的地位的认识上,中国人认识到战争是国家的大事,关系到百姓的生死、国家的存亡,不可不重视。所谓的"兵者,国之大事,死生之地,存亡之道,不可不察也"(《孙子兵法·始计》)就是这个道理。战争不单纯是军事行为,只有全面考虑到政治、天时、地势、将领、制度五个方面的利弊得失,才能判定战争的胜败。进行战争和制定作战原则,要从"兵者,诡道也"这个战争的总体特点出发来制定具体的战略战术等。可见,中国古代的军事谋略也是以一种整体性思维来进行的,它要求考虑到政治、经济、文化、天时地利人和等各种因素,而不是单纯的军事行为。

二、"天和"与"人和"的关系

第一,孔子之前的"天人合一"主要是和之于天,而非和之于人;天道为本,以天道支配人道,人道受制于天道。

孔子之前的时期分为两个阶段:一个是史前时期,一个是奴隶制时期。史前时期是以生产工具的制造和使用为标志的(包括旧石器时代、中石器时代和新石

① 高清海:《中国传统哲学的思维特质及其价值》,载《中国社会科学》2002 年第 1 期。

器时代），生产工具的制造和使用逐渐让人成为真正的人，真正的人的出现才能让人逐步认识和思索人所处的外部世界及其与自身的关系。原始史前时期，由于制造和使用工具的水平落后，人无法真正地认清外部世界的本来面目及其自身的内部奥秘，再加上外部生存环境的严酷，就使得原始先民们产生了万物有灵论和原始宗教意识。万物有灵论是原始先民把外部世界及其自身神秘化的一种反应，是人把握不了外部世界和自身神秘性的一种自然而然的情感流露，也是人渴望掌握外部世界和自身规律的一种彰显。实际上，原始宗教意识就是原始先民对外部自然和自身关系的一种把握，只是这种把握不是清晰化的，而是神秘化的，这也体现了人不是被动地适应自然，而是主动地掌握自然。因此，一方面我们通过原始先民的身体装饰（画身、割痕、刺纹、穿鼻、穿耳）的恐怖、绘画的写实、雕刻的粗糙、舞蹈及音乐的庄严和神秘等原始形象符号的类型就可以看出原始先民试图掌握自然的主动性；另一方面我们也可以看出，天还是一种让人感到神秘的、敬畏的、恐惧的异己力量，先民们用各种符号来顺从、迎合于天，期望从中获得神秘的力量，增强自身生存下去的本领。因此，这时的"天人合一"是和之于天，而非和之于人；天处于主宰的地位，支配了人的一切，以人和和于天和。

在中国成书较早的古籍《尚书·舜典》中出现了"神人以和"的记载："帝曰：'夔！命汝典乐，教胄子，直而温，宽而栗，刚而无虐，简而无傲。诗言志，歌永言，声依永，律和声。八音克谐，无相夺伦，神人以和。'夔曰：'於！予击石拊石，百兽率舞。'"从这里，我们一方面可以看出和谐是与音乐紧密相关的，而音乐又和人心情感的塑造有直接关系，人心之和才能达到"神人之和""天人之和"，另一方面还可看出五帝时期外部世界对人来说还是一个异己的对象，它威严、恐怖、神秘，人们对它的情感体认是敬畏的，渴望通过中和的理性人格教化来沟通人与神、天与人的关系，从而达到"神人之和""天人之和"的目的。

第二，奴隶制时期的夏商周时代，人们认为"天"是有意志的，能赏善罚恶，如"天命有德""天讨有罪"等，"天佑下民，作之君，作之师，惟其克相上帝，宠绥四方"（《尚书·泰誓上》），"皇天无亲，惟德是辅"（《尚书·蔡仲之命》）。此外，人的德性源于天。如"天命玄鸟，降而生商"（《诗经·商颂·玄鸟》），"天生蒸民，有物有则。民之禀彝，好是懿德"（《孟子·告子上》）。另一方面，人们必须以德配天，君王必须敬天保民，否则就会受到上天的惩罚而招致灾祸。如"有夏多罪，天命殛之"（《尚书·汤誓》），"商罪贯盈，天命诛之"（《尚书·泰誓上》）。《周易·乾卦》上说："夫大人者，与天地合其德，与日月合其明，与四时合其序，与鬼神合其吉凶。先天而天弗违，后天而奉天时。天且弗违，而况于人乎？况于鬼神乎？"从这里我们可以看出，在夏商周时期，"天"仍然是主宰人类命运的异己力量，人们对它的情感体认仍然是敬天，不要违背天，否则会遭到天的惩罚。但是"奉天时"

不是一般人能够做到的，只有具备大德的圣人才能“与天地合其德”。因此，圣人立德就成为了“与天合”的必要条件。实际上，所谓的有大德的圣人就是君王，只有他们才能担当祭天的“共主”，实现与上天和神的沟通，这还是以人和于天。当然，这也是以孔子为代表的儒家为《周易》作的传所反映的儒家的“天人关系”。

第三，孔孟谈天人关系，是从人和推及天和，以天和来论证人和，归于人和，以人和为本，达到“天人合一”。“天人合一”是和之于人，而非和之于天。天和，地和，人和，终归于人和，归之于以修身为本。身正、心和才能“齐家、治国、平天下”，才能“天地位焉，万物育焉”。从《论语》中我们可以看到，孔子的天命观是矛盾的：一方面他受西周天命观的影响至深，认为天有意志，能赏罚人，要求人对天要敬畏，要人们顺从于天，如“道之将行也与，命也；道之将废也与，命也”（《论语·宪问》），“君子有三畏：畏天命……小人不知天命而不畏也”（《论语·季氏》）。他称颂尧顺天而行：“大哉尧之为君也！巍巍乎！惟天为大，唯尧则之。”（《论语·泰伯》）他强调天命不可违：“获罪于天，无所祷也。”（《论语·八佾》）另一方面，他又把“天”理解为四时行、百物生的自然之天，认为天命是可以认识、可以把握的，强调了人的自觉性和主动性，相较于西周之前的一味祀神，可以说是前进了一大步。他说：“不知命，无以为君子”（《论语·尧曰》），他本人则是“五十而知天命”（《论语·为政》）。他强调通过自己的努力就能达到天命：“不怨天，不尤人，下学而上达。知我者其天乎！”（《论语·宪问》）他还转述尧对舜的忠告：“咨！尔舜，天之历数在尔躬，允执其中。四海困穷，天禄永终。”（《论语·尧曰》）孔子的着眼点在于现实的人生，极力以礼乐来塑造人的身心，以达到推己及人、“泛爱众”的和谐大同世界，而对于神秘性的东西不否认，但又存而不论。正如李泽厚所说：“以儒学为骨干的中国文化的特征或精神是‘乐感文化’。‘乐感文化’的关键在于它的‘一个世界’（即此世间）的设定，既不谈论、不构想超越此世间的形上世界（哲学）或‘天堂地狱’（宗教）。它具体呈现为实用理性（思维方式或理论习惯）和‘情感本体’（以此为生活真谛或人生归宿）或曰天地境界，即道德之上的准宗教体验。‘乐感文化’、‘实用理性’乃华夏文化的精神核心。”[①]他又说：“‘情本体’恰恰就是无本体，‘本体’即在真实的情感和情感的真实之中。它以把握、体认、领悟当下的和艺术中的真情和‘天人交会’为依归，而完全不在去组建、构造某种超越来统治人们。它所展望的只是普通平凡的人身心健康，充分发展和由自己决定命运的可能性和必要性。”[②]

孔子很重视人的身心修养，注重培养人的心理情感的和谐和平衡。儒家的

---

① 李泽厚：《论语今读》，安徽文艺出版社1999年版，第28页。

② 李泽厚：《论语今读》，第10页。

完美人性以“和”“中庸”为心理结构和思想模式，形成了人的世界观和道德观；“礼”和“仁”则是人实现伦理政治的核心，形成了人的伦理观念和政治理想。孔子自觉地把“和”“中庸”和“仁”紧密结合在人的道德修养完善及人与人之间社会关系的和谐稳定上。儒家所塑造的人性从心理上来说必须以“和”“中庸”为基点，在行为方式上必须中规中矩。儒家认为，无论是认知事物、思考问题，还是待人处事、践行事功，都必须把握事物的两个方面，全面观察，允执其中，以找到相互结合的平衡点。既不能不及，也不能过分，不及和过分都不符合“和”，都违背了和谐的精神。接着，儒家又把这种内心之和扩大到人的道德修养，并跟人与人的社会关系结合起来，所谓的“君子和而不同，小人同而不和”(《论语·子路》)就是说“和”的人是君子，“不和”的人是小人。在《中庸》里，子思又提出了“中和”的概念，更是把人的内心和谐与人自身的和谐推及到人与人的和谐、人与社会的和谐、人与自然的和谐，从而把和谐的关系扩展到各个方面，以达到天和、地和、人和的至高境界，即达到天人合一的境界。这种思想主导了中国古代文化两千多年。

孟子认为，通过自身的修养就能彰显先天的、潜在的道德品性，从而把握天命。“性善论”提供了一条尽心、知性、知天的修身路线。“尽其心者，知其性也。知其性，则知天矣。”(《孟子·尽心上》)尽心就是把固有的“仁、义、礼、智”四端，予以充分发展扩充。“四端”充分发展就是人性的完美展现，而人性是天赋的，知性就是知天，心性就可以与天相合，实现“天人合一”。他要求君子要养“浩然之气”，存赤子之心，以达到“上下与天地同流”，就可以“万物皆备于我矣。反身而诚，乐莫大焉”(《孟子·尽心上》)。性源于天，而大归于心性，人的主体性居于主导地位。他还引用《尚书·太甲中》中的话说：“天作孽，尤可违；自作孽，不可逭。”另一方面，天人相通，上天通过一些事件和行动将其意志昭示给人类，“天不言，以行与事示之而已矣”(《孟子·万章上》)。

道家在谈及天人关系时也是这样，一方面重视道的本体作用，由“道”化育万物，由天道到人道，由天道指引人道，“道生一，一生二，二生三，三生万物”；另一方面又重养生，重“技”的锻炼，从个人的养生出发，内在地体验到生命的奥秘，体验到自然生命向精神自由的超越，从而推己及物，由养生之道推及宇宙自然之道，达到生命精神与宇宙本体的统一，达到“以天和天”的境界。老庄的“以天和天”，是人和于天，人和于自然，是个体生命与宇宙本体的结合。

第四，到了汉代，董仲舒把“天”人格化了。这一方面表现为天在人化，自然在人化，天是人化的天。董仲舒说，天具有人的意志和情感，并且能赏善罚恶，即天不是和人相对立的，让人感到恐怖、害怕的力量，而是具有“仁”，处处爱护人，惠施于人，天和人是相通的。另一方面则表现为“人为天下贵”，人能超然于万物之上，故万物莫贵于人。这实际上是把行儒家仁政的君主神化了，同时也反映了董仲舒借用天的权威，以节制人君的绝对权势来实现儒家的仁政思想。尽管这样，这种观点仍然具有美学特色。实际上，“天人合一”思想的核心仍然在于人生。

到了魏晋时代，繁琐的两汉经学崩溃，玄学兴起，自然成了艺术表现的主题。人物品藻，优游山水，谈玄论道成了这个时代的风尚。艺术从社会现实走向自然山水，走向自然之本体，其目的正是为了摆脱扭曲、动乱的社会现实，追求人的本体和人生的价值。魏晋人欣赏山水园林，常由虚入实，由虚致远。嵇康在《赠秀才入军》诗中所谓“目送归鸿，手挥五弦。俯仰自得，游心太玄”，有一种超然玄远的意趣。这种飘逸潇洒，不滞于物，简淡玄远，富于情趣的审美品格，来源于老庄哲学的宇宙观和魏晋人特有的人生观。实际上，魏晋人还没有完全融入自然山水，只是以自然山水来追求一种玄远的理趣。这时的“天人合一”还是主体主动地应和自然，自然成为了抒发主体理趣之所在。

第五，朱熹的“天人合一”思想是把天道的生成与人道的“仁、义、礼、智”直接连接起来。朱子指出：“天即人，人即天。人之始生，得于天也。既生此人，则天又在人矣。”“天人本只一理。若理会得此意，则天何尝大，人何尝小也！”（《朱子语类·大学四》）朱子论天人都渗透着宇宙本原之“理”，所以天就是人，人也就是天，天人一体两分。自然的天不比人大，人也不比天小，此乃“理一分殊”理论在天人关系上的推衍。理学家所说的“天人合一”，既不是把自然界和人看作毫不区别的混沌一团，说成无自我状态的混沌状态，也不是把人和自然界从根本上对立起来，实现所谓认识意义上的同构。这里主要讲的是价值关系，而不是认识关系。在理学家那里，“天”和“人”是高度统一的，因为他们在本体上是一致的。朱熹说：“惟其与万物同流，便能与天地同流。”（《二程集·河南程氏遗书》）理学家还指出，天人一体不仅表现在他们形器上无间无隔，更为重要的是人的心灵境界与宇宙境界、人的生命律动与宇宙的生命节奏的切合：“夫天地之常，以其心普万物而无心；圣人之常，以其情顺万物而无情。故君子之学，莫若廓然而大公，物来而顺应……与其非外而是内，不若内外之两忘也。两忘则澄然无事矣。”（《定性书》）他们十分强调“天人本无二，不必言合”，以及“道未始有天人之别，但在天则为天道，在地则为地道，在人则为人道”（《二程集·河南程氏遗书》）。总之，“天人合一”的宇宙论乃是理学最核心、最高层次的理论内容，也是理学的美学观、伦理观、人格观的理论基础。

第三节　和谐审美文化传统的现代理论意义

中华传统文化的和谐精神是中华民族所具有的巨大凝聚力的心理根源和传统力量源泉，也是中国古代社会超稳定的精神因素和文化基因。它对构建社会主义和谐社会、创建社会主义和谐文化有着巨大的精神上的作用，并可为西方现代、后现代文化的发展提供来自东方文化的借鉴。

一、有利于构建真善美相统一的社会主义和谐社会

在谈到和谐美学与和谐社会时，周来祥先生指出："和谐是一部真善美的交响乐。"[①]"和谐美学认为'美是和谐'……社会主义和谐社会的构建，一方面为现代和谐美学的发展提供了物质基础，另一方面它本身就是这种新型和谐美的现实展现。"[②]因此，从理论层面来讲，当代秉承和谐传统的社会主义社会必定是一个真善美相统一的社会主义和谐社会。

社会主义和谐社会以"真"为基础和前提，所谓"真"就是我们在社会生活的实践中把握客观事物的规律性，使主观和客观、理论与实际统一起来。"真理是由现象、现实的一切方面的总和以及它们的相互关系构成的。"[③]在社会科学领域和文学艺术领域，"真"包括真理、真实、真诚、真挚等多种含义，我们要寻求真理，就要采取实事求是的思想态度。实事求是是马克思主义的精髓，"实事"就是客观存在的一切事物，"是"就是客观事物的内在联系，即规律性，"求"就是我们去研究。我们要从国内外的实际情况出发，从其中引出其固有的（而不是臆造的）规律性，即找出周围事物变化的内部联系，作为我们行动的向导。实事求是的思想路线事实上就是一条寻求真理的路线。新时期，我们的党和国家采取了实事求是的思想、政治和文化路线，使得我们国家终于踏上了一条通往富强、民主、文明的康庄大道，这也是一条社会主义的真理大道。这是中国共产党人和无数的仁人志士通过不懈探索、研究而得出的智慧结晶，同时也吸取了中国古代儒家所倡导的"修身、齐家、治国、平天下"的价值思想体系中的有益经验。"修身、齐家、治国、平天下"这一价值观的提出是以"格物致知"为前提的。"所谓致知在格物者，言欲致吾之知，在即物而穷其理也。盖人心之灵莫不有知，而天下之物

---

① 周来祥：《三论美是和谐》，山东大学出版社2007年版，第101页。

② 周来祥：《三论美是和谐》，第83页。

③ ［苏］列宁：《哲学笔记》，中共中央党校出版社1990年版，第239页。

莫不有理，惟于理有未穷，故其知有不尽也。是以《大学》始教，必使学者即凡天下之物，莫不因其已知之理而益穷之，以求至乎其极。至于用力之久，而一旦豁然贯通焉，则众物之表里精粗无不到，而吾心之全体大用无不明矣。此谓物格，此谓知之至也。”①这段文字充分说明先贤们提出的“修身、齐家、治国、平天下”的价值观是以“穷其理”“以求至乎其极”为前提的。这就是说，大学之道是以学习、探求和真正领会客观事物的规律（真理）为基础和前提的。《大学》中所阐明的这种“格物致知”的求真精神，虽然历经两千多年的风雨沧桑，至今仍闪烁着真理的光芒。

社会主义和谐社会不仅以“真”为基础和前提，而且在其形成和提出的过程中还与“善”融为一体。这一方面体现了合规律性（社会主义的本质规律）与合目的性（历史发展的必然性）的统一；另一方面又为生活在社会主义初期阶段的中国各族人民提供了一个评判真假、善恶、美丑的价值标准和道德行为规范。

真与善的统一及合规律性与合目的性的统一是美产生和创造的根源。在西方传统美学中，很多美学家侧重于真与美的统一，认为“真的就是美的”。在中国传统美学中，更多的是侧重美与善的统一，认为“善的就是美的”。《论语·八佾》中记载：“子谓《韶》，‘尽美矣，又尽善也’”。孟子是性善论的倡导者，他把“恻隐之心”“羞恶之心”“辞让之心”“是非之心”称为“四端”，把它看成是“仁、义、礼、智”四德的感性显现，构成“善”的基本内容。他说：“乃若其情，则可以为善矣，乃若善也。若夫为不善，非才之罪也。恻隐之心，人皆有之；羞恶之心，人皆有之；恭敬之心，人皆有之；是非之心，人皆有之。恻隐之心，仁也；羞恶之心，义也；恭敬之心，礼也；是非之心，智也。仁义礼智，非由外铄我也，我固有之也，弗思耳矣。固曰：求则得之，舍则失之。”（《孟子·告子上》）而人的四端又是处于动态的生发过程之中，可以发扬光大，扩而充之成为“美”。在《孟子·尽心下》中，孟子写道：“浩生不害问曰：‘乐正子何人也？’孟子曰：‘善人也，信人也。’‘何谓善？何谓信？’曰：‘可欲之谓善，有诸己之谓信。充实之谓美，充实而有光辉之谓大，大而化之谓之圣，圣而不可知之之谓神。乐正子，二之中、四之下也。’”在这里，孟子明确地告诉我们：善的“四端”，即仁、义、礼、智（真）加上信，从内到外、从形到神，“扩而充之”就是美。善人、信人就是最美的人，这种美善统一的观念是中国美学一贯的价值观。传统的中国审美文化认为，最有仁德的人、最善的人才是最美的人。在《大学》中，“至善”是“明德”的最高境界。朱熹注曰：“止者，必至于是而不迁之意。至善，则事理当然之极也。言明明德、新民，皆当至于至善之地而

① （宋）朱熹撰：《四书章句集注·大学章句》，《新编诸子集成》本，中华书局1983年版，第6～7页。

不迁。”[①]德即道德，是伦理学和社会美的最根本的范畴。德与善密不可分，但它和善是不同的。郭店楚墓竹简的《五行》对五行的构成进行了新的解说，并对善与德作了原则上的区分。简中写道：“善，人道也。德，天(道也)。”[②]这说明“善”是社会上的人群(公民)追求的理想境界和行为规范；“德”包括善，而又大于善所涵盖的范围，它是天下之道，体现国家、民族的理想标志与行为准则。郭店楚墓竹简中还说：“天生百物，人为贵。人之道也，或由中出，或由外入。”[③]作为人之道的“善”，是作为天之道的“德”的因子和灵魂；没有善的德，就是缺德、无德。构建社会主义和谐社会必须强调“德”，这个德既是当代公民个人的“小德”，也是国家、民族、社会的“大德”，它集中体现了价值主体——人民对“至善”这种理想境界的追求，是真与善的融合、美与善的结晶。

在中国灿烂的文明史上，不仅儒家倡导美与善的统一，追求“尽善矣，又尽美也”的价值理想，道家同样也追求美与善的统一。老子在提出美与丑、善与恶相反相因、相伴而生的同时，提出了“上善若水”的重要命题。他说：“上善若水，水善利万物而不争，处众人之所恶，故几于道。居善地，心善渊，与善仁，言善信，正善治，事善能，动善时。夫唯不争，故无尤。”(《道德经》第八章)老子说的“上善”指的是至善、至美的境界。水是生命的象征，海是水的王国，它以无比宽广的胸怀，海纳百川、润育万物；它以雷霆万钧的巨浪和澎湃磅礴的气势，荡涤污泥浊水、冲破种种藩篱；它又以潮起潮落、舒缓自如的节奏与美妙动听的和声，伴随着世人前行的脚步，自觉自由地去“居善地，心善渊，与善仁，言善信，正善治，事善能，动善时”，奔向“大同世界”“美丽中国”。

自古以来，中华民族都把有道德的人看作是最美的人。郭店楚墓竹简中将尧、舜、禹比作巍巍的高山，认为他们是后人学习的道德楷模，又是世间最美的圣人。在当今时代，同样也是把各行各业涌现出来的道德模范看作是最美丽的人，如最美乡村教师、最美环卫工人、最美医生等等。在世界美学史上，将美与道德视为一体的则是康德，这与他强调人心中的“道德律”是互为因果的。康德说：“现在我说：美是道德的象征；并且也只有回顾这一层(这对每个人是自然的，也要求着每个人作为义务)，美使人愉快并提出人人同意的要求，在这场合人的心情同时自觉到一定程度的醇化和昂扬，超越着单纯对于感官印象的愉快感受，别的价值也按照着它的判断力的一类似的规准被评价着。”[④]康德认为象征只是直

---

① (宋)朱熹撰：《四书章句集注・大学章句》，第3页。

② 李零：《郭店楚简校读记》，北京大学出版社2002年版，第78页。

③ 李零：《郭店楚简校读记》，第158页。

④ [德]康德：《判断力批判》上卷，《审美判断力的批判》，宗白华译，商务印书馆1964年版，第201页。

觉的一种，它是以感性的具体来体现某种理念的内容。康德从目的论的视角来探讨美的问题，他说："这种目的论的判断构成审美判断的基础和条件，我们必须顾念到这点。"[①]在他看来，整个宇宙、自然的历史是一个向着有道德的人生成和发展的历史，自然界以有道德的人为其最终目的。到人类都成了有道德的人的时候，世界就真正进入了自由的、真善美的境界。康德认为，只有人的美，才是美的理想，自然的美是为人而存在的；而人的美就是有道德的人的美。这样，"美是道德的象征"就将自然和自由、偶然和必然、现实与理想、真善美统一了起来。

实际上，真善美的统一是中国传统审美文化"中和"精神的一种最为明显的表现。在中国的文明史上，和谐精神一直是中国传统审美文化的核心价值观，如"和也者，天下之大道也""协和万邦""和为贵""和而不同"等。真善美与"和"一起，共同具有了超越时空的特点，并已成为各族人民共同的价值追求。构建社会主义和谐社会是一个过程，这是一个"善利万物而不争，处众人之所恶"而不惧、迎激流、越险滩、曲折迂回、奔流直下、融入浩渺无垠的海洋的过程；这是一个知行合一、自律与他律融合、个人与社会、人与人之间形成互动统一及和谐美的过程；这是一个中华文明海纳百川、博采众长、推陈出新、焕发光彩、走向世界的过程。

实际上，这种真善融合、美善统一的和谐理念不仅在当代中国得以贯彻，也已在中国的外交领域被培育和践行，效果非常明显。例如，对中美、中俄、中欧等大国关系，我们提出了"平等互信、包容互鉴、合作共赢"的理念；对周边国家，我们提出了"亲、诚、惠、容"的四字箴言；对发展中国家，我们提出了"真、实、亲、诚"的原则。实际上，以上就是中和精神在当代的发展与运用。总的来看，不管是对内还是对外，构建和谐社会、和谐世界的理念都是在继承和发展中国古代审美文化的中和精神的基础上逐渐形成的，是中国传统文化留给我们的一笔宝贵财富。

二、有利于创建传统与现代相协调的社会主义和谐文化

纵观中外文化发展的历史，古与今、传统与现代的冲突从来都无法从根本上避免，因为不同时期的文化总会形成一定的模式，而处于一定模式中的文化本身是有"惯性"的，传统文化的惯性经常会有意无意地冲击现代文化，而现代文化也别无选择地给予传统文化一个反作用力。因此，如何协调它们之间的关系就成了一个十分紧迫的问题，而"中和或者说和谐，是一个关系概念，是不同的事物、因素之间协调、平衡、有序的关系"[②]。也就是说，和谐理念可以帮助协调传统文

---

① ［德］康德：《判断力批判》上卷，《审美判断力的批判》，第157～158页。

② 周来祥：《三论美是和谐》，第242页。

化与现代文化的关系，进而形成新的社会主义和谐文化。具体来讲，可以分为以下三个步骤：

首先，和谐理念可以使我们正视传统文化与现代文化的差异。文化的发展总是与经济、政治、社会的发展相配合的，这种共时的协调性必然会降低其历时的包容性，也即是说，适应于现代经济、政治、社会环境的文化必然会忽略传统文化的基因，无视传统与现代的差异，并过于偏执地推崇现代文化。以20世纪初的新文化运动为例，当时的中国主要还是浸润在传统文化中，就连文化革新者自己都不可能彻底摆脱传统的气息——他们将传统文化定义为"旧文化"，将现代文化定义为"新文化"，此番定义并没有真正客观地正视传统文化与现代文化的差异，因为"新"的事物会完全替代"旧"事物的功能，并最终淘汰"旧"的事物。就像我们本来有一双旧鞋，拥有了新鞋之后，旧鞋就被搁置或扔掉了，新鞋完全替代了旧鞋的功能，并且，新鞋与旧鞋之间也没有任何的联系。但是，文化和鞋子是不一样的。陈炎对文化有过如下定义："所谓'文化'，是指人在改造客观世界、在协调群体关系、在调节自身情感的过程中所表现出来的时代特征、地域风格和民族样式。"[①]这样一来，我们可以比较清楚地看到，一种所谓的"新"的改造客观世界、协调群体关系、调节自身情感的文化，不可能完全像新鞋子代替旧鞋子那样，完全代替所谓的"旧"文化；现代文化也不可能像新鞋子和旧鞋子毫无关系那样，完全摆脱与传统文化的关系。也就是说，二者并不是完全不同的，而是相互联系、协调并生的，过分偏执地强调新与旧并没有客观地正视传统文化与现代文化的关系，只有凭借"和谐"的理念，才能真正看清它们的区别，并发现它们的联系。

其次，和谐理念可以使我们转变对待传统文化的态度。在帮助我们明确了传统文化与现代文化的区别和联系之后，和谐理念可以引导我们转变对待传统文化的态度。我们曾经像喜欢新鞋子那样去推崇现代文化，同时，像嫌弃旧鞋子那样去贬低传统文化，但要知道，鞋子舒服不舒服，只有穿的人才有发言权。在现代文化介入之前，传统文化本来已经全方位地渗透到了每一个中国人的思想方式和行为方式之中，并以言传身教的方式传递给了每一个后代。我们知道，思想观念的转变要比建造一座高楼大厦缓慢、曲折、反复得多，一代人的文化观念一旦形成，就很难随时代的转变而发生质的改变；也正是由于文化观念的这种不易改变性，使得它能够继续传递、复制自身，将那些没有改变的、传统的文化观念继续传递给下一代，这种不变性逐渐演变为了一种常态，成为现代文化观念始终无法解开的死结。基于一种"执两用中"的"中和"观念，我们可以思考这个死结

① 陈炎：《文明与文化》，山东大学出版社2006年版，第3～4页。

长期存在的原因：从广义的进化角度来看，文化虽然不是一个具体的生命或器具，但它和其他事物一样，都必须适应自身所处的环境；一种能够不断复制和遗传自身的文化，必定适应于它所存在的社会土壤。也就是说，一些传统文化的观念之所以能够长期存在并成为现代文化无法攻破的堡垒，恰恰是因为它仍然适用于当前中国的政治、经济和社会环境。因此，我们有必要转变对待传统文化的态度，重估其价值。

最后，和谐理念可以使我们以和而不同的态度去发展现代文化。"中和"原则讲求和谐并生，不固守一端，它既能引导我们发现传统文化的优点，也能支持我们以"和而不同"的态度去发展现代文化。社会主义和谐文化的发展离不开传统文化的支撑，也离不开现代文化观念的参与。说到底，诞生于现代社会的社会主义和谐文化还是一种现代文化形态，而我们知道，现代文化形态的根源在西方社会。"近代资本主义社会突破和扬弃了古代的和谐，把一切社会关系置于利害对立的基础上，二元对立也成为西方现代、后现代文化的根本特征，西方现代、后现代文化一直是在经验主义和理性主义、人文主义和科学主义的二元对立中嬗变的。"[①]"中和"理念的精妙之处就在于，它能够协调传统与现代的激烈冲突，使二者相互促进，相得益彰。这样一来，它一方面能够使中国的现代文化沿着一条健康的道路向前发展，另一方面也能对西方现代、后现代文化的发展提供来自东方文化的借鉴。

三、对西方现代、后现代文化的发展提供来自东方文化的借鉴

经过上文对新文化与旧文化、传统文化与现代文化的辨析我们不难看出，东方文化并不是像新文化运动之初所受的评价那样一无是处。当时，我们在文明程度上的确落后于西方国家，但这并不代表我们的文化是没有任何优点的，更不能说西方文化都是优越的、正确的和必须效仿的。这样的观点不是阿Q式的自我安慰，而是被文化历史的发展所证实了的。例如，"荒诞"这一哲学术语和美学范畴就是西方现代文化的产物。在谈到"荒诞"时，周来祥先生说："荒诞是二元对立极端化的产物，它一方面把对立推向两极，另一方面又与'无差别'相关联，消解和抹杀一切矛盾、差别，是一个矛盾的悖论。在这个悖论中，前期的荒诞侧重于向两极对立的极端发展，后期的荒诞，特别是其近来的动向，更侧重于走向消解和抹杀矛盾，甚至走向另一极端，否认和消解一切差别。"[②]仔细想来，不管是强化矛盾还是试图掩盖矛盾，都不能完全解决二元对立的问题，因为矛盾和对

---

① 周来祥：《从和谐美学看和谐社会》，载《文艺研究》2007年第2期。

② 周来祥：《从和谐美学看和谐社会》，载《文艺研究》2007年第2期。

立是客观存在的，并不会因为理论家的主观裁断而有丝毫的改变。正因为这样，利用中和思想来调节二元对立的现代、后现代思维方式才会显得非常重要、非常有价值。当然，前面我们也提到，文化自身是有惯性的，既然西方文化中存在着二元对立的传统，那么改变起来也不会十分容易；更何况，在不同的方面是否有改变的必要也是有待考量的。因此，中和理念与西方现代、后现代的文化对接必须考虑到契机和手段的问题。

所谓契机问题，主要指东西方文化对接的时机。从当前的世界局势来看，东西方文化互相交流、互相借鉴的时机基本上已经成熟。人类生产力的迅速发展带了很多无法单凭经济就能完全解决的问题，不论是在西方还是在东方，思想、信仰、心理方面的危机都普遍存在。更重要的是，不论西方研究者还是东方研究者，都开始逐渐认识到自身文化的不足，都感觉到自身的文化无法完全解决自己正面临着和即将要到来的问题；相反，在其他文化中，虽然身在其中的人们也面临着这样那样的问题，但他们在解决某些特定问题时的确要比我们成功得多，与此同时，我们在解决某些问题时又要比他们高明一些。于是，大家自然而然地就想到，能不能把别人文化中的某些元素拿来，用以解决自己的问题？这样的愿望和要求就直接促成了东西方文化的交流。

所谓手段问题，主要指东西方文化对接的方法。其实，从严格意义上来讲，东西方文化交流的窗口打开的时间并不是特别长，这里重点强调“交流”是因为在此之前东西方文化并不是处于一种“交流”的状态，而是处于一种“文化侵略”或者说是“文化同化”的状态，因此，文化对接的方法就显得特别重要。互相尊重、互相理解、互相包容、平等对话、互通有无的方法才是交流的方法，否则便是侵略和同化。在全球化的今天，真正有生命力的文化自然会蓬勃发展起来。

从真正的历史唯物主义的立场出发，我们没有必要去预测世界文化发展的大趋势，因为无论是西方的兴起与没落，还是东方的衰落和复兴，都不会受限于“咒语”式的理论话语。但毫无疑问的是，和谐的文化心理、和谐的人际关系、和谐的社会架构、和谐的世界格局必定会比矛盾的文化心理、冲突的人际关系、错位的社会架构、冲突的世界格局更能促进持续的发展，因为和谐意味着包容和建设，对立意味着排斥和毁灭。

第四节　和谐审美文化传统的当代实践价值

从理论上讲，和谐审美文化传统能够为构建社会主义和谐社会、创建社会主义和谐文化提供巨大的精神力量，对西方现代、后现代文化发展提供来自东方文化的借鉴。从实践上讲，这一传统也对解决日益突出的人与自然、人与社会、人与自身的矛盾，挽救人类的生存危机，推进世界的和谐发展具有重大的现实意义。进入 21 世纪后，人类科学技术的发展依然呈现加速的态势，一次次的科技创新不仅突破了大众的认知能力，而且还在不断地刷新人们的审美观念。更加值得人们注意的是，以基因技术为代表的新生物学的发展还在持续逼近人类的伦理底线。问题的关键是，与不断更新的认知观、伦理观、审美观相伴随的不仅有暂时享受的新奇和愉悦，还有长远生存的困惑和危机，要缓解这种危机，冰冷的科技是做不到的，必须依靠以“中和”为核心的精神食粮。

一、人与自然的融合

自从人类社会产生之后，人与自然的关系就一直是人类所面临的问题。在历史悠久的古代社会，由于人类自身的原因以及科技的不发达，人类基本上是依附于客观的外部世界，人与自然的关系不是相互对立的，或者说对立但不对抗。但到了近代，随着科技的发展，人类改造自然的能力越来越强，人类主体逐渐成为自然界的对立面，成为了整个社会的中心，而自然和客体则处于被征服、被改变、被忽视的位置。几百年来，以人这一主体为主宰的文明发展导致了种种环境危机，如大气污染、臭氧层变薄、森林消失、土地沙化、海洋毒化、野生动物大量灭绝等，这一切都是由于人对自然过度开采、过量使用、无视自然规律所造成的。正如著名的历史学家阿诺德·汤因比所指出的：“人类是大地母亲的最强有力和最不可思议的孩子。其不可思议之处就在于，在生物圈的所有居民中，只有人类同时又是另一个王国——非物质的、无形的精神王国——的居民。”[①]对于无意识的生物来说，同它生存的周围世界不可能有道德的善恶之分和是非、美丑之别。“道德是与意识同时出现在生物圈中的。二者共同构成一种存在形式，即精神形式。”[②]有意识的自由自觉的生命活动是人类区别于其他生物物种的根本特征。在长期的实践过程中，人不仅可以认识自然社会的特点、规律，而且能够自觉地运用所掌握的规律和“按照美的规律”去创造出一个对象化的新世界。自工业革命以来，人类的文明世界已经联结成了一个整体，社会物质财富和精神财富有了极大的增长。人类用自己的智慧和双手创造了许多人间奇迹和超越时空、具有永恒魅力的艺术珍品，让大地母亲增光添彩。同时我们又清楚地看到，工业革命是一把双刃剑：一方面它给人类文明不断谱写出新的篇章；另一方面“工业

---

① [英]阿诺德·汤因比：《人类与大地母亲—— 一部叙事体世界历史》上卷，徐波等译，上海人民出版社 2012 年版，第 18 页。

② [英]阿诺德·汤因比：《人类与大地母亲—— 一部叙事体世界历史》上卷，第 21 页。

革命却使生物圈遭受了由人类所带来的灭顶之灾的威胁”[①]。大气污染、生态破坏、物种灭绝、地球变暖等灾害层出不穷，“人类对生物圈劫掠性破坏的后果，正不断地从许多症候中显示出来”[②]。第二次世界大战后随着科技的迅猛发展，各种新式武器不断被研制出来，核战争的阴影不散，“人类，这个大地母亲的孩子，如果继续他的杀母之罪的话，他将是不可能生存下去的。他所面临的惩罚将是人类的自我毁灭”[③]。这些问题告诉我们，这是人与自然对立、斗争的恶果。为了避免这种严重的后果，人们应反过来思考传统的“中和”思想，思考“天人合一”。中和思想的自然观是要求人顺应自然，“法自然”，对自然客体采取“无为”的态度。古代人对自然的态度是可取的，人与自然的关系是对立的，但不是对抗的。如《周易》就是一分为二地看待事物，将事物分为乾与坤、阴与阳、上与下、左与右等二元对应的关系。此外，《周易・系辞上》中还讲到：“天地氤氲，万物化醇，男女媾精，万物生化。”阴阳相合，孕育万物，这就从根本上体现了“和实生物”的观念。从生活（比如饮食）到艺术，到社会政治，再到宇宙万物，是现象体现着本质的和谐，而宇宙自然的和谐、人与自然的和谐也预示着政通人和、国泰民安。我们要汲取中和思想中人对自然的态度，用以解决现存的环境危机。中和思想把人放在自然之中，因此人就与自然息息相关，是与自然共生共荣的一个部分；人不是自然的对立面，也不是自然的主人。面对自然，人应该抱有敬畏之心、感激之心，尊重自然的发展规律。人类文明的发展也不应该以改造和牺牲自然为代价，因为自然的枯竭也就是人的枯竭，只有自然的蓬勃长久发展，才能有利于人类的长久发展，这是和谐的思想和原则，而不是斗争的思想与原则。“和”是万物生长、化育、发展的本源与规律，所以中国古代和谐思想的理想境界才会是“天人合一”，和谐就是发展的动力和方式、原则和理想，这就是中国古人的智慧。

实际上，现在的中国在继承古人智慧的基础上已经在利用自然规律建设绿色家园、美丽家园。正如习近平在《中共中央关于全面深化改革若干重大问题的决定》的说明中指出的那样：“我们要认识到，山水林田湖是一个生命共同体，人的命脉在田，田的命脉在水，水的命脉在山，山的命脉在土，土的命脉在树。用途管理和生态修复必须遵循自然规律，如果种树的只管种树、治水的只管治水、护田的单纯护田，很容易顾此失彼，最终造成生态的系统性破坏。由一个部门负责领土范围所有国土空间用途管制职责，对山水林田湖进行统一保护、统一修复是

① ［英］阿诺德・汤因比：《人类与大地母亲——一部叙事体世界历史》上卷，第 608 页。
② ［英］阿诺德・汤因比：《人类与大地母亲——一部叙事体世界历史》上卷，第 621 页。
③ ［英］阿诺德・汤因比：《人类与大地母亲——一部叙事体世界历史》上卷，第 633 页。

十分必要的。”[①]习近平关于地球家园的“山水林田湖”与“人”共同构成一个生命共同体的论说，就是继承了中国古代先贤们的生态智慧和天人合一观，科学地总结了中外生态保护的历史经验教训，辩证地揭示了“山水林田湖”与“人”的内在的不可分割的必然性联系，并且提出了系统的整体性治理保护对策。

实际上，汤因比在1973年就指出：“中国的领袖们正在采取措施防止悲剧的重演。与中国过去的改革家们相比，中国领导人是否能获得更大的成功，人们将拭目以待，但至少他们目前的魄力便是一个良好的征兆。如果中国人真正从中国的历史教训中吸取错误，如果他们成功地从这种错误的循环中解脱出来，那他们就完成了一项伟业，这不仅对于他们自己的国家，而且对处于深浅莫测的人类历史长河关键阶段的全人类来说，都是一项伟业。”[②]汤因比对中国领导人和中国人民在拯救大地母亲的历史过程中所给予的期盼和厚望，是他对中国悠久的传统文化和世界文明史发展规律进行深刻研究与全面把握后提出的一个科学预言。历史是最好的镜子，中国人民经过反复的实践，在吸取了惨痛的历史教训后，终于找到了一条适合中国国情的道路。习近平指出：“在走向生态文明的新时代，建设美丽中国，是实现中华民族伟大复兴的中国梦的重要内容。将按照尊重自然、顺应自然、保护自然的理念，贯彻节约资源和保护环境的基本国策，更加自觉地推动绿色发展、循环发展、低碳发展，把生态文明建设融入经济建设、政治建设、文化建设、社会建设各方面和全过程，形成节约资源、保护环境的空间格局、产业结构、生产方式、生活方式，为子孙后代留下天蓝、地绿水清的生产生活环境。”[③]

二、人与社会的协和

人与自然的和谐是人类生存的前提，而人与人的和谐、个体与社会的和谐则是人生活的根本。在《社会性动物》一书的扉页上，阿伦森引用了亚里士多德《政治学》中的话：“从本质上讲人是一种社会性动物，那些生来离群索居的个体，要么不值得我们关注，要么不是人类。社会从本质上看是先于个体而存在的。那些不能过公共生活，或者可以自给自足不需要过公共生活，因而不参与社会的，要么是兽类，要么是上帝。”[④]阿伦森在引用这段话时，并没有标注出它在《政治

---

① 习近平：《关于〈中共中央关于全面深化改革若干重大问题的决定〉的说明》，载2013年11月16日《光明日报》。

② ［英］阿诺德·汤因比：《人类与大地母亲——一部叙事体世界历史》下卷，第640页。

③ 习近平：《致生态文明贵阳国际论坛二〇一三年年会的贺信（2013年7月18日）》，载2013年7月21日《人民日报》。

④ ［美］E.阿伦森：《社会性动物》，邢占军译，华东师范大学出版社2007年版，第12页。

学》中的具体出处，只是写到“亚里士多德《政治学》，公元前 328 年”。笔者仔细翻检亚里士多德的《政治学》，并未找到与这段引文完全对应的话，但其中确实有与这段引文中每句话都对应的句子：“早期各级社会团体都是自然地生长起来的，一切城邦既然都是这一生长过程的完成，也该是自然的产物。这又是社会团体发展的终点。无论是一个人或一匹马或一个家庭，当它生长完成以后，我们就见到了它的自然本性；每一自然事物生长的目的就在显明其本性[我们在城邦这个终点也见到了社会的本性]。……城邦出于自然的演化，而人类自然是趋向于城邦生活的动物(人类在本性上，也正是一个政治动物)。凡人由于本性或由于偶然而不归属于任何城邦的，他如果不是一个鄙夫，那就是一位超人。”①“我们确认自然生成的城邦先于个人，是因为[个人只是城邦的组成部分，]每一个隔离的个人都不足以自给其生活，必须共同集合于城邦这个整体[才能大家满足其需要]。凡隔离而自外于城邦的人——或是为世俗所鄙弃而无法获得人类社会组合的便利或因高傲自满而鄙弃世俗的组合的人——他如果不是一只野兽，那就是一位神祇。”②由此可见，阿伦森应该是总结了亚里士多德《政治学》中的上述观点，然后组成了他自己著作中引用的那段话。然而，笔者如此周折的检索并不仅仅是为了求得文献出处的明了，更是为了了解先哲对于人的社会性的真正看法。按照亚里士多德的观点，城邦(社会)的出现是自然演化的结果，这个演化的过程主要是基于每一个人和每一个家庭生存的需要，也就是说，为了更好地、更长久地生存，人类建立了自己的城邦，形成了一定的社会关系和伦理关系。由此可见，社会的形成本身就是一个很好的生存策略，在此基础上，如何在现有社会的基础上继续形成协和的人与人、人与社会的关系，将直接关系到每一个人的生存质量，也关系到一个社会能否长久地存在和发展。

为了追求伦理层面上的完满和和谐，中国古代的先哲们做出了很多努力。古人讲和谐、追求和谐，最终也往往会落实到社会政治上：人们“济五味，和无声”是为了“平其心”，“声和、味和、心和”是为了“政和”。人生活在社会中，不仅要处理人与自然之间的关系，还要处理人与人之间的关系、个体与社会之间的关系。孔子的核心思想是“仁者，爱人”，这种思想首先就体现为人与人之和。“爱”是一种内心深处的感情，用“爱”来处理人与人之间的关系，从根源上来讲，儒家是把这种感情追根到血缘亲情，这种亲情是人本质必然具有的一种情感；将这种“爱”的情感扩展为一种普遍的情感，它就是维护社会关系、规范道德伦理、解决社会矛盾的心理基础和价值依据，从这个角度讲，儒家思想是一种关于社会秩序的学

---

① [古希腊]亚里士多德：《政治学》，吴寿彭译，商务印书馆 1983 年版，第 7 页。

② [古希腊]亚里士多德：《政治学》，第 9 页。

问。围绕着“仁者，爱人”，儒家思想讲“己所不欲，勿施于人”“老吾老以及人之老，幼吾幼以及人之幼”“欲人之爱己也，必先爱人；欲人之从己也，必先从人”。以“爱”为纽带的人与人之和的社会理想，表现在社会生活中就是尊老爱幼、乐于助人、邻里和睦、家和万事兴等等，这些都是当代中国审美文化的主要内容，也是社会主义核心价值观的核心追求。在此需要指出的是，传统儒家所说的“爱”并不是人人平等的爱，而是有差等的爱；而在构建社会主义和谐社会的过程中形成的社会主义核心价值观已经改变了传统中和思想在人与人、人与社会的关系上对个体的忽视和对个性的抹杀。因为只有个性是独立的、解放的，人才有可能是健康的、全面的、和谐的、理想的。虽然人与人的和谐关系是人和谐发展的必要条件，但以牺牲个体为前提，以扼杀个性为代价的“和谐”，就不是真正的辩证和谐。真正的现代和谐文化恰恰是要体现在个体身上的，只有个体的人都成为身心健康的、有独立意识的、有创新精神的、有关爱情怀的、有科学观念的、有文化素养的和谐的人，整个社会才能是公平正义、健康和谐的社会。

三、人与自身的亲和

周来祥先生曾指出：“人与社会、人与自然和谐的落脚点是人，人与自身的和谐是人与社会、人与自然和谐的关键与核心，只有人与自身的和谐，只有人自身全面和谐发展，人与社会、人与自然的和谐才能落到实处，才能真正实现。试想社会上每一个人都身心畸形、灵魂与肉体分裂、理性与感性失衡，哪里能谈到人与人、人与社会、人与自然的和谐呢？”[①]人与自身能否亲和的问题实际上就是身与心、灵魂与肉体、理性与感性能否协调一致的问题。在摆脱了创世论的桎梏之后，人的出现就像上文亚里士多德所说的城邦的出现一样，成了自然演化的结果。要想解决灵与肉的冲突问题，认识到这一点是非常重要的，因为一个受到宗教思想或者极端禁欲思想影响的人经常会受到如下“教诲”：身体是累赘，相反，纯洁的心灵最高贵；肉体充满了邪恶的欲望，不朽的灵魂才是人真正需要追求的对象；感性冲动需要被压制，理性精神需要被高扬……但问题就在于，思想教条的规约根本无法切实抵消身体的本能性需求，而这种需求是从自然进化过程中来的，人类唯一不同于其他动物的是，他们不仅进化出了物质性需求，还进化出了高度的精神需求。如果人们能够理性而全面地看待自己的这两种需求，那么他们在寻求人与自身协和的道路上就迈出了关键的一步，甚至是决定性的一步。

在《中华和谐美第一图——太极图的审美观照和理性思考》这篇文章中，周来祥先生从美学的角度鉴赏和讨论了太极图，认为它是“中华民族的第一张奇

① 周来祥：《从和谐美学看和谐社会》，载《文艺研究》2007年第2期。

图，也是第一张美图。它给我们以永恒的愉悦，是古典和谐美的范本，是我们传统的中和之美的表征。”[①]千百年来，对太极图的阐释不计其数，但有一点是大家都不会否认的，即太极图代表了原本是互相对立、互相冲突的双方，最后却实现了你中有我、我中有你、相互补充、合二为一的结果。将这样一种辩证和谐的思维方式运用到解决人自身灵肉冲突的问题上，同样可以得到令人满意的答案。人类的感性冲动和理性冲动就像太极图中的黑白两部分一样，感性冲动更侧重于人自然性的一面，而理性冲动则更侧重于文化性的一面。在文明肇始之时，拥有初步理性冲动的人日渐发现了自身感性冲动中所蕴含的“邪恶”一面，自那时起，各种规约感性冲动，后来被称为宗教、道德、法律之类的“正义”事物便开始登上了人类的历史舞台，在文明的曙光出现之时，人类为之骄傲，也受之压抑。这里便出现了一个有意思的问题：人类为何要用自己的理性冲动来压制自己的感性冲动？为了回答这个问题，我们不得不再次引用亚里士多德的那句话：“无论是一个人或一匹马或一个家庭，当它生长完成以后，我们就见到了它的自然本性；每一自然事物生长的目的就在显明其本性。”也就是说，人类文明是作为一个“自然事物”生长出来的，人类文明的出现充分显现出人类的本性。由此引发的下一个问题是：人类的本性是什么？为了回答这个问题，我们需要暂时将亚里士多德这个博物学家放下，去另外一个博物学家达尔文那里寻找答案。

按照达尔文自然选择的理论：“全世界所有生物之间的生存斗争……是它们依照几何级数高度增值的不可避免的果。……每一物种所产生的个体，远远超过其可能生存的个体，因而便反复引起生存斗争，于是任何生物所发生的变异，无论多么微小，只要在复杂而时常变化的生活条件下以任何方式有利于自身，就会有较好的生存机会，这样便被自然选择了。根据强有力的遗传原理，任何被选择下来的变种都会有繁殖其变异了的新类型的倾向。”[②]每当我们反思漫长的自然进化史的时候，人类经常会惊叹自己的独特和优越，甚至夜郎自大地将自己从自然界和动物界中剥离出来，殊不知，人类的强大终归是自然选择的结果，只不过人类的变异优势没有体现在发达的四肢、敏锐的五官和高大的身材上，而是发生在当初看似不起眼而其后却起到决定性作用的大脑皮层上。当时，人类并不发达的躯体无法抵御外界的威胁，无法保证自身长久的生存和繁衍，但好在人类拥有逐渐聪明起来的大脑，发达的大脑产生了非凡的智力，依靠这份智力，人类建立起了强大的文明。因此，那些看似规约人类肉身的伦理法则实际上是为了更好地规约人类的行为，从而保证人类的发展和壮大。但可惜的是，我们千百年

① 周来祥：《三论美是和谐》，第 276 页。

② ［英］达尔文：《物种起源》，周建人、叶笃庄、方宗熙译，商务印书馆 2009 年版，第 18 页。

来的文明教化经常将手段当成目的，只让深受规约的人知其然，却不能真正知其所以然，并最终催化出灵与肉的冲突，即每一个人都无法正视却又无法抗拒自身的本能性需求。但如果我们以客观理性的态度从进化的事实来看，灵与肉的需求只不过是太极图中的黑白两面，二者不仅相互交融、浑然一体，而且所有的轮转和交汇都是为了确保"人"这个物种在自然进化中的长久生存。只有认识到这一点，"现代和谐人"才成为可能，因为"现代和谐人既富有突出的个性，又把人与人、人与社会、人与自然等一切社会关系和谐自由的内涵内化为自己的真正的人的本质。他是感性与理性都充分发展，而又和谐统一的人"①。

总的来看，将自然进化的客观历史与"中和"的理念结合起来，有助于人们更好地理解自身灵与肉的交错，并最终实现人与自身的协和。前者从科学的角度为人类自身的存在现状提供了令人信服且没有丝毫虚妄成分的客观解释；后者从实践的角度为人类处理自身问题、达成身心协和给出了可供借鉴的实施方案。

四、和谐世界的同和

当今世界是一个全球化的世界，人类之间的文化交流从没有像今天这样频繁、多样和全方位。有人认为，全球化就应该是统一化，应该奉行同样的价值观念和文化政策，应该建立一个全球性的国家。然而，"多元文化的世界这是不可避免的，因为建立全球帝国是不可能的"②。也就是说，全球化不等于唯一化，全球化不能抹杀世界各民族的文化个性。就目前的形势来看，我们必须承认世界将有不同形式的文化存在。

但是，随着"全球化"进程的不断加快加深，各民族文化产生影响的时间和空间都在缩短，各文化之间的距离越来越小，相应的冲突和融合也就越来越多。因此，解决多元文化的共生问题就成为构建和谐世界的基础问题之一。要实现多元文化的共生，至少需要明确以下两个观点：第一，文明有高低，文化无贵贱；第二，强弱文化平稳相处的关键在于"和而不同"。陈炎在《文明与文化》一书中认为："若就这些不同风格、样式、特征的文化产品对满足人类的基本需要、对实现人类的全面发展所提供的可能性及历史水准而言，这些文化产品所包含的文明价值是有高低之分的。但就这些风格、样式、特征与其所属的民族、地域、时代之间的关系而论，文化本身并无贵贱之别。"③这一判断是十分中肯的，也是有必要

---

① 周来祥：《从和谐美学看和谐社会》，载《文艺研究》2007年第2期。

② [美]塞缪尔·亨廷顿：《文明的冲突与世界秩序的重建》，周琪等译，新华出版社2010年版，第293页。

③ 陈炎：《文明与文化》，第4页。

不断强调的，因为历史上曾经不止一次地出现一个文明程度较高的国家或民族凭借自己的经济、军事实力肆意践踏其他国家和民族的文化的情况，如欧洲国家在经历了第一次革命之后开启的海外扩张和文化殖民行为；还有些文明程度并不是很高的民族，仅凭自己野蛮狂热的排外和扩张心理，就盲目地去破坏其他民族的文化和文物，如在某些地区发生的塑像被毁事件；更有一些残暴的独裁者，通过屠杀土著民族、灭绝其他文化的行为来表达自己对其他民族文化的轻视和敌视，如二战时期纳粹屠杀犹太人的行为等。历史和现实都在不断地提醒我们，在多元文化景观的时代，文化间的对话应该采取一种正确的、必要的方式，因为每一个人对于本民族的文化往往有一种依赖感、归属感和亲切感，因此在情感上的偏爱和重视都是无可厚非的。对于其他民族的文化，我们应该采取一个客观的、平等的、尊重的态度，因为每个民族的文化都有自己鲜明独特的民族特性。

尽管如此，我们还是不得不承认："文化没有高低之分，却有强弱之别。所谓'强势文化'就是指能力较强、效率较高，从而包含文明价值较多的文化系统。相反，所谓'弱势文化'则是指能力较弱、效率较低，从而包含文明价值较少的文化系统。"①强势文化之所以被定义为强，一定是因为它有恃强凌弱的倾向和实力，而弱势文化被定义弱，也必定是因为它缺乏对抗其他文化的能力，有被同化甚至是灭绝的危险。如果按照前文提到的自然选择理论，那么在竞争激烈的自然界，强者顺理成章地会消灭弱者，但好在人类还有超越一般动物的文明和文化的一面。如果说在早期文明和文化的竞争中，强势文化战胜甚至是消灭弱势文化是常态的话，那么在现今的全球环境中，强势文化尊重弱势文化，知晓弱势文化中也有宝贵的、与众不同的人类文明，强势文化与弱势文化以和而不同的态度和平相处，这才是一种更高的进化形态和适应方法。中国传统审美文化的中和精神对解决多元文化的对话问题是非常重要的，"同"不是事物发展的基础和动力，因此，"同"就不可能产生和推动事物的发展，只有"和"才能"生物"，物才能发展。也就是说，文化本身就应该是多元的，因为正是"多元"的因素才促成了人类文化的不断发展。正是这种"和而不同"的观念，使得中国传统文化具有宽容开放的意识，尽管在历史上中华民族和其他民族之间也发生过多次战争，甚至蒙古和满族还建立过王朝，但是就文化本身而言，每一种相异因素的介入都会带来新的发展契机，都会刺激产生出新的思想和表现形态。从远古时期炎帝和黄帝所领导的部族文化的融合，到后来中原文化对夷狄文化的吸取；从佛教东传到佛教中国化，到近代史上的西风东渐：中华文化在一次次的文化冲突和交融之中，不但更加丰富、深广、多姿多彩，而且使得"中华民族"的概念不断扩大，民族凝聚力更加

① 陈炎：《文明与文化》，第6页。

强大。作为一种方法和途径，“和而不同”的中和主义文化提出的是和谐处理问题的原则。采用这种方式，就能使各民族的文化相融相生，正所谓“万物并育而不相害，道并存而不相悖”。从和谐文化的角度看，多元文化的共存恰恰是世界整体文化得以继续发展的基础。

其实，抛开时间和空间的限制，“和谐”一直是人类实现长久生存的内在需求，也是人类真正想要获得的生存状态。但是一旦回到现实的时间和空间中去，我们就会发现，世界总是充满了诸多利益和纷争，单个的人也经常是在不自觉的情况下参与了这些利益的输送和似乎永无休止的纷争。从历史上看，为了有效克制自身的各种欲望，人类演化出了各自的文明和文化；而在新的历史语境中，为了有效减少各种文明和文化的冲突，人类正在寻求新的相处模式，这个寻求的过程也是一个新的演化过程。和谐的理想曾经以不同的形态存在于不同的时空之中，在今天的时空中，和谐世界的构想、和谐文化的理念依然显得弥足珍贵。对历史的判断应该用大刻度来衡量，和谐思想的价值也将在巨大的历史框架中经受检验和评价！

第二章
有中国特色的审美文化建设的指导思想与核心观念

单就美学本身的研究来讲，它更多的是指向个体的内心，体现的是一种心灵的诉求；当美学研究发展到审美文化的研究层面上时，它更多的是指向群体的选择，体现的是一种社会的倾向。但是，二者绝不是截然分开的，而是自然关联的，因为就“审美文化”这个词的构成来讲，已经包含了“审美”和“文化”两个因子。因此，审美文化就是研究众多审美个体所促成的文化倾向。我们知道，文化本身具有相当多的社会属性，文化倾向自然地代表了社会倾向，社会的文化倾向最终形成了社会成员共同认可的价值追求。一个国家、民族和社会在认识和实践活动中，必然会形成一定的价值体系，也必然会依据一定的价值体系。价值体系是思想理论、理想信念、道德准则、精神风尚等构成的社会价值认同体系，在这个体系中居核心地位、起主导和统领作用的就是核心价值体系。社会主义核心价值体系在社会主义价值体系中处于统摄和支配地位，是社会意识的本质体现和建设基石。当代审美文化建设要以社会主义核心价值体系为指导思想，抓住和谐文化建设的根本，以社会主义和谐文化建设为核心实施具体战略部署，服务于社会主义和谐社会建设，服务于人的全面发展。

第一节　社会价值体系与审美文化概说

“价值”一词本为经济学术语，它是指“凝结在商品中的无差别的人类劳动或抽象的人类劳动，是劳动的一种特殊社会形式。作为商品二重性中的社会属性，所体现的是一定的经济形式和生产关系”，“‘价值’不过是社会价值的简称；所谓创造价值，就是创造社会价值”[①]。在这个语境中，“社会价值”最恰当的表述方式应该是“社会经济价值”，因为在当下的语境中，“社会价值”一词也可以理解为“社会精神价值”。很显然，从经济价值到精神价值，价值的概念经历了一个发展演变的过程，而这种演变似乎带有一定的必然性。马克思在论述价值规律时已经注意到了这样的现象：“价格形式不仅可能引起价值量和价格之间即价值量和它的货币表现之间的量的不一致，而且能够包藏一个质的矛盾，以致货币虽然只是商品的价值形式，但价格可以完全不是价值的表现。有些东西本身并不是商品，例如良心、名誉等等，但是也可以被它们的所有者出卖以换取金钱，并通过它们的价格，取得商品形式。”[②]也就是说，作为人的精神层面的、不具备任何商品属性的“良心”和“荣誉”却可以换取经济层面的货币：这是价值规律中的一个质的矛盾。如果单从经济的角度来关照这个矛盾，我们的讨论基本上可以到此为止了；但是，如果同时从经济和精神两个角度来关照这个矛盾，那么我们的讨论将具有更大的延展性。因为，这一矛盾横跨经济领域和精神领域的事实本身已经说明，在经济价值和精神“价值”之间具有天然的可沟通性，这种可沟通性就是人的需要。美国心理学家马斯洛提出了著名的需要层次理论，他将人的需要分为“生理需要”“安全需要”“爱的需要”“尊重的需要”“自我实现的需要”[③]等五个层次，人们一方面通过经济交换来满足生理方面的需要，以保证生命个体的存在和延续，另一方面也需要在基本生理需要得到满足的基础上在社会关系中获得爱情、尊重、荣誉等精神方面的慰藉，前者与社会经济价值相关，后者与社会精神价值相连。以人的需要为中介，“价值”一词的适用范围完成了从经济领域向精神领域的平稳过渡。

在精神领域中讨论价值，就自然地涉及我们通常所说的“价值观”问题。翻阅《中国大百科全书》，可以看到对“价值观”的如下表述：“从宏观上来说，价值观是民族文化深层的价值体系，是一定文化模式的核心，它是人们关于本民族的文化个性、文化生存的意义及其价值根据等重大、根本价值问题的信念体系。价值观念通过民族成员的宗教信仰、道德意识、风俗习惯、审美情趣、政治法律理念等表现出来，使得一民族的成员在价值评价和选择方面具有鲜明的特点和强烈的

---

① 《中国大百科全书》总编委会编：《中国大百科全书》第 11 册，中国大百科全书出版社 2009 年版，第 241 页。

② ［德］马克思：《资本论》第 1 卷，中共中央马克思恩格斯列宁斯大林著作编译局编译，人民出版社 1975 年版，第 120～121 页。

③ ［美］马斯洛：《人的动机理论》，林方主编：《人的潜能和价值——人本主义心理学译文集》，华夏出版社 1987 年版，第 162～168 页。

定势。”[①]透过这段文字不难看出，在价值观的诸多表现形式中，“审美情趣”是非常重要的一个要素，它一方面独立自主地与其他要素一起表现着一个文化体系的深层内涵，另一方面也受到整个价值体系及其他表现要素的影响，因此，审美情趣问题必然与价值观问题息息相关。为了更好地解释这种相关性，我们可以具体到审美文化的层面来考察这个问题：从审美文化的构成来讲，它包括审美观念体系、审美物化产品和审美行为方式等三个方面。[②] 其中，审美观念体系是审美文化的精神方面，它包含许多因素，比如审美观、审美理想、审美价值标准、审美趣味等，这些因素集中体现在主体的审美趣味中。审美观是主体对于审美活动的总认识，以审美理想为核心，具体体现为审美价值标准，价值标准又是作为内在尺度左右着主体的审美活动，最终以审美趣味的形态表现出来。审美趣味的形成是以审美价值标准为内在尺度的，审美价值标准必然与审美主体的整个价值观的价值标准相一致，而单个审美主体的价值观及其价值标准又与整个社会的价值观和价值标准紧密相连，在这样一个相互串联的体系中，整个社会的价值观和价值标准必然处于主导地位，引领着整个社会的价值取向，影响着审美主体的审美价值标准，并最终影响了主体审美趣味的形成。

从历史的角度来看，社会和个人的价值观是不断发展变化的，因此，不同的时代也会产生不同的审美趣味。中华文化历经两千多年的沧桑延续到今天，这在整个人类文化的发展史上都是绝无仅有的。在与这悠久的文化相伴随的诸多因素中，必定包含了中华民族一脉相承而又世世更新的价值观念。我们必须重视这些价值观念，吸收其中的优秀元素，结合当代中国的实际，构建出适合中国国情的价值观念体系，因为“自从人类能够自由思考以来，他们的行动在许多重要方面都有赖于他们对于世界与人生的各种理论，关于什么是善什么是恶的理论。这一点在今天正像在已往任何时候是同样地真确”[③]。当今人类世界整体上是一个要和平、促发展、求合作的国际共同体，经济全球化的浪潮使生活在不同国家、不同民族、不同社会中的人群间的交流越来越频繁、越来越紧密，与这种频繁而紧密的经济交流相伴随的必然是政治上的合作与博弈以及文化上的融合与冲突。政治上或合作、或博弈的选择牵涉的是国家之间的根本利益，并会伴随着利益分配的不同而发生具体的变化，具有一定的随机性；而文化上或融合、或冲突的选择则涉及在不同自然环境和社会环境中孕育出的哲学思想、宗教信仰

---

① 《中国大百科全书》总编委会编：《中国大百科全书》第 11 册，第 242 页。

② 参见易存国：《固着与超越：中国审美文化论》，安徽文艺出版社 2000 年版，第 290 页。

③ ［英］罗素：《西方哲学史及其与从古代到现代的政治、社会情况的联系》，何兆武、李约瑟译，商务印书馆 1963 年版，第 12 页。

和价值观念，这些形而上的因素已经以一种潜移默化的方式扎根于人的意识中，并不断指导着人们的行为方式，且不会伴随着时间、空间的短暂转移而发生变化，因此便具有一定的必然性：也就是说，政治领域、经济领域的矛盾和冲突是具体的、随机的、短暂的，而文化领域的矛盾和冲突是普遍的、必然的、持久的。正如塞缪尔·亨廷顿所说："在冷战后的世界中……人民和民族正试图回答人类可能面对的最基本的问题：我们是谁？他们用人类曾经用来回答这个问题的传统方式来回答它，即提到对于他们来说最有意义的事物。人们用祖先、宗教、语言、历史、价值观、习俗和体制来界定自己。他们认同于部落、种族集团、宗教社团、民族，以及在最广泛的层面上认同文明。"①经济的发展可以满足人们物质上的需求，但并不能带来多少精神上的慰藉，每一个生命个体都需要在他的生存环境中找到精神的寄托和价值的归属。对于大多数社会成员来说，本民族的文化传统无疑是他们首要的选择，但必须指出的是，经济全球化的大趋势使每个民族文化传统的纯粹性大打折扣，也就是说，人们一方面急于在本民族的文化传统中寻找归属感，另一方面又不可避免地接受外来文化的侵袭和干扰——怀旧与新奇并存，冲突与融合同在。

面对社会成员在文化价值观上的徘徊和犹豫，社会主流意识形态理应发挥引领和指导的作用。在当代中国的意识形态领域，为适应这一需要而产生的就是社会主义核心价值体系。2006 年 10 月召开的中国共产党第十六届中央委员会第六次全体会议通过了《中共中央关于构建社会主义和谐社会若干重大问题的决定》，第一次提出了建设社会主义核心价值体系的命题："建设和谐文化，是构建社会主义和谐社会的重要任务。社会主义核心价值体系是建设和谐文化的根本。必须坚持马克思主义在意识形态领域的指导地位，牢牢把握社会主义先进文化的前进方向，弘扬民族优秀文化传统，借鉴人类有益文明成果，倡导和谐理念，培育和谐精神，进一步形成全社会共同的理想信念和道德规范，打牢全党全国各族人民团结奋斗的思想道德基础。"②作为和谐文化建设的根本，社会主义核心价值体系包括四个方面的内容：一是马克思主义指导思想，二是中国特色社会主义共同理想，三是以爱国主义为核心的民族精神和以改革创新为核心的时代精神，四是社会主义荣辱观。这些具体内容如何对当代审美文化的建设产生积极的影响，使当代审美文化建设更好地服务于和谐社会的建设，并最终实现人的全面发展，将是我们亟待解决的问题。

---

① [美]塞缪尔·亨廷顿：《文明的冲突与世界秩序的重建》，第 5 页。

② 《中共中央关于构建社会主义和谐社会若干重大问题的决定》，载《前线》2006 年第 11 期。

第二节 马克思主义指导思想、中国特色社会主义共同理想与当代审美文化建设

建设有中国特色的当代审美文化，必须以马克思主义为指导思想，并将这些思想具体落实到有中国特色的社会主义建设之中。用马克思主义来指导当代中国的审美文化建设，主要包括两方面的含义：一方面是学习、吸收马克思主义经典作家的美学或文艺理论观点；另一方面是在此基础上进一步发展他们的观点，保持一种与时俱进的姿态。同样，通过树立中国特色社会主义理想来引领当代中国的审美文化建设也具有两方面的内涵：第一，在全球化的大环境中确立本民族审美文化的独特性，遵循“和而不同”的文化理念；第二，明确社会主义与共产主义的发展演变关系，争取在目前社会主义体制的大框架中最大限度地实现人的自由及全面发展。也就是说，马克思主义指导思想和中国特色社会主义共同理想给予当代中国审美文化建设的科学启示是：继承本民族的优秀审美文化传统，建设辩证和谐的当代审美文化，实现人的自由、全面发展。

一、继承本民族的优秀审美文化传统

回望人类文化的历史，尽管每个民族都拥有自己独特的文化方式，但这些多样的形式最终都是要回归到每一个真实的生命个体身上，用以维持他们的生存和发展。我们曾经在特定的历史条件下和特定的社会背景中用“优与劣”来武断地评价东西方文化。但是，如果将评判的视野提升到整体的高度，我们就会发现，每一种文化样式的存在都曾经或正在恰如其分地契合着这个文化圈中每个人的生活方式，这种文化契合是一种你中有我、我中有你的状态，让身处其中的人无法割舍而世代传承。马克思曾在《〈政治经济学批判〉导言》中谈论过古希腊的艺术：“希腊神话不只是希腊艺术的武库，而且是它的土壤。……希腊艺术的前提是希腊神话，也就是已经通过人民的幻想用一种不自觉的艺术方式加工过的自然和社会形式本身。这是希腊艺术的素材。不是随便一种神话，就是说，不是对自然（这里指一切对象，包括社会在内）的随便一种不自觉的艺术加工。埃及神话绝不能成为希腊艺术的土壤和母胎。”[①]的确，每一个民族都不可能彻底脱离自己的文化基因，当一个文化圈中的人想要发掘自己的潜质来创造出适合

① 马克思、恩格斯著，陆梅林辑注：《马克思恩格斯论文学与艺术》上册，人民文学出版社 2002 年版，第 93～94 页。

当下的文化新样式时，就不得不在前人的文化传统中寻找热情和力量。因此，我们应该善于吸收借鉴本民族的优秀审美文化传统，从而更好地建设当代审美文化。

徐复观先生通过研究先秦文献中儒、道两家对“乐”的论述，将中国古代艺术精神的特点归结为“为人生而艺术”，但是这种特点在儒、道两家的思想中却有着不同的表现：“儒家的乐，是来自义精仁熟。而仁义本身，即含有对人类不可解除的责任感，所以忧与乐是同时存在的。但庄子之道，是艺术精神，要从一般忧乐中超越上去，以得至乐天乐，这便不同于夹带有责任感的仁义之乐。”[①]如此一来，儒、道两家的思想谁更适合于社会层面上的当代审美文化建设，也就不言自明了。儒家是将“乐”与“礼”相结合共同行使“教化”的职能，并以“中和”的思想贯穿之。《礼记·乐记》中说：“乐在宗庙之中，君臣上下同听之，则莫不和敬；在族长乡里之中，长幼同听之，则莫不和顺；在闺门之内，父子兄弟同听之，则莫不和亲。故乐者，审一以定和，比物以饰节，节奏合以成文，所以合和父子君臣附亲万民也：是先王立乐之方也。”站在当代的立场来审视这段文字，一方面可以看出其伦理纲常思想之于当下的不合理性，另一方面也可以看出其艺术教化职能之于当下的迫切需要。尽管我们不再需要传统的、伦理纲常式的教化方式，但这并不意味着当今社会不需要施行教化。西方马克思主义学者弗雷德里克·詹明信在《后现代主义，或晚期资本主义的文化逻辑》一文中说：“不论是哪一派的左翼文化工作者，在面对现代主义高峰时期盛行的资产阶级美学之时，往往引起一些保守派猛烈的反应，因而未能有力地维护艺术自古以来的教育及教训功能。”[②]艺术的教化职能古已有之，只不过每个时代体现的形式有所不同。在这个信息快速传播、主流意识形态的说教权威遭到部分消解的社会里，艺术作品却在潜移默化地影响着人们的思考和行为方式。然而，与市场紧密相连的艺术生产为了追求更多的观众和随之而来的商业利益，自然会采取一种迎合大众消费的态度，从而削弱了艺术作品本身的审美价值和教化功能。因此，我们一方面要顺应时代的发展，在现有的物质基础上创造出新的艺术生产形式，另一方面也要牢记艺术自古以来的价值和职能，努力保护和传承本民族优秀的传统审美文化。

二、建设辩证和谐的当代审美文化

周来祥先生将美的发展演变划分为古代朴素的和谐美、近代对立的崇高美

---

① 徐复观：《中国艺术精神》，华东师范大学出版社 2001 年版，第 35 页。

② ［美］詹明信：《晚期资本主义的文化逻辑：詹明信批评理论文选》，张旭东编，陈清侨等译，三联书店 1997 年版，第 508 页。

和现代辩证的和谐美三个阶段。[①] 他认为："从古典的朴素和谐美与艺术，到近代对立的崇高美和崇高型的艺术，是历史地相继产生的两种美的形态，也包括两种艺术的形态。……但近代崇高并不是美的历史运动的终结，随着现代社会主义之代替资本主义，并不断地向共产主义发展，随着自觉的现代形式的辩证思维之逐步代替形而上学思维，对立统一的新型的和谐美艺术，萌芽、成长于社会主义艺术，成熟和大放光辉于共产主义艺术，作为一种典型形式来说，目前尚未形成，尚处于过渡阶段，因而我们对它的研究，带有很大的预测性和探索性，是否科学，还是看历史实践的检验。"[②]在这一论断中，周先生自觉地提出要让实践来检验其理论的正确性，表现出一个学者务实严谨的治学态度。我们知道，理论与实践是相辅相成、不可分割的，实践是检验理论正确与否的最高标准；同时，理论也会对实践产生一定的指导作用。周先生的辩证和谐美理论对社会主义艺术实践的指导作用主要体现在以下二个方面：

一是正确认识建设辩证和谐的当代审美文化的长期性和艰巨性。建设辩证和谐的当代审美文化不是一朝一夕的事情，对此周先生有明确的表述："从近代对立的崇高到新型的和谐美，不是直接的，这要有一个较长的过渡阶段。特别是在我们国家，近代崇高型艺术发展得不够充分，而古典美的传统又相对浓厚，因此要达到对立统一的新型和谐美就更加困难。"[③]从 1949 年中华人民共和国成立到今天，我们的社会主义文学艺术已经走过了 60 多年的风风雨雨。文学艺术作品的生产创作与社会经济环境和历史文化传统有着巨大的关联，如果说经济的发展可以在 30 多年的时间里有一个质的飞跃的话，那么作为上层建筑的文学艺术的繁荣可能需要更长的时间。尽管在党的领导下，我们的社会主义文化建设取得了巨大的成就，但是我们必须清醒地认识到，"我国文化发展同经济社会发展和人民日益增长的精神文化需求还不完全适应，突出矛盾和问题主要是：一些地方和单位对文化建设重要性、必要性、紧迫性认识不够，文化在推动全民族文明素质提高中的作用亟待加强；一些领域道德失范、诚信缺失，一些社会成员人生观、价值观扭曲，用社会主义核心价值体系引领社会思潮更为紧迫，巩固全党全国各族人民团结奋斗的共同思想道德基础任务繁重；舆论引导能力需要提高，网络建设和管理亟待加强和改进；有影响的精品力作还不够多，文化产品创作生产引导力度需要加大；公共文化服务体系不健全，城乡、区域文化发展不平

① 参见周来祥：《和谐美学的逻辑与历史——〈古代的美　近代的美　现代的美〉前言》，载《周来祥美学文选》上，广西师范大学出版社 1998 年版，第 20～27 页。

② 周来祥：《三论美是和谐》，第 144 页。

③ 周来祥：《三论美是和谐》，第 152 页。

衡;文化产业规模不大、结构不合理,束缚文化生产力发展的体制机制问题尚未根本解决;文化走出去较为薄弱,中华文化国际影响力需要进一步增强;文化人才队伍建设急需加强"[①]。文化是国家软实力的重要组成部分,正确认识当前我国的文化发展状况,是实现文化繁荣和复兴的前提条件。

二是正视多元的文化环境,弘扬核心价值和主旋律。放眼当代中国,多元的文化格局已经是一个不争的事实,各种社会思潮竞相引领潮流,各种价值观念猛烈地冲击着人们的思想,可谓"乱花渐欲迷人眼"。面对这样纷繁复杂的局面,有的人痛心疾首,渴望回到过去,重现温情脉脉的社会伦理秩序;有的人则听之任之,盲目守望未来,崇尚得过且过的消极生活方式。为了摆脱各种狭隘和偏见,我们必须全面把握文化的现状,以辩证的眼光来审视当前的文化形势。周先生曾说:"由多元走向一元将是现代美学和艺术的历史趋势。因此,当前简单地拒绝多元,也可能不利于一元的发展;而不因势利导,弘扬主旋律,让多元任意发展,也将不利于新的美和艺术的主导地位的形成。"[②]我们一方面要正视多元的文化环境,以一种开放的姿态兼容其他文明形式;另一方面,我们必须致力于形成一个主导多元的一元价值,因为"在迅速实现现代化的社会里,如果传统宗教不能适应现代化的需要,西方基督教和伊斯兰教就会有传播的潜力。在这些社会中,西方文化最成功的主角不是新古典经济学家、富有使命感的民主主义者或多国公司的经理人员。他们是而且很可能继续是基督教的传教士。无论是亚当·斯密,还是托马斯·杰斐逊,都不能满足城市移居者和第一代中学毕业生的心理、感情、道德和社会需要。虽然耶稣基督可能也满足不了他们,但他可能有更好的机会"[③]。如果我们对这段话中"传统宗教"的说法不太认同的话,那么至少应该承认那些曾经存在于每一个历史阶段中的宗教式的信仰。现如今,那些宗教式信仰被无情打破而尚未完全消失,新的价值追求正在集结而尚未正式形成,我们要做的就是在"渐欲迷人眼"的"乱花"中培育出一株绚丽的"花后"来引领"百花齐放"的局面。另外需要指出的是,我们应该全面理解美国的多元文化价值观:作为一个移民国家,美国的公民来自世界各地,这些移民都或多或少地承袭了移民之前自己所在国家或地域的文化传统,这就从根本上决定了美国文化具有极大的包容性和共生性,文化多元、相互尊重、自由平等是他们必然的价值选择。与之相反,世界范围内其他的几个主要文明都具有自己鲜明而一以贯

---

① 《中共中央关于深化文化体制改革推动社会主义文化大发展大繁荣若干重大问题的决定》,载《求是》2011年第21期。

② 周来祥:《三论美是和谐》,第170页。

③ [美]塞缪尔·亨廷顿:《文明的冲突与世界秩序的重建》,第44页。

之的文化传统，这些文明在面对全球性文化浪潮的时候，理应保持一份机智和审慎，因为，一种没有渊源、没有特色的文化必然是缺乏生命力和吸引力的。

三是适应新的艺术生产方式，充分挖掘现代视觉艺术的发展潜力。西方马克思主义学者本雅明说："自古以来，艺术的最重要任务之一就是对时下尚未完全满足之问题的追求。每一种艺术形式的发展史都有一些关键阶段，在这些关键阶段中，艺术形式就追求着那些只有在技术水准发生变化的、即只有在某个新的艺术形式中才会随意产生的效应。"[①]伴随着机械复制技术的飞速发展，现代视觉艺术中的影视艺术在文化生产、文化传播和文化消费中所占的比重越来越大，并对大众的文化认知产生了颠覆性的影响。影视艺术的极度繁荣和它本身的特性明确相关。正如周先生所说："影视艺术在现代社会主义艺术中，也可能获得充分的发展，成为时代的典型形式……它是最真实的客观对象的模仿再现，也有情感心理世界的直接体现。它有诉诸视觉、听觉的直接感性，也有发人深省、震撼人们心灵的间接理性。它能概括时代的巨大空间和历史的宏伟时间，能最集中、最理想地体现社会主义时代的内容，同时又最大限度地把文学、戏剧、绘画、音乐、舞蹈、建筑、工艺、雕塑等各种艺术形式高度综合起来。总之，影视艺术几乎调动和发挥了构成艺术的一切元素的美学功能，并使之达到前所未有的现代水平的高度综合。"[②]当代中国影视艺术的发展可谓是蒸蒸日上，仅以电影为例，有资料称："继 2010 年中国电影突破百亿元大关后，电影市场继续高歌猛进，不断攀升。当下中国的票房总量已经接近北美票房的 1/6，早已跻身全球电影市场前十名。全年故事片将超过 2010 年的 526 部(前三季度达到 450 部)，年度票房将超过 130 亿元，比 2010 年的 101 亿元增长近 30 亿，有望连续 7 年保持 30%左右的增长势头。"[③]包括电影在内的影视艺术的蓬勃发展一方面创造了巨大的经济利益，极大地丰富了人民群众的精神生活；另一方面也存在一些亟待探讨和解决的问题。这些问题如如何进一步提高影视作品的质量，使中国的影视作品在世界范围内产生影响；如何对待我们的传统文化，找到历史真实和文化创新之间的平衡点；如何完善影视审查制度，甄别优劣影视作品；如何规范版权所有制度，保障文化工作者的合法利益；等等。总之，作为一种充分适应当代科技社会的艺术形式，影视艺术还具有很大的发展空间和创新潜力，全面拓展这块文化阵地是建设辩证和谐的当代审美文化的必然要求。

---

① [德]瓦尔特·本雅明：《机械复制时代的艺术作品》，王才勇译，中国城市出版社 2002 年版，第 121 页。

② 周来祥：《三论美是和谐》，第 148 页。

③ 陈旭光、车琳、李雨谏：《2011 年中国电影产业与艺术年度报告》，载《文艺争鸣》2012 年第 2 期。

三、实现人的自由全面发展

马克思和恩格斯在《共产党宣言》中说："代替那存在着阶级和阶级对立的资产阶级旧社会的，将是这样一个联合体，在那里，每个人的自由发展是一切人的自由发展的条件。"[①]虽然我国现在正处在社会主义初级阶段，但是如何在现有的条件下最大限度地实现人的自由全面发展，始终是需要我们不断探索和实践的课题。人的自由全面发展至少包括两个方面的要素：一是生理上的健康和物质上的保障；二是思想上的自由和精神上的完满。建设辩证和谐的当代审美文化主要是为了使后者在文化艺术方面成为可能。在中国传统的审美文化中，并不缺乏追求思想自由和精神完满的文化基因：就思想自由而言，人们普遍推崇庄子"至人无己，神人无功，圣人无名"（《庄子·逍遥游》）的处世哲学和"地籁则众窍是已，人籁则比竹是已。敢问天籁"（《庄子·齐物论》）的艺术理想；就精神完满而言，人们则经常提及孔子"志于道，据于德，依于仁，游于艺"（《论语·述而》）的全面发展路径和"暮春者，春服既成，冠者五六人，童子六七人，浴乎沂，风乎舞雩，咏而归"（《论语·先进》）的诗意栖居生活。这些精神财富都应该被当代人吸纳，进而内化为每个人的行为准则。然而，在具体的实践过程中，这些高度理想化的审美价值追求常常会受到现实的阻碍——人们在身体遭受疾病、生活缺乏物质保障的情况下，很少能够顾及思想的自由和精神的完满，这就为我们的经济发展和文化建设提出了更高的要求：我们一方面要坚定不移地发展经济，保持社会的公平和正义，不断提高人民群众的物质生活水平；另一方面要坚持文艺创作的全面繁荣，既要有"阳春白雪"，又要有"下里巴人"，既要关注高雅艺术，又要为通俗艺术留下充足的发展空间。只有这样，才能满足人们不同层次的物质文化需求，从而在现有的条件下最大限度地实现人的自由全面发展。

第三节　以爱国主义为核心的民族精神、以改革创新为核心的时代精神、社会主义荣辱观与当代审美文化建设

建设有中国特色的当代审美文化，离不开我们的民族精神、时代精神和社会主义荣辱观：以爱国主义为核心的民族精神有助于保持当代审美文化建设的独立和自信；以改革创新为核心的时代精神可以引领当代审美文化建设的自主和

---

① ［德］马克思、恩格斯：《共产党宣言》，中共中央马克思恩格斯列宁斯大林著作编译局译，人民出版社1997年版，第50页。

创新;社会主义荣辱观能够确立当代审美文化建设的立场和底线。

一、爱国主义与当代审美文化建设的独立和自信

《现代汉语词典》对“爱国主义”的解释是:“对祖国的忠诚和热爱的思想。”[①]其实,“爱国主义”是一个近代才出现的概念。1648 年《威斯特伐利亚条约》签订之后,欧洲国家“才开始有了相互尊重主权与领土完整、建立国与国之间平等外交关系及其共同遵守公认的国际法之类的观念”[②]。邓小平说:“我荣幸地从中华民族一员的资格,而成为世界公民。我是中国人民的儿子。我深情地爱着我的祖国和人民。”[③]这是一代领袖说出的最朴素、最真诚、最有力的爱国宣言。在这句话中,“中华民族一员”和“世界公民”是同一个人所具有的不同身份,而这两个身份是相互依存的。因此,中华人民共和国公民与世界公民是相依存在的,构建和谐中国和构建和谐世界是相并而行的,有中国特色的当代审美文化与当代世界范围内的各种文明也是相互影响的。高扬爱国主义旗帜,一方面有助于克服狭隘的民族主义,避免走向文化上的闭关锁国;另一方面也有助于树立文化建设的独立和自信,避免本土民族精神的丧失。而在政治、经济、文化全球化的大背景下,后者显得尤为重要,因为在文化趋于同质化的今天,缺少民族文化的特质,就等于是屈从于力量强劲的全球化“海啸”,这是一个有着数千年文明历史的民族所不能轻易接受的。

在建设当代审美文化的过程中,保持几分独立和自信的精神是势在必行的。“一个国家落后,不仅会招致侵略,更重要的是会造成国人的民族情感和国家意识的淡薄。”[④]而在一个国家强盛之后,如果这个国家的文化建设缺少独立和自信的精神,那么这个国家人民的民族情感将无法充分呈现,其国家意识也无法充分强化。作为国家软实力的代表,文化建设必须在独立和自信的前提下承担起自己的历史使命。其实,自改革开放以来,当代中国的文化建设已经部分自觉地承担起了这份责任,这在音乐的创作中表现得尤为突出。1985 年,由张藜作词、秦咏诚作曲、李谷一演唱的《我和我的祖国》开始传唱,歌词中显露出了改革开放初期中国人民的心理状态:虽然国家的现代化建设刚刚起步,但每一个中国人都愿意将自己这朵“浪花”汇入“大海”中去,每一个中国人都愿意将自己的命运与

---

① 中国社会科学院语言研究所词典编辑室编:《现代汉语词典》,商务印书馆 2012 年版,第 5 页。

② 杨奎松:《何为民族主义,我们应该怎样爱国? ——杨奎松教授访谈录》,载 2005 年 7 月 28 日《南方周末》。

③ 转引自周尔鎏:《我的七爸周恩来》,中央文献出版社 2015 年版,第 352 页。

④ 杨奎松:《何为民族主义,我们应该怎样爱国? ——杨奎松教授访谈录》,载 2005 年 7 月 28 日《南方周末》。

祖国的发展紧紧地联系在一起，每一个中国人都对国家的未来充满希望。这首脍炙人口的歌曲，抒情中散发着激昂，平静中蕴藏着跳跃，点燃了每一个中国人心中的那份爱国热情。由乔羽填词、徐沛东谱曲，韦唯原唱的《爱我中华》是1991年第四届全国少数民族运动会的主题曲，之后，宋祖英翻唱了这首颇具民族特色的歌曲，并将它搬上了维也纳金色大厅，还将它送上了中国第一颗人造月球卫星“嫦娥一号”。这首歌的旋律紧凑而激越，奋进而高昂，恰与20世纪90年代和21世纪初期中国经济迅速发展和国家综合国力快速提升的发展态势遥相呼应。2005年，汪峰推出了自己的专辑《怒放的生命》，在这张专辑中有一首略显“叛逆”的爱国歌曲，名为《我爱你中国》。这首歌不再运用昂扬的旋律来激发听众的情绪，而是用深沉的思考将私人化的情感与爱国的主旋律结合起来，真实地展现了在社会主义市场经济浪潮的冲击下，每一个平凡的中国人的那种“自豪”与“泪水”相互交织的爱国情感。

除了音乐创作之外，在文学创作、美术创作、电影电视剧创作、舞台剧创作等领域，爱国题材的作品也都有所呈现，其中有些作品是精心打造的艺术精品，有些作品却不免落入流俗，成为观众的谈资。在创作爱国题材的文艺作品时，创作者不仅应该处理好宣传主流观念与尊重历史事实的关系，更应该处理好文化生产与文化消费的关系。就前一组关系来讲，创作者应该准确把握艺术真实和历史真实的尺度，不能只顾艺术加工却忽略了历史的真实，从而损害爱国主义精神的严肃性。就后一组关系来讲，创作者应该守住艺术的阵地，避免过多地受到消费观念的影响，不能将爱国主义的教育和宣传变成商业的炒作，从而削弱爱国主义精神的纯粹性。

总之，当代审美文化建设要自觉地向以爱国主义为核心的民族精神靠拢，而且，靠拢的过程必须是独立的，不能是附带的；必须是自信的，不能是菲薄的；必须是严肃的，不能是戏谑的；必须是纯粹的，不能是功利的。

二、改革创新与当代审美文化建设的自主和创新

改革创新的时代精神包含两个要素：一曰改革，二曰创新。这两个要素在当代审美文化建设过程中的具体体现就是文化体制的改革和文化生产的创新，其中前者是国家体制层面的支撑，后者是文化创作者的努力方向。

文化体制的改革并不是孤立的，而是与社会、政治、经济、生态的改革同时进行的；文化体制的改革也不是一时的，而是贯穿在当代审美文化建设的整个过程中。在文化体制改革的过程中，必须增强每一个文化主体的自主性，发掘文化市场的潜能，激发文化市场的活力，使我们的文化体制由被动变主动，由僵化变灵活，由封闭变开放。总的来说，多年来我国文化体制改革的重点有两个：第一个

是文化单位改制转企，第二个是大力发展文化产业。文化单位改制转企是为了增强文化生产主体的自主性和创新能力，大力发展文化产业也是为了推动整个文化市场的自主创新。经过30多年的探索，我国的文化体制改革取得了一定的成效，文化产业的发展也有了明显的进步，一些成熟的文化单位已经持续运转，一大批优秀的文化作品已经相继问世，一部分可靠的文化品牌已经初步树立。中国的文化市场正在全面适应文化全球化的局面，不仅立足于开拓国内市场，而且正在尝试着走向世界。

然而，伴随着文化体制的改革和文化产业化的推进，一些问题也浮出了水面。转企后，文化单位被抛向市场，为了获得利润，便出现了一些粗制滥造的商业作品。商业利润催生了文化创作者的浮躁心态，他们或为了迎合观众而没有底线，或为了完成创作任务而偷工减料。更为严重的是，有些文艺作品缺乏创造力，模仿痕迹明显，侵权的现象时有发生。这种急功近利的做法，不但没有获得预想的商业利润，还使文化接受者对部分国产文艺作品失去了信心。因此，增强自主性并不意味着放任不管；相反，文化生产主体的自律意识应该更加强化，相关的法律法规应该更加健全。提倡创新性也并不是说要抛弃传统，事事求新；相反，文化生产者要在尊重历史和传统的基础上发挥自己的创造性，取得一定的突破和成绩。

三、社会主义荣辱观与当代审美文化建设的立场和底线

管子曰："仓廪实则知礼节，衣食足则知荣辱。"(《管子·牧民》)然而从"仓廪实""衣食足"到"知礼节""知荣辱"并不是一个直接达成的过程，而是一个约束和教化的过程。在物质生活不断丰富的今天，人们追求物质利益的脚步却从未放缓，为了达到自身利益的最大化，有些人甚至会不择手段、不顾立场、不设底线，人们的精神生活似乎缺少了应有的礼节意识和荣辱观念。也许有人会说，这是不是因为我们"仓廪"还不够"实"，"衣食"还不够"足"呢？坦率地讲，这方面的原因是存在的。但是，这一方面的原因能够成为所有问题的挡箭牌吗？答案当然是否定的。因为就像波德里亚所说的那样，欲望具有"无限潜在性"①。欲望本身并不能被完全摒弃或彻底消除，但却可以被正确引导和适当规约，在人性的自由与本能性的欲望之间，文化理应履行其教化之功。而一种健康的文化必定有其基本的道德立场和内在的道德尺度，于是，社会主义荣辱观便为当代中国的审美文化建设提供了道德上的立场和尺度。

文艺创作者和美育工作者应该坚定热爱祖国、服务人民、崇尚科学、辛勤劳

---

① 参见[法]让·波德里亚：《论诱惑》，张新木译，南京大学出版社2011年版，第9页。

动、团结互助、诚实守信、遵纪守法、艰苦奋斗的立场；同时，紧守不危害祖国、背离人民、愚昧无知、好逸恶劳、损人利己、见利忘义、违法乱纪、骄奢淫逸的底线。在这里，坚定立场是容易做到的，但是把握尺度却是一个比较棘手的问题：一方面，文艺创作者需要一份艺术的自由，以便创作出有思想价值的艺术作品；另一方面，道德律令会对文艺创作有所规约。规约得过轻，有可能会使创作越过道德的红线；规约得过重，则有可能造成"道德捆绑"，对文艺创作产生消极的影响。如何在二者之间找到一个平衡点，是当前审美文化建设者需要探索和解决的问题。我们既不能只专注于文艺的自由而忽视了道德的底线，也不能片面宣扬道德的教条而将"标准"变成了"目的"。

黑格尔说："根据是实际存在着的世界呈现在反思里的形态"[①]，"我们可以为任何事物寻出和提出根据，并且一个好的根据（譬如指导行为的一个好动机）可以产生某种实效，也可以不产生某种实效；可以有某种后果，也可以无某种后果。一个行为的推动根据〔或动机〕，要发生某种实效，譬如说，它必须被纳入于意志之内，只有这样，意志才能使它成为能动的，并成为一个原因"[②]。社会主义核心价值体系就是我们通过对历史和现状的反思而提出的"根据"，而这个"根据"能否发生实效，关键在于它能否被广大人民群众纳入自己的"意志"当中去，自觉地成为他们行动的根据和动机。也就是说，彰显社会主义核心价值体系的关键在于让这个价值体系深入人心，扎根于实践。因此，有中国特色的当代审美文化建设必须以社会主义价值体系为指导，并自觉地承担起宣传和践行社会主义核心价值体系的使命和责任，为构建和谐社会、实现中国梦提供思想上的支撑。

第四节　核心观念与当代审美文化建设

核心观念是彰显中国特色的依据，是发挥传统审美文化价值的根本，也是当代审美文化建设和传播的核心内容。有中国特色的当代审美文化建设必须紧扣和谐、创新、以人为本这三个核心观念。其中，"和谐"观念是当代审美文化建设之魂，"创新"观念是当代审美文化建设之器，"以人为本"观念是当代审美文化建设之根。

---

① ［德］黑格尔：《小逻辑》，贺麟译，商务印书馆2010年版，第266页。

② ［德］黑格尔：《小逻辑》，第265页。

一、“和谐”是当代审美文化建设之魂

温家宝指出：“早在2000多年前，中国古代思想家就提出‘和实生物’、‘和而不同’等思想。主张国家之间、民族之间、人与人之间和谐共处；不同文明之间和谐共存；人与自然和谐共生。‘和’是中华文化的精髓，是中国人民奉行的崇高价值，在中国历史上曾经起了促进民族团结，增强民族凝聚力，实现睦邻友好的积极作用。”[①]这种“和”的思想一直存在于中华民族的文化里，是中华文化绵延至今的活的灵魂。在建设有中国特色的当代审美文化的过程中，“和谐”是一个首要的关键词。

建设和谐的当代审美文化有两层含义：第一，“和谐”是当代审美文化的主旋律；第二，各个门类、各个层级、各个阶段的审美文化应该和谐相处、和谐并生。建设和谐义化是构建和谐社会的重要组成部分，和谐不仅是文化的主旋律，而且也是国家政治、经济、社会的主旋律。当代审美文化要自觉地贯彻和谐文化精神，弘扬和谐文化理念，倡导和谐文化思维，营造和谐文化氛围，打造和谐文化品牌。其实，与和谐相对的就是冲突和矛盾，没有了矛盾和冲突，就是和谐。然而，就目前人类的生产力水平来讲，要绝对地化解矛盾、消除冲突是不太可能的，因此，“和而不同”的思想就显得弥足珍贵。当前，不管是声势浩大的大众电影产业，还是处境“濒危”的传统物质或非物质文化遗产，都在以不同的方式维护自身的生存和发展；不论是高雅的交响音乐，还是通俗的民间乐队，都在以自己独特的魅力吸引着不同阶层的观众；不管是或温柔敦厚或清雅恬淡的古典文艺，还是或激情澎湃或阴郁低沉的现代流行艺术，都在散发着不同历史品位的文艺魅力。尽管它们属于不同的艺术门类，拥有不同的观众阶层，代表不同的时代风貌，但是它们都能够在这个和谐的文化环境中站稳自己的脚跟，在背后支撑这个大好局面的正是我们所持有的“和而不同”的文化理念。

总之，和谐的精神为中华文化带来了开放性、包容性、丰富性和持续性，中国当代审美文化应该是一种有着和谐主旋律的、“多味调和”的文化。

二、“创新”是当代审美文化建设之器

当前，有关“创新”的问题已经谈得很多，但是，“创新”不能仅仅沦为一句口号和一个话题，更应该被落实到行动之中。在落实到实践的过程中，创新应该得到思想上的引导、经济上的支撑、物质上的鼓励和法律上的保障。所谓思想上的

① 温家宝：《温家宝谈中国传统文化的一些主要精神及其现实意义》，2009年1月31日，http://culture.people.com.cn/GB/87423/8727136.html，2016年11月8日。

引导，是指创新精神应该在学校教育中得到培养，在工作岗位上得到保护，在舆论宣传上得到支持；所谓经济上的支撑，是指创新的理念应该择优付诸实践，并伴随着经济上的支持；所谓物质上的鼓励，是指创新者应该被给予物质上的奖励，以激发其更大的创造热情；所谓法律上的保障，是指创新成果应该得到法律层面上的保护，确保版权和专利的真“权”和实“利”。

就当代审美文化的建设来说，审美文化的创新包括多个方面，如思想观念的创新、艺术形式的创新、传媒手段的创新等。中国特色的当代审美文化必须有所创新。因为，文化创新不仅有国内的市场需求，而且也有国外的竞争压力。要有所创新，就不能恪守传统，一成不变，更不能模仿抄袭，缺乏创造力。就目前国内的文艺创作来说，这两方面的问题都是客观存在的。在对待传统的问题上，出现了两种情况值得人们重视：一种情况是创作者过分依赖旧底本，缺乏批判继承和再创造的意识，只是在新的语境中演绎旧的艺术，很难让观众与之产生共鸣；另一种情况是创作者（或者直接称之为“改造者”）为了博得大众的眼球，不负责任地对传统文艺进行剥离和重组，不仅玷污了优秀的传统文艺，也误导了大众对待传统文艺的态度——笔者将这两种情况定义为“伪创新”。在面对国外的文化攻势时，一部分创作者缺少应有的尊严和自信，尽力去追随所谓的“国际步伐”，并冠之以“创新”的头衔。但由于内在功力的欠缺和外在环境的限制，追随的步伐显得十分吃力，而且还有“跌跟头”的危险——笔者将这样的创新定义为“非创新”。真正的创新，应该自信而不自负地直面自己的传统，突破自己的传统，创造新的传统。真正的创新更应该自尊而不自卑地对待外来文化，超越外来文化，成为别国的外来文化。

总之，创新应该是一把利器，既能够刺穿保守的“面具”，使本民族的审美文化焕发新的生机，又能够抵御国外文化的过分“侵扰”，保持本民族审美文化的独立和特色。

三、“以人为本”是当代审美文化建设之根

建设有中国特色的当代审美文化，归根到底是为了满足广大人民群众的文化需求。因此，当代审美文化建设的第三个核心观念就是以人为本。

以人为本，就要求文艺作品应该是人民群众喜闻乐见的，更应该是能提升人民群众文化素质和艺术品位的，不能过度商业化、市场化、私密化。文艺作品的情感价值主要在于其纯粹性和自由性，真正优秀的文艺作品和文化产品，能够给予观众精神上的慰藉和感动，而不是一味地刺激观众的感官冲动和物质欲望。那些疯狂植入消费广告，将文艺作品当成宣传工具的行为，无疑是在自贬身价，并会逐渐失去观众的尊敬和信任；那些纯粹调动观众的力比多趋力，通过血腥、

暴力、色情的场面来吸引眼球的商业作品，就像大海中的一股股浪潮，起初轰轰烈烈地扑来，却注定会悄无声息地沉寂。也就是说，在文艺创作的过程中，刻意忽略观众或诱导观众的行为，都不是真正的以人为本。

同时，以人为本也并不意味着文艺作品的创作要完全迎合观众的所有“需求”，唯观众的“喜好”是从——这里所说的“需求”和“喜好”是指一些不健康、不道德、不合法的特别“需求”和“喜好”。在自由开放的市场经济环境中，总是会出现一些组织和个人为了获取经济利益而不择手段，他们在利益的驱动下生产出“文化病毒”，并将这些病毒散播在文化网络中，借机感染那些没有安装“防毒软件”的人。要想扼制这种文化现象，一方面，要增强文艺工作者的自律意识，另一方面要加强舆论监督和法律监管。紧守社会主义荣辱观的立场和底线也是建设以人为本的当代审美文化的题中应有之义。

总之，以人为本的当代审美文化不仅要满足广大人民群众的文化需求，还要着力提升广大人民群众的精神境界，丰富广大人民群众的审美内涵。

第五节　在比较中看当代审美文化的中国特色

卡西尔在《人论》中说：“人总是倾向于把他生活的小圈子看成是世界的中心，并且把他的特殊的个人生活作为宇宙的标准。但是，人必须放弃这种虚幻的托词，放弃这种小心眼儿的、乡巴佬式的思考方式和判断方式。”[①]在当今这个全球化的时代里，卡西尔的这句话显得更有分量，无论是个人还是国家，都应该敢于在比较中正视自己与别人的不同，以开放的胸襟和阔大的视野来审视自身的缺点和不足，发现自身的优点和特色。要建设有中国特色的当代审美文化，就必须具备比较的视角，因为，特色总是在比较之下才显现得更加鲜明、突出，而发现特色是为了更好地寻找发展的途径与方法。要想深入了解中国当代审美文化的特色，就要将其与中国古代审美文化进行比较；同样，为了全面理解当代中国审美文化的特色，就要将其与当代西方审美文化进行比较。当然，由于篇幅的限制，这里所进行的比较是一个宏观上的整体特征的比较，而不是面面俱到、细致入微的比较。

一、与古代相比，中国当代审美文化建设具有多元性

在《中华审美文化通史》一书的“总论”中，周来祥先生将中华审美文化的基

① ［德］恩斯特·卡西尔：《人论》，甘阳译，上海译文出版社1985年版，第20页。

本特征概括为三点：第一点是“儒、道、佛（禅）互补，三教合流”；第二点是“文史哲的交融，感性与理性的统一”；第三点是“中华文化的泛审美化，伦理性与审美性的融合”。[①] 从这三点特征我们不难看出，中国古代审美文化有其自身的建构根基和发展脉络，几乎所有的文艺和文化都未曾脱离这个根基，也未曾跳出这个脉络。然而，与古代相比，中国当代审美文化却面临着更加多元的文化局面，造成这种局面的主要原因就是中外文化不可避免的交流、互动和竞争，也就是说，文化全球化的大趋势造就了中国当代审美文化的多元性特征。

在当代，中华传统审美文化的三个基本特征都受到了不同程度的冲击。就第一个特征来说，如果将当代审美文化比作一幅画作，那么儒、道、佛思想仍然是这幅画作的底色。但是，就整个画作来看，我们不仅可以看到隐隐显现的底色，还能够看到色彩缤纷的表面色彩。这些缤纷的表面色彩是完全可以被理解和接纳的。正如周先生说的那样：“从文化角度说，现在的中国的一个突出特点是文化转型。文化转型期往往是思想、学术最活跃的时期，也可以说文化转型期必然是多元期，所以，在 90 年代各种美学新说、新派如雨后春笋般出现了，如生命美学、价值美学、元美学、后实践美学、生态美学……可谓百花齐放、百家争鸣。”[②] 其实，不仅仅在 20 世纪 90 年代是这样，从 80 年代开始，一直到 21 世纪初期的这十几年，国外的思想和学说一直在被引入中国。在这期间，传统国学开始寻求复兴的机会，并力争与外来思想和学说形成抗衡之势。但不管怎样，多元的文化局面已经形成，多元性的文化特征将继续延续下去。

就第二个特征来说，文史哲的交融性不再显著，学科划分日益精细；感性与理性的统一也被部分打破，理性精神逐渐崛起，科学技术开始引领时代潮流。随着西方思想和文化的涌入，中国传统文化艺术中的诗性智慧被部分冲淡，加之当代中国教育体制的西方化，学科划分清晰明了，文学、艺术、历史、哲学各有其学科归属，相互之间的必要交流也随之减少。与此同时，科学技术开始占领高地，并与经济发展紧密结合，二者的结合催生了很多与传统文化和艺术不同的新的文艺形式，它们在现代市场经济的大环境中如鱼得水，异彩纷呈，几乎成了当代文化和艺术的典型符号。与之相比，传统的文化和艺术虽然仍旧占有一定的市场份额，但就目前的发展情况来看，还是略显逊色。不过，随着民族文化的自觉和市场经济制度的完善，传统文化和艺术也会逐渐探索和发展出自己的道路，到那时，多元的当代审美文化将更加具有包容性，也会更加有魅力。

---

① 参见周来祥、周纪文：《中华审美文化通史・先秦卷》，第 18～25 页。

② 周来祥：《21 世纪美学主潮——著名美学家周来祥教授访谈录》，载《周来祥美学文选》下，广西师范大学出版社 1998 年版，第 1943～1944 页。

就第三个特征来说，当代审美文化也不仅仅是伦理性和审美性的融合，而是逐渐将“真”的范畴纳入整体文化的建构中来，强调真、善、美的统一。周先生说：“中华文化强调人，强调主体，强调伦理社会，强调善，偏重美善结合，偏重人生理想和审美理想的结合；而西方文化则强调客体，强调理念，强调真，偏重美与真的统一。”①这种在传统中国社会延续了千余年的文化特征正在式微，“真理”“民主”“平等”“法制”等关键词却反复被人提及，并影响着人们的思想和行为。虽然传统文化的伦理性特征在家庭层面上依然存在，但波及范围远不及传统社会那样广泛。具体来说，就是伦理性特征主要存在于一个核心家庭的三代或四代直系亲属之间，那种大家族式的、纠缠交错的伦理关系已经不是特别的重要。与此同时，传统文化中那种体现在国家层面上的伦理性特征已经不复存在，取而代之的是正在逐步完善的民主平等的法治社会。这些转变对当代审美文化的影响是潜移默化的，当观众看到未经改造的传统艺术中所体现出的传统伦理性元素时，总会禁不住问上一句：“为什么是这样的？这样做是对的吗？”在不断的质疑和追问中，传统伦理的权威性在逐渐消解，它与审美的“联姻”也自然而然地被部分解除。那些被消解的部分，有的转嫁到了对“真”的追求上，有的则转向了“美”的自觉，最终，当代审美文化将呈现出真、善、美和谐统一的多元局面。

二、与西方相比，当代中国审美文化建设具有复杂性

在进行了纵向的比较之后，我们再来进行一番横向的比较。这里用来进行横向比较的对象主要是西方的当代审美文化。关于“西方”这个概念，笔者想借用亨廷顿的界定来说明一下：“‘西方’一词现在被普遍用来指以前被称为西方基督教世界的那一部分。这样，西方是唯一的一个根据罗盘方向，而不是根据一个特殊民族、宗教或地理区域的名称来确认的文明。这种确认方法是把文明从其历史、地理和文化环境中提升出来。从历史上看，西方文明是欧洲文明。在现代时期，西方文明是欧美文明或北大西洋文明。可以在地图上发现欧洲、美国和北大西洋，却不能在地图上发现西方。‘西方’的名称也引发了‘西方化’的概念，并促使人们产生使人误入歧途的把西方化和现代化合在一起的想法：更容易把日本设想为‘正在西方化’而不是‘正在欧美化’。然而，欧洲—美国文明被普遍归诸西方文明，尽管这一术语有严重的缺陷，但这里仍将沿用之。”②而我们之所以选择与当代西方审美文化进行对比，是因为在当今世界范围内，西方文化，尤其是美国和欧洲文化，是最为积极和活跃的文化，也是最为强势的文化。一种目前

① 周来祥、周纪文：《中华审美文化通史·先秦卷》，第22页。

② ［美］塞缪尔·亨廷顿：《文明的冲突与世界秩序的重建》，第25～26页。

相对积极和强势的文化，定有促成其积极和强势的内在生命力和外在原因，两相比较，定能发现差异，彰显特色。

与西方相比，当代中国审美文化建设所面临的局面更加复杂，造成这种复杂性的主要原因就在于当代中国审美文化需要更多地面对古代的传统。仪平策在《当代审美文化建设与古代审美文化资源》一文中说："在一些学者那里，当代审美文化的历史品格基本属于'现代'或'后现代'层面，而与'前现代'，或者说古典文化、传统文化层面是界限分明、迥然有别的。可问题在于，如果排除了古代的、传统的文化因素，是否能够真正说清楚乃至于建设好当代审美文化呢？"[①]答案当然是否定的：尽管经历了近代以来的数次思想文化运动，但中华文化的血脉并没有被彻底斩断，中国的当代审美文化绝不可能与古代审美传统文化彻底分开。如果说西方文化和艺术的特点在于其独立性和批判性的话，那么中国文化和艺术的特点就在于其传承性和包容性，我们只有认识到东西方文化的这些差异，才能在建设有中国特色的当代审美文化的过程中保持良好的心态和清醒的头脑。

西方文化和艺术的独立性和批判性特征也是有其传统的，尽管一代代的思想家和艺术家都在试图冲破传统的束缚，建立自己的独立王国，但他们的尝试都是建立在客观理性的思考和批判的基础上的。也就是说，他们也在继承一个"批判的传统"。时至今日，这个传统似乎得到了过分的继承。尤其是在当代西方艺术领域中，有些所谓的"艺术家"们以各种让人瞠目结舌的方式来反对传统、对抗传统、消解传统，他们"创造"出一大批看似五彩缤纷实则没有什么深度的"艺术作品"。其实，如果他们的这些"作品"没有得到重视也就罢了，问题的关键在于，很多"作品"被堂而皇之地摆在了美术馆里，并被赋予"艺术"之名，而创作这些"作品"的艺术家们也因此获得了名誉和财富。在这里，我们不过多地探讨这些"作品"是不是"艺术"，因为这实在是一件费力而不讨好的事情，我们要关注的是这种现象本身：在当代西方的文化中，独立和批判的传统被继承了，但也同样由于继承了这一传统，西方人能够坚持独立的个性和批判的精神，从而很少受到传统的过分束缚。

与此同时，在当代中国的文化中，传承和包容的传统也被继承了，但也同样由于继承了这一传统，中国人就表现为比较容易受到传统的影响，并自觉地兼容了古代传统。这种传承模式和兼容模式，外加当代新模式，就使中国当代审美文化的系统变得复杂了起来。在当今中国的文化艺术领域中，恪守传统者有之，摒弃传统者有之，恪守与摒弃同存者亦有之。在这些人群中，立场坚定者有之，随波逐流者有之，徘徊不定者亦有之。而传统文化艺术和外来文化艺术的博弈则

---

① 仪平策：《当代审美文化建设与古代审美文化资源》，载《理论学刊》2009年第9期。

是造成这种局面的根本原因。在这场博弈中,传统文化艺术大体上走的是一条从“草根”到“学院”的自下而上的路线,而外来文化艺术大体上走的是一条从“学院”到“草根”的自上而下的路线。关于这两条路线的背景和源流,已经有很多的分析和解读,在此笔者不再赘述,笔者想要强调的是中国当代艺术家在面对西方文艺时的心态问题:艺术的真正生命力和最高价值在于其原创性、突破性和典范性,对西方艺术进行刻意的模仿会导致原创性、独特性和批判性的缺失,这将使中国艺术家永远走在西方艺术家的后面。借鉴和模仿是相对简单的事情,从传统和当下汲取最有艺术生命力的东西并将它们展示出来才是最困难,也是最有创造性、最富价值的事业。从这个意义上讲,古代文化艺术传统是我们当代文化艺术发展可供借鉴的宝贵财富。我们应该立足于本民族的文化艺术传统,平等客观地审视西方文化艺术的特点,在这复杂却充满机遇的环境中建设好我们的当代审美文化。

总之,与古代相比,可以突出中国当代审美文化建设所处的文化语境;与西方相比,可以彰显当代中国审美文化建设所作出的文化选择。中国当代审美文化建设所面临的局面多元而复杂,所接受的任务艰巨而光荣,所选择的道路崎岖而光明。

第三章
传统文化资源的现代创造

传统文化，作为中国文化的核心组成部分和文化发展的源泉，是以资源的形态存在于当代文化的发展之中的。正如同自然资源是国家地域经济发展的财富一样，传统文化资源也成为民族文化发展的宝藏，只是这宝藏不同于自然资源的有限性，它是取之不尽，用之不竭的。所谓文化资源，即是“能够突出原生地区的文化特征及其历史进步活动遗迹，具有地域风情和文明传统价值的一类资源，包括历史遗迹、民俗文化、地域文化、乡土风情、文学历史、民族音乐、宗教文化、自然景观等”①。

在社会发展日新月异，新鲜事物层出不穷的今天，传统的文化资源为何依然受到重视，甚至被反复的拿来运用和创造？究其原因，可以从学理和现实两个层面来理解。从学理上来看，文化本身就包含着生长性，因此，尽管文化的表象发生着日新月异的变化，但究其根源，却有着一定的稳定性。这种根源，存在于同一地区世世代代人民的生活习惯、观念和礼乐艺术之中，即荣格所说的“集体无意识”，看似隐性，却有迹可循。而其产生或正如李泽厚的积淀说所论。

“所谓‘积淀’，正是指人类经过漫长的历史过程，才产生了人性——即人类独有的文化心理结构，亦即从哲学上讲的‘心理本体’，即人类(历史本体)的积淀为个体的，理性的积淀为感性的，社会的积淀为自然的，原来动物性的感官人化了，自然的心理结构和素质化为人类性的东西。”②在此处暂且不详究积淀说在学理和逻辑层面上引发的讨论，其理论确实在一定程度上描绘了传统文化作为资源存在的必然性，同时也提供了传统文化资源在当代文化的发展中被广泛运

---

① 欧阳友权主编：《文化产业通论》，湖南人民出版社 2006 年版，第 138～139 页。

② 李泽厚：《李泽厚十年集(1979～1989)》第 1 卷，安徽文艺出版社 1994 年版，第 495 页。

用和开发的可能性。尽管时代在变化，时间在更替，但这种稳定的文化心理结构却使得在同一地域或者同一文化圈中生活的人们仍然拥有相近的审美品位和文化观念。就如同大红色永远是中国人心目中喜庆吉祥、高贵的颜色一样，心理本体不仅在个人身上发挥着作用，也在人类和文化的层面上发挥着作用。

就现实而言，与经济的快速发展相比，文化的发展实际是相对缓慢而稳定的。历史告诉我们，经济体制转型、工业制作方式的更新换代可能在几十年间实现，而文化的改变却可能需要一个世纪甚至更久——看似随着潮流而变的艺术风格尽管发生变化、不再流行，但却几乎不会消失；无论社会如何发展，东亚与欧美永远有着截然不同的文化观念和风尚，而一时兴起的艺术风格，如欧洲 17 世纪盛行的巴洛克艺术，尽管很快就被古典主义和浪漫主义所淹没，但其仍然存在于文化作品和建筑艺术之中，直至现在。除此之外，文化作品的创作无法实现制造工业或者生活用品那样的大批量和高效率，而是需要时间的沉淀和积累，既然在速度上难以跟上当代的生活变化，那就更需要挖掘、利用传统文化资源，以满足绝大多数人的审美需求。

同时，必须承认的是，传统文化资源固然博大精深，但是运用起来却也并非易如反掌：直接拿来会显得陈旧、毫无新意而缺乏吸引力；无原则地随意运用或大肆创造，则又有背离文化传统之嫌。因此，在当代文化的发展过程中，传统文化资源的现代创造一直是在重重困境和问题中进行的。除此之外，文化本身是个极为复杂的存在，其内涵不仅涉及物质层面，也包括精神层面，还有整个的生活方式，因此文化资源也就有了有形和无形的差别，在开发和利用的过程中需要区别对待。接下来，我们将首先沿着历史的脉络纵观传统文化资源再利用的历程，然后再选择其中较为突出的文化资源类型（如文化经典、非物质文化遗产等）进行具体分析，最后将深入探讨传统文化资源如何实现现代的再创造。

第一节 对传统文化接受和利用的历史线索

党的十一届三中全会以来，人们对于文化的态度几经变化。改革开放之初，由于急于经济的发展，人们对于文化多少有些忽视；上世纪 80 年代初的文化热，又让文化的影响开始回潮，但这种热潮很快退下，之后又开始了一段以经济为主导的时期；随着经济的飞速发展和人们对文化的需求日益增多，再加之国家政策的不断影响，文化又不断得到重视，直至现在的大发展、大繁荣时期。在以上过程中，人们对传统文化的接受和利用，无论是从态度、内容还是从方式来看，都是不断变化的。

此外，从之前对文化资源的定义我们可以发现，文化资源的组成部分是丰富多样的，对不同类型的文化资源其利用的方式和产生的影响也有所不同。文化资源的分类与文化自身的分类无异。文化人类学家马林诺夫斯基在《文化论》中提出了对文化形态的分类，即物质设备、精神方面、语言以及社会组织。他认为："人的物质设备：举凡器物，房屋，船只，工具，以及武器……它们决定了文化的水准，它们决定了动作的效率。""物质文化需要一相配部分……这部分是包括种种知识，包括道德上、精神上及经济上的价值体系，包括社会组织的方式，及最后，并非最次要的，包括语言，这些我们总称作精神方面的文化"，语言不难理解，而就社会制度而言，重点包括"一切规则、法律、习惯及规矩……重要的则是道德价值"。[①] 物质层面可以包括衣食住行的各个方面，而精神层面则包括传统文化思想的各个方面。需要说明的是，文化的各个形态在作为文化资源存在的时候，并不是完整存在的，更多的则是以文化元素的形式存在的。

我们先来根据历史的线索梳理一下不同历史阶段传统文化资源的利用情况。改革开放初期，人们对于传统文化资源的态度经历了从刻意回避或者无暇想起到后来的重新重视的转变。这一阶段对于传统文化的运用多侧重于文化经典，其发展层次重点在于理论建构，而具体内容则多集中于文化经典的媒介展现，主要体现在电影、电视剧对经典文学作品的改编上。

改革开放初期发展的重点在经济，因此文化的发展并不显著。在有限的文化发展过程中，人们关注的重点也在"引进来"，而非"走出去"。国门打开，大量的外来文化涌入，封闭太久的人们被各种新奇的文化产物所吸引，一股脑儿地去追新逐异，牛仔裤、迪斯科、流行音乐……这些都挤压了传统文化形式在人们生活中的地位。在这个阶段，人们对于传统文化资源的态度可以说是刻意回避，或者说无暇想起。随着经济、政治的改革进入一定阶段，文化的发展也成为必然的趋势。同时，大量外来文化的引入所带来的狂热也渐渐平静，学者们开始冷静思索和讨论，于是有了"文化热"的出现。在这一热潮中，传统文化必然成为题中之义，"寻根文学""复兴儒学"等都引发了人们对传统文化的重新重视。在这一阶段，传统文化作为西方外来文化的敌对面而存在，而其性质也更多的是其原本的精神属性。

面对开放的文化市场和迅速引入的外来文化和文化作品，文化经典成为捍卫传统文化、坚守民族文化最为有利的武器。同时，文化经典本身具有完善的结构和相对稳定的受众群，因此，文化经典与媒介的结合就成为水到渠成之事。这一方面能够突出地展示中华民族的优秀文化作品，另一方面也能够吸引更为广

① ［英］马林诺夫斯基：《文化论》，费孝通等译，中国民间文艺出版社1987年版，第4～9页。

大的观众。此外，直接将经典改编为电影或者电视剧也减轻了创作的压力，可以在最短的时间内将其投放到文化市场之中。自 1981 年开始，鲁迅的《阿 Q 正传》《伤逝》等开始被改编成电影，此外电影《城南旧事》《骆驼祥子》《边城》，还有电视剧《四世同堂》《西游记》等都陆续上映。这一时期文学作品和电影电视媒介的结合基本保持了一致的步调，即最大限度地还原原著，忠实于原著，对传统文化资源也只是简单地运用，除却媒介这种形式所必要的创新，内容创新的力度并不大。

与此同时，与之相伴生的便是重视理论的建构。这一时期的知识分子始终延续着精英知识分子的责任感，在文化的热潮中，知识分子的地位也再一次受到了重视——他们不仅在理论中建构文化发展的脉络，更在一定程度上推动了文化实践的发展。以韩少功、阿城、贾平凹等作家为代表的寻根文学流派就在当代文学的发展过程中留下了深厚的一笔。韩少功在《文学的"根"》一文中认为文学的"根"存在于传统文化之中①，因此，在面对现代化的生活方式时，需要回归传统的文化精神去寻找精神支柱，而这为传统文化资源的再利用奠定了理论基础。沈从文笔下散发着瑰丽色彩的纯朴的湘西生活，那些给人以勃勃生命力的湘西山水，都成为寻找自我身份认同的源泉。

需要特别注意的是，改革开放前，中国的文化具有鲜明的一元性和政治性特征，因此，在文化实践中意识形态起着主导作用，文化价值也因此依赖于政治立场。改革开放之后的很长一段时间，主导文化占据着重要的位置，文艺作品的"导向性"功用也相当明显。

20 世纪 80 年代后期到 90 年代，对于传统文化资源的利用仍然停留在探寻传统文化精神的核心内容上，但是文化实践的艺术性和娱乐性开始受到重视。同时，对于传统文化资源的运用广度和深度都有所增加，不仅停留在精神层面，在物质层面上的运用也日渐受到重视。

这一时期，文化的热潮很快又被经济发展所取代，建设市场经济的发展目标使得各种文化事业和产业也开始得到发展，各种以盈利为目的的文化公司、广告公司、文化娱乐团体不断出现，传统文化则开始成为这些文化活动中所着重运用的资源。就精神层面的运用来说，这一阶段仍主要是处于自我认同阶段，这期间运用的还是传统经典的思想以及资源，文化热的兴起所带动的是在面对海量外来文化的同时，对于传统文化的重新认识和重视。与前一阶段不同，在这一阶段的文化形态中，以知识分子为代表的精英文化渐居于主导地位，大量的文化作品和艺术作品都有着较高的审美追求和精神内涵。改革开放之后，中国的文化精

---

① 参见韩少功：《文学的"根"》，载《长春》1985 年第 4 期。

英们就开始在传播西方文化的过程中经历情感与理智的冲突以及复杂的互动。一方面，文化精英们传播西方文化；另一方面，他们情感上对于传统文化的依恋和归属感使得他们开始捍卫民族文化，并开始了对自我身份和角色的反省。精英文化在技术层面上欣然接受了西方，但是在精神上，民族文化身份的意识开始觉醒和壮大。①

这一时期的知识分子经历了中国社会的大动荡和大变革，有着深厚的文化底蕴，同时又接受了新鲜的思想和训练，他们带着巨大的激情和梦想去探寻历史、文化和民族精神，去表现自己对新世界的认知，并带有将中国介绍给世界的使命感和责任感。其中表现最为明显的莫过于第五代导演的影视作品，如张艺谋 1984 年导演的《黄土地》和 1987 年导演的《红高粱》。《红高粱》改编自莫言的同名小说，在内容上延续了小说的故事情节和人物刻画，但是在创作中却通过对节奏的把握、颜色的运用以及场景的选择凸显了昂扬的生命力，"我爷爷"、罗汉大叔和"我奶奶"的抗日壮举已然不再是刻画的重点，相反，他们那种无拘无束的生活态度，他们对故土、对高粱地的浓浓依恋成了影片所竭力渲染的内容。显然，对于文化资源的创造已经开始脱离严苛的政治化和意识形态塑造，而成为有着浓重知识分子个人意识和生命理想的精英形态。对于传统文化资源的利用不仅利用共鸣赢得了国内的市场，更凭借鲜明的民族特色走出了国门。

就物质层面的运用来说，自然文化遗产在 80 年代末 90 年代初开始受到关注。1985 年 11 月 22 日，中国加入《保护世界文化与自然遗产公约》，随后，山东泰山、安徽黄山、周口北京人遗址、敦煌莫高窟等一系列自然和文化遗产被列入世界遗产名录。90 年代后，文化遗产与旅游业的结合成为人们开发利用的主要模式。1992 年，旅游业被列入第三产业的重点产业之后，就开始了飞速发展，而其中最受追捧的景点区域则是自然文化遗产。可以说，在这一阶段，自然遗产是文化的主力。

与前一阶段完全尊重传统文化资源且明确凸显教育意义的特征不同，90 年代的文艺创作已经开始走向世俗化，具体表现在对偏激的乌托邦式理想主义的反叛、重视实际以及对重视物质和享乐主义的追求上。② 于是在传统文化资源的具体利用过程中，开始出现了娱乐化倾向。这种娱乐化倾向突出表现为历史题材影视作品中戏说成分的加深。与前一阶段严格尊重历史事实和文化经典不同，这一阶段的文化资源利用开始加入大量的艺术创作，历史阶段和人物仅仅成为创作的背景，创作者在大的背景之上任意发挥，不仅增加了娱乐成分，也将文

---

① 参见周宪：《中国当代审美文化研究》，北京大学出版社 1997 年版，第 248 页。

② 参见周宪：《中国当代审美文化研究》，第 301 页。

化作品打上了创作者的烙印。最为明显的例子莫过于 1998 年上映的两部电视剧——《还珠格格》和《大明宫词》。《还珠格格》可谓是内地古装偶像剧的鼻祖，它是根据琼瑶的言情小说改编而来的，就形式而言是文化资源的再次利用，就内容而言，则将目光投注到了清朝乾隆皇帝的身上，剧中的史实有假有真，人物上既有纪晓岚等大臣，事件上又有文字狱、乾隆下江南等，但是其核心故事情节却是完全虚构的，民间格格与皇子、贵族子弟纠葛的爱恨以及皇宫内的钩心斗角都加剧了剧情的娱乐性，无论是荒诞无厘头的搞笑剧情，还是纠结复杂的爱情故事都成为了吸引人的卖点；而《大明宫词》则走向了另一种风格，它以历史上著名的两个人物武则天和太平公主的生平为大背景，但是却并没有将重点放在这两个女人的政治功绩之上，而是将两个人的情感作为关注点，突出了情感与权力的斗争，其莎士比亚式的独特台词和大段独白增添了电视剧话语的艺术气质，空灵虚幻的台词、音乐和拍摄手法也体现了导演对于女性情感和心理的把握和营造。可见，在上述手法的运用下，传统文化资源成为了现代艺术作品创造的架子，其血肉则被赋予了更多的创造力和想象力，迎合了当代人的情感需求。

21 世纪初，对于传统文化资源的运用开始步入了新的阶段：就运用态度而言，已经由主动利用开始转为积极创造，“创造”成为运用的重中之重；就内容而言，无论是有形的物质文化资源，还是无形的价值伦理观念都为人们所重视；就文化形态而言，大众文化的发展已成蔚然之势，多元化的审美追求、产业化的开发利用和现代化的技术成为其主要特征。

随着经济发展逐渐达到一定程度，人们对于文化的需求日渐增多，对于文化产品的内容和质量的要求也将更加丰富和多样化，并逐渐提高。同时，在大量外国文化的冲击之下，人们开始大量开发和运用传统文化资源。例如，旅游业的迅猛发展使得不少文化遗产和文化古迹资源得到开发；影视业则表现为由历史题材、名著等改编的作品大量出现；在艺术领域，大量的中国元素渐成体系，无论是青花瓷、水墨画还是中国功夫，都成为了文化发展的标签。

时至今日，随着和谐社会的建设进程不断加快，对文化发展的要求也渐渐被纳入政策范畴，文化的发展也呈蔚然之势。党的十六届六中全会在和谐社会的建设内容中加入了“社会主义核心价值观”的建设，中共中央第十七届中央委员会第六次全体会议则通过了《关于深化文化体制改革推动社会主义文化大发展大繁荣若干重大问题的决定》，对文化实践、文化产业的扶植也达到了一个新的高度。在这一阶段，对传统文化资源的利用突出表现在积极的创造上。同时，文化资源也开始了向文化资本的转化，突出表现为文化产业的兴盛。

就具体的文化实践来说，2006 年，中央电视台《百家讲坛》栏目《易中天品三国》的开播，在公众中引发了“三国热”；同年，于丹的《论语心得》更是掀起了公众学习传统文化的热潮。无论是易中天还是于丹，都借助了现代的传播媒介来对传统文化进行普及，而他们之所以引发大量关注则在于他们对经典的诠释不仅仅拘泥于文本本身，而是与现实生活紧密结合，带有鲜明的时代感和创造力，这也成为传统文化资源创造性地利用的典型案例。除此之外，2011 年后，电视剧《宫》《步步惊心》以及《甄嬛传》等剧的热播引发了穿越剧、宫廷剧的热潮。这些电视剧或是采用了新颖的穿越题材，或是加入了宫斗的另类竞争生态，其共同点都在于以历史时段为背景，借助历史人物和一定的历史故事进行编写。以上列出的三部剧都以清朝康熙、雍正年间作为背景，围绕皇子夺嫡和宫廷争斗而展开，其对于历史真实的负面影响我们姑且不论，但的确在一定程度上创造性地利用了传统文化资源。

此外，对文化遗产的运用也开始与其他文化资源相结合，其利用方式也经历了从保护到开发再到保护的历程。2004 年推出的张艺谋的《印象·刘三姐》大型山水实景演出就是这一阶段运用模式的典型例证。桂林山水的自然之美已然迷人，但是将其与带有传奇色彩的刘三姐的故事相结合后，运用声、光、色等影视技术与自然山水融合，改变了单一的自然风光所带来的局限性，吸引了大批游客，实现了自然风光、人文内涵与现代传播技术的三重结合。但是，随着对自然遗产的过度开发和利用，也出现了商业化、大量雷同以及自然生态遭受破坏等问题。例如，丽江古城 1997 年被评为世界文化遗产城市，其原生态吸引了大批游客，但现在由于大量资金的投入、商业店铺的入驻使得其商业气息浓重。而凤凰古城屡次被淹则更是过度开发所带来的恶果。另外，民俗作为非物质文化遗产开始受到广泛关注，2007 年“中国非物质文化遗产展”引发了人们对于非物质文化遗产的关注。首届中国非物质文化遗产博览会于 2010 年 10 月在济南举办，非物质文化遗产与自然物质文化遗产、商业以及文化传播业相结合，成为新兴的文化产业中重要的组成部分。

必须说明的是，对于传统文化资源的态度，已从上一阶段中的主动运用和重视，开始转变成视其为创造力枯竭的救命稻草。经济的发展以及文化事业的腾飞，使得人们对于文化产品的需求不断增多，而短期的繁荣过后会出现创造乏力的情况，加之部分从业人员求量更求速，于是简单拿来稍作改动就可用的传统文化资源成为了最好的选择。2010 年，电影《赵氏孤儿》《孔子》上映，电视剧新《三国》播出，电视剧新《红楼梦》播出；2011 年，电视剧新《水浒传》播出，金庸的武侠剧在原有的基础之上又被翻拍了一遍。可是，新版的改编并未如人们所期待的那样具有新的思想或超越，而是创作过度，一味迎合大众的喜好。在文化产业日益兴盛、文化活动日益丰富的今天，如何对传统文化资源进行出色的接受、利用和创造，是我们面临的一个非常严峻的考验。

通过以上对传统文化资源运用的历史线索的梳理，我们可以发现当代传统文化资源的运用具有如下特征：

首先，运用形式多样化，内容多元化，经典内容被反复利用。对传统文化资源的运用形式是多种多样的，既包括对不同媒介类型的运用，如对文学作品的影视化改编，同一个故事可以分别运用不同的艺术形式来表现；又有单纯的对文化元素的运用，如历史背景、历史人物、经典故事等都可作为传统文化元素出现在再创造的艺术作品之中，虽非核心，却也为艺术作品提供了一定的创造基础；还有将对传统文化资源的利用与生活方式、商业生产、遗产保护等相结合的运用形式。与此同时，单一的传统文化资源在重新利用中也逐渐被多元化，这种多元化体现为表现方式多元化、类型多元化、价值观念多元化等。例如，凤凰古城作为热门的旅游景点，其魅力除了独特的自然风貌之外，还与沈从文笔下的湘西世界紧密联系，这种非物质文化遗产的运用就与自然遗产紧密结合，并与地域的生活方式相联系。

由于经典作品有着无限的阐释空间和广泛的受众群体，因此经典作品被反复运用的情况屡见不鲜。如金庸的武侠小说《射雕英雄传》，除作为文学作品发表出版外，根据原著或者其中人物而改编的各类影视作品不下十部，此外还有漫画和网络游戏若干，似乎每隔一段时间其就会被重新翻出再次利用。

其次，运用的目的既包括保护和弘扬民族文化传统，又不可避免地与商业紧密联系起来。传统文化资源作为中华民族文化的重要组成部分，对其的运用实际上就是保护，因此，大量的文化资源再利用都直接或者间接地对民族文化起到了保护和弘扬的作用。但是随着现代社会的发展，单纯的保护和运用已然无法自立，更多地需要与商业紧密联系。这样做带来的结果一方面是能够更好地保护和弘扬民族文化，另一方面则有因过度开发、过度曲解、过分迎合商业和大众的审美品位而丧失本身应有的文化品格的问题。

最后，延续继承太多，发展创造不够。由于传统文化资源本身有着相对完整的结构和体系，因此可以很方便地拿来即用，也由此导致了对传统文化资源的运用大部分都是继承甚至是照搬，或者是简单的改编，真正具有创造力的运用并不多。当然，其中也存在编造过度的问题。

传统文化为当代文化的发展提供了源源不竭的素材，但是在运用上则是成就与问题并存。一方面，精神文化的各个方面都得到了大力的运用和创造，而另一方面，无原则地过度编造、商业化、类型化等问题开始凸显。从上面的分析我们可以看出传统文化资源现代创造所面临的问题：

首先，创造乏力。传统文化资源再利用中最为突出的问题就在于创造力的缺乏。这种缺乏在形式和内容上都有所体现。就形式而言体现为缺乏吸引力，过于老套和千篇一律。与对物质性文化资源的利用不同，对无形的文化资源如价值观念、伦理观念等的运用更依赖于形式的创新。直接而教条式的宣讲很难得到人们发自内心的认同。如为了弘扬传统文化和民族认同感而倡导穿汉服、行叩拜礼的行为，其实是想通过仪式化的行为让人们有意识地学习传统观念，但其采用的方式却过于简单，大多停留在号召和模特展示的层面，无论是开笔礼、成年礼抑或是传统文化体验，都是一样的流程和套路，缺乏新意和吸引力，更有炒作的嫌疑。应该说，这些活动如果结合人们的实际需求和现实条件，认真扎实地做成新民俗，那么将会是很有意义的。就内容而言，创造乏力更多地表现为不切实际、有损文化资源本身意蕴的胡编乱造和过度创作。对于传统文化资源的创造应该体现在如何更好地建立其与当下文化、当代社会的关系，以及如何进行当代阐释以丰富发展其内涵之上，而不是像现在的一些创作那样进行无厘头的胡编乱造，不仅歪曲了历史、影响了人们的正常认知和判断，而且也难以实现长久的发展。

其次，针对性不强，商业色彩浓重。对于传统文化资源拿来即用的利用方式毫无疑问将缩短创作周期并节省成本，但这样做的后果就是针对性不强，难以找到最佳的利用方式和方法，最终得不偿失。比如在儿童素质教育方面，对历史文化和经典著作的讲解都没有真正找到适合儿童、吸引儿童的版本和方法，一旦与教育结合，文以载道的习气就显现出来，连动画片都做得不好看，更遑论影响力了。少有的热播动画片《喜羊羊与灰太狼》和《熊出没》虽然有着分明的善恶报应、智慧战胜邪恶、科技改变生活以及保护自然生态环境等教育意义，并充斥着诙谐幽默，但是其讽刺的逻辑还是成人式的，其中也不乏暴力的言语和行为，在现实生活中也确实产生了不良的影响。究其根源，还是针对性不强——尽管上述动画片运用了传统的文化精神和智慧，但是没有顾及孩子们的接受能力。

商业色彩浓重也是难以回避的问题，主要表现为利用传统文化资源进行别有用心的炒作，或者为了获得更大的商业利益而过度开发、过度娱乐化，一味迎合大众口味。近些年兴起的名人故里的旅游资源开发就是商业色彩浓重的典型案例。名人故里堪称是文化资源和自然资源结合的典范，但是大多数地区仅仅从商业的角度出发，并未认真研究本地的具体情况以及当地名人的文化特征，而是大规模地上马一系列的建设工程，基本停留在故居甚至祠堂重建，修建度假村、儿童乐园，再结合地理优势开发景点，抑或是再现名人经历或者作品中的故事，以及修建大规模的仿古城、仿古街等等，导致不同的名人都有了特征相似的故里，而最终的目的则是吸引更多的游客前来旅游购物。

最后，过度开发和利用的产业化发展不利于对文化资源本身的保护。文化资源虽然不像自然资源那样有着固定的数量，但是过度的开发也将折损文化资源的生命力。如清朝康熙晚年九子夺嫡的历史，对其进行再创造应该立足于帮助人们认识封建极权社会中的权力以及权力欲望对封建伦理纲常中父子关系、兄弟关系的扭曲，从而深入了解当时的社会和文化。但是现在改编的影视作品或是将其置于爱情之上，几个皇子围绕一个女人进行争斗，或是将这种权力的角逐演变为权谋、阴谋，为达目的不择手段地相互倾轧，这些都不利于观众对其进行正确的理解。同时，大规模的产业化发展更是抹杀了文化自身所独有的光晕，其文化价值被商业价值所掩盖。

在接下来的章节中，笔者将就具体的文化资源类型的利用进行深入分析。

第二节　对文化经典的再解读

在传统文化资源中，所占比例最大、被利用最多、影响最为深远的莫过于经典作品。对于文化经典的接受、利用、再创造能够集中反映出精神层面的文化资源在运用过程中呈现的形态和产生的问题。

中华民族的文化历史悠久，在发展过程中出现了大量的文化作品和文化产品。那么，哪些才可以算作经典呢？刘勰在《文心雕龙·宗经》篇中说道："三极彝训，其书言经。经也者，恒久之至道，不刊之鸿论。"[①]其所论的"经"就是那些经久不变且具有无上地位的言论训导，因此，"经典"就是承载这些言论的典籍，如《论语》《庄子》《诗经》等都是经典。但是随着时代的变化和文化的发展，人们的需求也在发生着变化，在某个时代作为"至道"的言论在另外一个时代则可能成为荒谬之言，因此，经典是在不断发生着变化的，是一个建构的过程。童庆炳在分析文学经典的建构时提出了这样的观点："文学经典建构的因素是多种多样的，起码要有如下几个要素：(1)文学作品的艺术价值；(2)文学作品的可阐释的空间；(3)意识形态和文化权力变动；(4)文学理论和批评的价值取向；(5)特定时期读者的期待视野；(6)发现人(又可称为"赞助人")。"[②]这些要素也可以解释更大意义上的文化经典的建构过程。

由此可见，文化经典是包含之前章节所论及的传统文化精神，以及体现中华文化传统，对中华民族的文化发展产生了深远影响的文化作品或产品。具体而言，我们所要讨论的文化经典包括经典文学作品、知名历史人物和历史事件、神话、传说以及歌曲、戏剧等。

---

① (南北朝)刘勰著，周振甫注：《文心雕龙注释》，人民文学出版社1981年版，第18页。

② 童庆炳：《文学经典建构诸因素及其关系》，载《北京大学学报(哲学社会科学版)》2005年第9期。

不同的文化资源具有不同的利用和创造方式。就文化经典而言，对其的利用主要是通过以下几种方式：

首先，是注解、释义、汇编以及传播。这种方式重视对文化经典的原本含义的解释，因此创造利用的成分较少。其中，所占比例最大的当属出版行业，表现为大量对经典文献进行注释、整理的书籍的出版，学术界的众多项目也是围绕这一目的开展的，如山东大学儒学高等研究院2012年的重大项目《十三经注疏汇校》。中国儒学的经典著作"十三经"在其流传过程中曾产生了许多的注释和释义，但这些阐释有的不尽正确，有的艰涩难懂，有的限于阐释者自身的水平而出现错误，其中还有讹误、遗失等多种问题，从而加大了阅读和理解的难度。将"十三经"的注疏版本进行汇校，不仅方便阅读，还能够勘误，从而便于现代的学者正确理解儒家的经典，理性评判各个刊本、注疏的价值，进而起到弘扬儒家精神的作用。类似的工作在高校科研领域大量存在，是对传统文化资源最为系统、最为专业也最为深入的解读，当然，这样的解读是建立在完全尊重经典的基础之上的，其创造性更多地体现在形式上，如编排体例、选取的刊本，等等。

除了传统意义上的出版传播，还有一种运用是采用教育的方式。2005年，北京大学哲学系创办乾元国学教室，进行成人的国学培训，随后，复旦大学等各个高校都开设了国学班。2012年，山东大学设立了"尼山学堂"，培养专注于古典学术研究的本科生，其用意也是弘扬古代文化传统。文化经典成为经典的重要原因就是其在历史长河中的广泛传播，这种传播会随着年代的远去和文化的更新而与当下人们的生活和文化环境的"代沟"越来越大。因此，培养一批对经典文化有着深入了解、具有专业素养的人就显得极为重要。无论是国学班还是尼山学堂，都在进行这样的工作，也确保了每一代都有人能够正确理解文化经典，并致力于文化经典的传播。这种运用方式相对来说影响范围有限，但是对于传统文化资源的传承和弘扬具有相当大的积极意义，甚至可以说是文化经典得以传播的最为根本的方式。

其次，是个性化的解读、新说。如果说注释解读这种学院派的方式能够在学术的范围内保证经典的传播，那么个性化解读和新说则是文化经典在时代文化洪流中焕发生命力的动力。这种方式以学者的个人研究和解读为中心，但是异于纯学术的研究，而是通过演讲、媒介等方式面向公众。就形式而言，这种方式运用创造的因素会增多，而方式也更丰富、更灵活，演讲、电视节目、媒体等都可成为其传播的手段，产生的影响较为广泛，效果相对明显，将看似学术化的内容推向了大众，将普通大众作为传播对象，也扩大了经典的影响范围。2006年，中央电视台科教频道《百家讲坛》栏目的《易中天品三国》在社会上引起了热议，一时掀起了全民讨论经典的热潮。此后又有于丹的《论语心得》《庄子心得》等节目大热，不仅助推了学术偶像，更通过新说、新解的方式拉近了经典与现代人和现代生活的距离，激发了民众对传统文化和经典的重视。

以于丹的《论语心得》为例，她用浅显通俗的话来讲述《论语》的含义，并用“接地气”的例子来分析《论语》中蕴含的交友之道、人格修养之道。《论语·颜渊》中有这样一段对话：“司马牛问君子。子曰：‘君子不忧不惧。’曰：‘不忧不惧，斯谓之君子已乎？’子曰：‘内省不疚，夫何忧何惧？’”于丹在讲解这段话的时候，对于司马牛的反问，她加上了这样的话：“学生很不以为然，一下子没听明白，又加上了这么一句”，而对于孔子第二句的回答，她的描述是“老师还是淡淡地说”，这样的讲法首先为司马牛和孔子加入了心理分析和语气展现，让这段对话更加鲜活，使得语言更为“接地气”，而对于“不忧不惧”的解释，她更是用了俗语“半夜敲门心不惊”来解释君子做人的标准，进而结合现实生活告诉人们在生活中要宽和、不计较小得失，面对职业、婚姻、住所等选择时我们会迷惑，解决的办法就是让自己强大，“两强相遇勇者胜”，这些都是不忧、不惧的基础。这样的解读方式首先脱离了一本正经的学术化语言，从直观感受来说更易于为人们所接受。而与生活的紧密结合，也易于让大众发现《论语》中的深刻智慧，并引导其进行思考，《论语》仿佛不再是佶屈聱牙的古文，而是人人都能说上一说、谈上一谈的智慧，从而掀起了全民学习《论语》的热潮。

不过，除上述正面意义之外，这种形式也有很多问题为学者所诟病。于丹为了更为形象生动地阐释而举了很多例子，但是这些例子不是被于丹错误解读，就是被强拉做引证。还有学者的批评更为尖刻：“于丹讲《论语》，既没有读懂《论语》要义，也缺少中国哲学史常识，但却善于活学活用。于丹《论语心得》第一章标题是‘天地人之道’。把这个标题安在孔子（或《论语》）头上，是一开头就大错。孔子讲‘天道’、讲‘人道’，但是不讲‘地道’！‘天地人之道’出自孔子学生子思所著《中庸》，是对孔子‘天人之道’的发挥，所谓‘人与天地参’；《易传》进一步阐发子思此说，所谓‘兼三材而两用之’。于丹将它套在孔子头上，不是张冠李戴吗？而且，在这个大帽子下，她又把‘盘古开天地’的神话扯来绑到‘不语怪力乱神’的孔子身上，把孔子、盘古和天地人三者捣鼓成‘风马牛’的三位一体，然后最终绕到了‘我们努力创建和谐社会的伟大事业！’”[①]诸如此类的批评还有很多。这一方面是于丹个人的问题，但是另一方面也反映了个性化解读和新解这种方式所固有的缺陷。无论是新说还是新解，想要求新，就必须实现个性化，而经典本身有其自身的意义系统，过度的个性化、自由化不仅会偏离经典本身，还会在传播过程中附加解读者自身过多的个人色彩，有喧宾夺主之嫌。其次，新说、新解大

---

① 肖鹰：《从“求真悦学”到“视学为术”——“于丹现象”批判》，载《当代文坛》2007年第4期。

多利用大众媒介，面对的对象则是文化水平参差不齐、审美需求各不相同的大众，为了最大限度地迎合大众的审美需求，就必然会导致通俗化乃至低俗化，甚至不乏过度创造或臆造。但是不可否认，这种方式对拉近传统文化与大众的关系，推进传统文化资源的创造起到了重要作用。

最后，是演绎的方式。除了经典典籍，经典文化中还有大量的神话、传奇和民间故事。与经典著作不同，这些题材本身就故事性强，并且充满了极大的想象空间，因此对这些题材的创造所采用的方式更多的是演绎。此处之"演绎"异于逻辑学中的"演绎法"，是"铺陈推演"之意。《朱子语类·卷六七》中所说的："汉儒解经，依经演绎；晋人则不然，舍经而自作文"即是以原有的内容为核心，进行补充以及创造性的改编和表演，使其更为生动。

以民间传奇故事"花木兰"为例，它源于南北朝时期的一首叙事诗《木兰辞》，全长不过三百余字，后徐渭将《木兰诗》改编为《雌木兰替父从军》，为主人公增加了姓名、年代及家庭情况，使其内容渐趋丰满。关于花木兰生活的年代、地域及内容演变引发了大量的学术性考证，但是其故事却通过演绎的方式，被越来越多的人所熟知。以花木兰的故事为原型创造的影视作品非常之多。2009 年由赵薇、陈坤主演的电影《花木兰》将花木兰的形象设定为本身就精通武功和阵法的奇女子，并为其设计了一段曲折却真挚的爱情。电影虽然以忠孝为主线，但是爱情的出现还是让她难逃一个平凡女人的宿命。2011 年的电视剧《花木兰传奇》则添加了更多的情节，包括花木兰作为织女为国家绣了和亲图，并且与柔然的王子相爱，最后面对战争她替父从军，与柔然王子的爱情也经过了家国、责任、理想和正义的洗礼，最后功成后重新成为织女，并拥有了完美的爱情。

就当代的经典文化再阐释而言，演绎的方式尽管不尽相同，但大多也有迹可循。首先，传统的神话、传奇或者民间故事的人物设置相对单一，主要人物的核心特性鲜明，而演绎过程侧重于丰富人物的社会关系，增加人物的饱满性，将典型人物塑造成有血有肉但又有着异于常人追求的丰满形象。比如《白蛇传》的传说，在明末《警世通言》的版本中，仅仅是一个化为人形的蛇妖与人相遇，然后成亲，后被丈夫发现异常，最终被法海镇于雷峰塔下的故事。但是在后世的演绎中，这个故事被加入了大量的情节，比如白素贞化为人形是为了报答许仙的救命之恩，两人不仅相爱，还用自己的能力施展医术，治病救人。后白素贞水漫金山，因触犯天条而被镇于雷峰塔下，但是她的儿子却中了状元，将她救出，最后全家团圆。在这个演绎过程中，白素贞和许仙的形象也更为丰满，他们的故事也少了骇人的成分，而是更加动人，并令人唏嘘。其次，相对于传统故事相对单一的情节和矛盾冲突，演绎则加入了与现实生活联系密切的情节和矛盾，比如家庭关系、家庭人物的冲突、类似于职场冲突的个人目标实现冲突，还加重了人物在进行选择时所面临的烦恼，等等。这些情节对于现代观众来说，具有极强的代入感，从而更加吸引人。

一些传奇故事的演绎无疑将传奇故事创造得更为生动，从人物到情节都更为丰满，也更容易为大众所接受。同时，随着时代、环境的转变，对于经典原型的演绎也在发生变化，这样的演绎往往结合时下的精神走向和需求，从而更有时代感，也为经典注入了不竭的生命力。当然，其弊端也是有的：一是有的演绎只是借用了故事的外壳，或者人物的身份设定，而对其核心和主要意义进行了弱化甚至曲解，为大众提供了错误的导向；二是有的演绎过于注重形式和表现，突出了故事、情节，却将其真正的深刻的含义弱化，大有喧宾夺主之势。

以《西游记》为例，西游记的人物设置和故事原型近年来被大量影视作品所采用，演绎而成的作品在内容、水平上也是参差不齐。有些作品套用师徒几人的形象，延伸出情感故事，有的则以特定人物为核心（如猪八戒），为其设置成长历程等等。大部分的这类演绎作品都在其中加入了大量的爱情元素和情感纠葛，甚至还有无厘头的恶搞，以迎合时下观众的欣赏趣味。这些演绎作品中，虽然不乏艺术水平较高、社会影响力较大的作品（如《大话西游》），但从对传统文化资源的利用和传播来看，尚难以称之为积极地利用和传播。

对文化经典的再解读有一个非常重要的特征即时代性，也就是说，对文化经典的重视和资源利用并非只在一时。由于文化经典中有着深厚的文化内涵，并且有着极为广泛的群众基础，所以即使在文化资源不断丰富的今天，其也仍然在被不断地发掘和利用。以四大名著为例，它们自 1927 年开始就不断被改编成电视剧、电影，其中以 1986 年版的《西游记》、1987 年版的《红楼梦》、1994 年版的《三国演义》以及 1998 年版的《水浒传》最为经典，影响最为巨大。这几部电视剧都是在尊重原著的基础上力求最大限度地还原，当然其中也不乏创作，但是无论是文学性、精神性还是观赏性方面都可圈可点。自 2010 年起，这四部剧都被翻拍。然而，这四部翻拍的作品无论是技术手段还是拍摄手法都有了长足进步，但是却并没有达到预期的效果。以新版《红楼梦》为例，其人物形象设计虽有特点，但却离原著甚远，而整个剧的音乐、灯光等营造了一种阴森诡异的恐怖氛围，虽然导演可能试图去打造一个梦幻的场景，并且营造悲剧的气氛，但终究让人感觉不伦不类。诚然，旧版的翻拍并非一无是处，比如它们在俗文化泛滥、文化整体呈现过度娱乐化倾向的大环境下引导了大众对文化经典的重视，对于文化经典的普及也起到了一定的作用。

经过以上分析我们发现，无论是哪种方式，都在促进文化经典的接受、传播和普及，但是其中的问题也十分明显。首先，当代对于文化经典的解读为了迎合大众的审美趣味而趋向过度娱乐化和浅俗化。这个问题产生的原因之一是在时下浓重的商业化环境下，对于文化经典的再解读在追求商业需求和价值的同时忽略了其原有的文化内涵和氛围；原因之二则是大众文化在发展时娱乐化成了不可避免的走向，为了叫座，即便是文化经典也要剥去深刻的文化内涵，以迎合大众的需求。新版《红楼梦》在准备之初就借选秀的噱头大肆选角，赚足了观众的关注和目光，但是在内容理解和人物塑造上却显得薄弱了很多。此外，不少对神话、古籍中记载的故事的演绎大多借助故事框架，肆意增加情爱、宫斗、阴谋等迎合大众欣赏口味的桥段，削弱了题材原有的深刻文化意蕴。如电影《孔子》没有对孔子思想的形成过程和其游历、生活经历进行描述，却在孔子见南子的桥段上大肆着力，虽说圣人也是正常人，但这一桥段无疑是娱乐有余，深度却不足。

其次，当代高度发展的技术也使得对文化经典的再解读侧重于表面技术而忽略了实质内涵。过度追求技术效果和手法虽然极大地满足了读图时代大众的视觉享受，但不注重对人物形象、情感内核和文化韵味的深度开掘，却无疑影响了文化经典的意义和价值。如 2014 年大热的电视剧《武媚娘传奇》，观众对于以武则天为题材的电视剧所期待的是一个女人如何在封建社会走向权力的巅峰以及如何运用政治手段治理国家的。但是整部电视剧除了暴露奢华的服装（其不断宣传的卖点都是服饰、妆容如何精致，衣服、头饰如何价格不菲），最为重要的剧情却毫无逻辑、拖沓，充满了玛丽苏情结和矫揉造作，这些都不利于在观众心中建立一个客观完整的武则天形象。

最后，解读时并未能很好地结合时代特点对经典进行有意义的阐释。经典之所以称其为经典，就在于其在不同的时代和文化环境下都能够有启发意义和广阔的阐释空间。但是就具体的文化实践来看，所谓的再解读却很少能够做到这一点。再解读过程中的时代感大都表现在技术、外形、现实案例等表面上，而对意义的发掘或者深度不够，或者完全照搬，更有甚者则借用经典故事瞎编乱造，篡改真实。

说到底，这些问题是没有做到文化经典的阐释与现代社会文化和技术的和谐建构所致。只重一端是没有价值的，两者的和谐建构才是文化经典再解读的真正路径。一方面，对于经典的运用一定要建立在尊重其原貌和精神的基础之上，即便是演绎创造也应以事实为依据，合情合理，或者在延续原有意义的基础上进行更深的挖掘。这样的再解读首先是建立在对于经典文本的正确理解之上的，只有正确理解、深入把握经典文化的内容和内涵，才能够在阐释、解读和演绎过程中做到尊重原著和合理创新。同时，经典的再解读还需要对当下的社会生活、审美趣味有精准的把握，能够在泛娱乐化的浪潮中坚守人文品格，挖掘经典文化中有利于当代精神建构的积极内涵。因此，培养一批具有文化底蕴和艺术审美能力，并致力于弘扬传统文化的人才是非常重要的。另一方面，对现代技术、多媒体等的运用也应当做到形式与内容的和谐。当下经典文化的阐释和演绎大多需要借助于大众媒介、新媒体来进行传播，但在传播过程中，形式大于内容的情况时有发生。如四大名著的翻拍，其着力点大都在于特效的运用、造型的逼真、场面的宏大等形式之上，对内容的把握非但没有提高，有的还有肆意乱改、不尊重原著之嫌。究其原因，既有对现代科技的过分依赖，又有对经典内容的相对忽视。正如本雅明所说的机械复制技术的出现使得经典作品丧失了"光晕"一样，完全依赖于技术运用、高科技效果和传播媒介进行的经典文化解读，也使经典文化作品丧失了其本身深厚的精神品格。

因此，我们应该既选择合适的方式，适当运用，又要不完全受其所限，两者恰到好处的结合才是解决之道。事实上，借助大众媒介的传播就必然要迎合大众化娱乐化的审美需求，但是过分迎合却又削弱了文化经典的意义，只有对二者的和谐运用才是对传统文化进行再解读的必由之路。

第三节　非物质文化遗产的保护与利用

在传统文化资源中，有一种文化资源比较特殊，需要我们予以特殊的关注和对待，这就是非物质文化遗产。相对于文化经典来说，非物质文化遗产与现实生活和大众的联系更为紧密，形式也更加丰富。

一般而言，非物质文化遗产是指各种以非物质形态存在的、与群众生活密切相关的、世代相承的传统文化的表现形式，包括口头文学、传统表演艺术、民俗活动和礼仪与节庆、有关自然界和宇宙的民间传统知识和实践、传统手工艺技能等，以及与上述传统文化表现形式相关的文化空间。[①] 对非物质文化遗产的保护也是进入 21 世纪后才逐渐受到人们的重视的。

要保护非物质文化遗产，首先要制定相应的法律法规，为非物质文化遗产的保护提供法律保障。2003 年 11 月，《中华人民共和国民族民间传统文化保护法草案》形成，2004 年中国加入联合国教科文组织的《保护非物质文化遗产公约》[②]，《中华人民共和国非物质文化遗产法》也于 2011 年开始施行。这些无疑使得非物质文化遗产的保护有法可依。其次是制度层面的重视，即督促大众重视和保护非物质文化遗产。迄今为止，我国已有 37 项非物质文化活动入选联合

① 参见许文胜：《和谐之道》，东方出版社 2008 年版，第 19 页。

② 中国非物质文化遗产保护：http://www.china.com.cn/culture/zhuanti/whyc/node_7078872.htm，2014 年 9 月 2 日。

国教科文组织的非物质文化遗产名录。从2006年起，我国将每年6月的第二个星期六定为“文化遗产日”，此外，还定期举办非物质文化遗产博览会，不仅展示了非物质文化遗产和保护成果，也加深了大众对其的认识和重视。此外，为了更好地唤起民众对中华传统节日的重视，自2007年起，清明节、端午节和中秋节被定为法定节假日。这些举措都在一定程度上推动了对非物质文化遗产的保护。最后便是在实践生活中针对不同非物质文化遗产的特点采取不同的保护措施。例如，对于少数民族的语言、文字和习俗可通过数字化保存、影音录像等方式进行保护，并在少数民族地区开展针对本民族语言文字的相关课程。对于民间技艺的保存，则侧重于保障民间艺人的生活，并为其提供技艺展示的平台。同时，应将非物质文化遗产保护和物质文化遗产保护协同进行，如有民族特色的古镇被完整保护后，古镇中居民的民间技艺、饮食习惯、生活习俗等也能够呈现，从而实现保护的目的。

但是，保护仅仅是一个方面，只有运用才能真正为非物质文化遗产注入生命活力。当下对非物质文化遗产的运用有如下几种方式：

首先，恢复传统节日。传统节日寄托着浓厚的文化传统和文化情感，对于各个民族来说都是十分重要的。而且传统节日所包含的内容也十分广泛，不仅涉及神话、典故或历史，还包括有不同特色的食物、挂饰、活动、庆祝方式等，非常完整地体现了一个民族的文化特征。但是，随着社会的发展，除了春节，人们对传统节日的重视越来越弱，很多传统文化活动和习俗都被淡忘，且难以保留。这种淡忘一方面是社会时代发展的必然结果，比如“七夕”节的没落。“七夕”节本来又称“乞巧节”，是古时候青年女子的节日，她们在这一天可以出门相聚、打扮娱乐、比试针织女工，祈求自己也像织女一样心灵手巧、有完美的婚姻。相应的活动则有穿针、投针乞巧、吃巧果、拜织女、染指甲等等。但是随着现代社会的发展，年轻女子已经拥有了足够的自由和社会地位，她们可以随时出门与朋友相聚，时时打扮自己，生存的技能也不仅仅限于针织女工，因此，大量的乞巧活动现在已经不复存在，唯有期盼美好姻缘的内容保留了下来，成了“中国情人节”。值得我们关注的是另一方面，即真正的忽视。究其原因，也是多方面的。首先，生活节奏的加快、生活工作压力的增加使得人们无暇顾及庆祝节日。其次，节日庆祝的成本上升也是人们忽视节日的一个原因。另外，娱乐文化生活的丰富，使人们可以在日常生活中享受多样的娱乐活动，而不需要单纯借助节日时间与朋友、家人相聚。最后，传统的节日庆祝活动往往需要耗费大量的准备时间和精力，并且有着相对繁琐的规矩限制，同时很多用品需要传统的民间技艺来完成，这些技艺或者材料大部分都已经失传或者消失，规矩限制对于年轻人来说也难以严格遵守。

虽然传统节日的没落是无法回避的，但是更多的传统节日在现代社会生活中依然有着积极的意义，是不应该被淡忘的。因此，为了更好地保留文化传统，保护传统节日以及节日文化，自2008年起，元旦、清明、端午、中秋和春节被定为法定节假日，以弘扬传统民俗，保护节日文化。法定节假日的确立首先在意识层面引发了人们对于传统节日的重视，其次也使民众有充足的时间与家人、朋友团聚，并参加传统文化活动，比如清明节的扫墓、踏青，端午节的赛龙舟，等等。除此之外，少数民族地区以及少数民族聚集区也会在自己的传统节日开展盛大的纪念活动，如蒙古族的那达慕大会、彝族的火把节、维吾尔族的古尔邦节等。但是不可否认，尽管有这样的大力推动，传统的节日民俗还是在渐渐弱化。以春节为例，春节的大团圆、包饺子、拜年、压岁钱等习俗仍被保留，但是贴春联、守岁、放鞭炮等习俗却在日渐消退。居住环境的变化、科学知识的发达以及对环境的重视，使得这些有着浓厚文化传统的习俗渐渐被人们所摒弃。而增加的传统节日假期也更多地被人们用来出行旅游，真正的庆祝活动并未延续。尽管如此，它们的存在本身就是一种对文化传统的保护和发展。

其次，大力发展民俗旅游和民俗展。之所以将这二者放在一起谈论，是因为这二者都借助了商业化和其他的形式来对非物质文化遗产进行利用。文化古迹和自然遗产长久以来都是人们旅游的热点，在旅游的同时，人们也在不自觉地加深对其的认识，扩散其影响，从而能对其更好地加以保护和利用。非物质文化遗产也可借鉴物质文化遗产的开发模式来进行利用。

所谓民俗旅游，即以地区的人文景观作为旅游的重点，让游客体验当地独特的文化、生活方式，感受独特的民间技艺等。自20世纪90年代开始，随着一大批民俗村、民俗城的建立，民俗游也成为人们旅游的新选择。民俗游具体分为两类：一类是与地区独特的自然景观相结合，在自然景点之内设置相关的民俗活动，以加强旅游的丰富性和人文性，并且在一定程度上传播了当地的民族文化；另一类则是完全建立在传统民俗基础之上的文化景点，大多是依托古城、村落等建立的完整的民俗村，常见旅游形式主要是参观并参与民间技艺、访问家庭、参加节日庆典活动等。在其中，人们的日常生活、服饰饮食、节日庆祝、传统技艺以及仪式、歌舞等都被开发为旅游项目供游客体验。亲子节目《爸爸去哪儿》的几期拍摄过程非常直观地展示了民俗游的内容，如在内蒙古草原，爸爸和孩子们住蒙古包、穿蒙古袍、骑马、熬奶茶、烤全羊、举办篝火晚会、学习跳蒙古舞和呼麦，还同那达慕大会的表演人员一起射箭、摔跤……这种典型的民俗旅游可以让游客对蒙古族的生活、文化以及庆典活动逐一进行体验。民俗旅游可以说是对非物质文化遗产最大程度、最系统、最生动的运用方式。一方面，非物质文化遗产本身就依托于人而存在，无论是民间技艺还是特色食品，都与其产生地的居民的生活习惯和需求息息相关。另一方面，独特的民间技艺、民族活动也基于其产生地的自然地理条件而产生，一旦脱离，其本身的魅力和完整的形式便会大打折扣，甚至无法感知。仍以蒙古族的民族活动为例，在高楼林立、人口密集的都市是很难感受到在辽阔草原上蒙古袍色彩鲜明的用意、骑马飞驰的感觉，以及呼麦这种独特歌唱艺术所带来的人与自然合一的震撼的。

民俗游的优点固然不少，但缺陷也很明显，如只能限定在民族特色鲜明的地区，而且只能体验一种民族的文化，具有很大的局限性，等等。民俗展则不同，它将几乎所有的非物质文化遗产汇合在一起，在城市中举办展览，让那些无暇去远方旅游的人也可以就近感受不同民族的风俗，欣赏和体验非物质文化遗产的魅力。2010 年 10 月，首届中国非物质文化遗产博览会在济南举办。博览会上，近乎所有种类的非物质文化遗产都在展厅出现，且都拥有各自的展台，或用照片记录、文字解释，或有技艺的传承者现场表演、观众体验……用不同的方式对非物质文化遗产进行了立体呈现。相对于民俗旅游来说，民俗展一方面扩大了非物质文化遗产的影响，让更多的人能够切身感受非物质文化遗产的魅力，另一方面也有利于对非物质文化遗产的保护。这是因为，第一，非物质文化遗产依存于民间艺人而存在，但是随着现代科技的发展和审美需求的改变，大量民间艺人的生活遭遇危机，民间手艺难以为继。民俗展的存在为民间艺人提供了一个相对稳定的创作环境和工作保障，利于其更好地传承民间技艺。第二，民俗展在展览的同时，也带有销售的成分，大量民间美食、手工艺品可以借此进行销售，从而在资金上为非物质文化遗产提供了保护。第三，民俗展的举办必然会在当地的群众中引起广泛的关注和参与，这样也间接加深了人们对非物质文化遗产的重视和保护，增强了人们的保护意识。

最后，通过技术手段（如多媒体、数字化等手段）进行传播和记录。随着民族融合程度的加深以及科技的不断发展，传统的民族文化和民间技艺都面临着巨大的危机，如不少民族的语言被遗忘，而且民间艺人的数量也在不断减少，甚至面临着失传的境况。因此，对民间艺人的保护、民间手艺的传承以及民间文化的保存就成了重中之重。拍照、录像、录音、文字记载和物品收藏等是保护非物质文化遗产的主要手段，此外，“数字化技术为非物质文化遗产的保护提供了许多全新的采集记录手段，包括图文扫描、立体扫描、全息拍摄、数字摄影、运动捕捉等，数字化存储技术也为非物质文化遗产的保护提供了许多新的保护手段，包括通过数据库、磁盘阵列、光盘塔、光纤和网络连接以及一系列相关规定、协议，实现对非物质文化遗产资源的有效保护”[①]。这些手段拓宽了非物质文化遗产的保存时间和空间，对濒临失传的民族语言、技艺、表演等有着很好的保存作用。

与其他非物质文化遗产相比，少数民族的语言具有极大的特殊性，也面临着极大的保护困境。民间技艺因其审美价值还可以作为生存手段在现代社会中留存，但是随着民族大融合、城市的发展和地域的开放性增加，语言也渐趋统一，少数民族自身的语言渐渐失去了原有的作用，并面临着消失的境况。语言本是交流运用的工具，一旦失去这一功能就会濒临消失。随着现代教育的普及，少数民族地区的人们也开始接受现代教育，逐步开放，原本在固定村落生活的居民也开始搬迁，因此会讲普通话是生活、交流的必要条件，故本民族的语言便没有了吸引力，只在老一辈人中使用。随着越来越多会讲少数民族语言的老人过世，民族语言就不可避免地要消失。这种情况在云南的少数民族地区极为常见，如居住在德宏州阿昌族的支系仙岛人使用的仙岛语，目前只有不到 10 个人会讲。因此，对少数民族语言的保护除了从法律上予以规定、在教育上予以重视之外，最合理有效的方法便是进行数字化的保存。2010 年，云南已经开始“云南少数民族语言文字资源数据库”的建设工作；2011 年，中国少数民族语言有声数据库的建设也在各省展开。有声数据库的建立不仅能够完整记录少数民族的语言、文字体系，也是语言统一的大环境下对非物质文化遗产最为科学的保护措施。

但是我们不得不承认的是，保护只是一个方面，真正的困境是传承。民族文化的融合，使得不少民族自身的语言逐渐被遗忘，传统的技艺、生活方式也因为无法跟上商业化浪潮而面临后继无人、渐趋同化的现状。迟子建的小说《额尔古纳河右岸》所呈现的就是鄂温克族文化和生活的变迁历程：鄂温克族本身有着独特的生活习惯，他们以部落为集体进行生活，靠打猎为生，住所也随着贝加尔湖畔驯鹿的迁徙而迁徙，在生活中则信奉萨满教。但是随着自然环境的变化，他们再难找到水草丰美之地，经历瘟疫、战争等也面临人口锐减的趋势，而现代社会的变化也使得年轻人愿意走出山林，迁入固定的房子，这样一个有着古老文化传统的民族就面临被同化的趋势。有记者调查了解到：“我国萨满传承人仅存 74 岁高龄的关扣尼先生，这意味着承载着北方原始文化的萨满文化将濒于失传；民歌、刺绣、剪纸等文化类型的老艺人们相继去世，仅剩不到 20 人；因丧失原料来源，画皮和兽皮工艺等上千年的狩猎文化精髓濒临失传。”[②]很多以在山林里狩

① 黄永林、谈国新：《中国非物质文化遗产数字化保护与开发研究》，载《华中师范大学学报（人文社会科学版）》2012 年第 3 期。

② 中国新闻网：《三少数民族语言退化　文化遗产濒临消亡》，http://www.chinanews.com/cul/news/2008/11-25/1461901.shtml，2015 年 12 月 28 日。

猎为生的人不仅离开了祖辈生活的地方，迁入了固定的房子，而且会说本民族语言的人也越来越少；随着老艺人、老辈人的离世，技艺和文化的传承将面临更大的困境。保护非物质文化遗产传承人是一个方面，如何让年轻人继承这样的技艺，则是更难以面对的困境。

非物质文化遗产本身的零散性、依附性及其与生活联系的紧密性在为其带来优势的同时也加大了保护的难度。首先，民族融合的加深使得各民族的文化、生活方式和技艺有了很大程度的同化，在这种大环境下，独特性的减弱就难以避免，同一化成了非物质文化式微的标志。以昆曲为例，作为传统戏曲艺术的典范，昆曲具有独特的唱腔、配乐和表演手法，但是却面临着受众锐减的困境。而曾经大热的青春版《牡丹亭》则是在传统昆曲的表演基础上对其进行了改编，不仅从内容上添加了现代的元素，更在唱腔和舞台表演上融合了其他艺术的表现方式，比如在舞台动作上增加了类似芭蕾托举的动作，移镇中划船的队伍也打破了乘船在前、划船在后的成规，采用了多人左右划的表现形式，整个场景完满而效果明显，更适合今天观众的审美。青春版给整出剧添加了现代乐器演奏的背景音乐，贯通整出戏，使得戏剧更为完整、饱满而有层次。在颜色的使用上，尽管以淡色为主，但在《离魂》《回生》等场，杜丽娘披上了鲜红色的斗篷，在表现她强大生命力的同时也带来了视觉上的震撼。特别是在《回生》一场中，柳梦梅挥舞锄头，花神上场起舞，簇拥到舞台后方，然后一声响亮、一阵烟火，杜丽娘穿着红色的斗篷从台后方升起，这可以说是运用了现代话剧或歌剧的表现效果。这些改编无疑极具现代性，易为现代观众所接受，但是昆曲本身的独特性却大为削减。

其次，现代社会的进步和科技的发展，使得原始的技艺和才能失去了原有的生存空间，传统手艺的继承者们难以靠其为生，而年轻人则越来越趋向新的技术，所以大量的民间技艺面临失传的窘境。机械复制技术的出现和高速运转的社会大量挤压了传统技艺的生存空间，需要大量时间投入的传统艺术作品很难具有竞争力。以木版年画为例，我国不少地区的木版年画都被列入了非物质文化遗产保护名录，如潍头木版年画、凤翔木版年画、佛山木板年画等。这些年画历史悠久，大量珍品被国内外博物馆所珍藏，但是现在由于其独特的制作工艺、复杂的制作流程和极高的材料成本及人力成本，大量的作坊都难以为继。潍头木版年画即为这方面的代表：其特殊的纸需要选用独特的原料，需要脱胶、刷粉，经历七次印刷、七次手绘，一张年画要经过二十多道工序，完全需要人工手绘才能完成，制作成本极高，所用时间极长。年画在市场上的竞争力也在减弱，入不敷出的情况大量存在，失传成为年画所面临的一个极大的危机。

最后，因其与生活的联系密切，故如何在开发过程中将民俗文化完整呈现就成了一个较大的难题。比如少数民族很多的习俗是体现在传统节日或者婚丧嫁娶等仪式中的，但是并不是所有的游客都能够赶上或亲身体会，于是不少景点便设计了演艺表演力图还原，虽尚可观之，但又有模式化、简单化之嫌。民俗充分体现在传统的节日活动之中，但是节日必然有时间上的限制，因此在展示和利用过程中就存在着困难，于是还原节日庆典、民俗仪式的演艺表演应运而生。如云南大理洱海的游船上，就每天都会上演白族三道茶的表演。三道茶本为品茶，是白族待客交友的一种礼仪，但是三道茶表演则综合了白族的婚礼习俗和服饰歌舞特征，将这一礼仪鲜活地予以呈现，使游客直观地感受到了白族的文化习俗。这样的模式可以借鉴，但是表现力还是有限。除了歌舞表演，不少古镇在开发中也将故居、古镇产生时代的物器、服饰作为博物馆展品向游客展览，但大部分展览一则样式简单、不具有代表性，二则过于死板，难以达到预期的效果。

尽管如今非物质文化遗产的运用已经取得了显著的成果，但是其存在的问题还是很明显的。首先是商业化气息浓重。无论是民俗游还是展览会都与商业紧密结合，浓重的商业气息削弱了原有的文化内涵，而快节奏的旅游或者游览也无法让人们静下心来深入感受其中的文化韵味。古镇的开发在初期都是靠独特的建筑和风情吸引游人，但是随着游客的增多，商业化氛围的加重，古镇变成了商业街，商业街所贩卖的东西却不限于当地的特产，而是全国各地的特色物品都能买到，以至于削弱了其本身的魅力。因此，解决商业化与文化发展的矛盾成了非物质文化遗产利用的重中之重。其次是过度阐释和雷同大量存在。文化民俗的热潮让人们注意到了其中的无限商机，于是有资源的地方就不断地开发利用，而没有资源的地方就想尽办法进行关联，不仅一种技艺在多个地方进行展示，而且展示和对内涵的解释大多都雷同。为了迎合大众的审美需求，开发者在开发过程中对原本的内容进行了改造，并且附会出各种各样的典故和传说。最后是对于非物质文化遗产的开发和利用缺乏系统的规划和阐释。非物质文化遗产是活在人们生活之中的遗产，因此无论是仪式、技艺还是语言都有着深厚的文化背景和地缘因素，想要对其进行透彻而充分的利用和开发就必须对其进行系统的规划和阐释，这样才能一方面挖掘其深厚的文化内涵以对其进行正确的认识和运用，另一方面还增添了独特性和韵味。如一度火热的名人故里的开发，且不说各地在故里所在地中的争抢，甚至争夺文艺作品中创作出来的角色故里，就是已经投资开建的故里工程，烂尾或者荒破的也屡见不鲜，如河南的“梁祝故里”、山西的“孙大圣故里”都因为盲目开发、规划不利而最终荒废。究其原因，则是景点单一、没有集群化依托，更深的则是没有系统的规划和阐释，特点不鲜明，难以吸引游客。

如何让非物质文化遗产在利用中得到保护，并且真正融入人们的生活之中？

最根本的良方还是要将中华文化的和谐精神贯彻其中。首先要注重文化价值和商业价值的和谐。商业价值有利于非物质文化遗产中的民间技艺在现代市场化经济中的存活,但是在开发过程中不能一味追求商业价值而抹杀了其本身的文化价值。固守文化价值也不是发展的良方,非物质文化遗产的传承还需要市场的承认。保障民间技艺传人的生活,开发适合非物质文化遗产发展的市场,让其在发展中得到保护和传承,才是理想之路。其次,要注重开发与保护的和谐。非物质文化遗产作为传统文化的遗产,保护自然是第一位的,但是如何让其在现代社会拥有活力和生命力也是需要重视的。开发是手段,保护才是最终目的,二者和谐进行,才是发展的长久之道。再次,在开发过程中要注重单一的遗产与整个地域的环境和人文的和谐。非物质文化遗产本身的特点使得其存在和发展不可能完全独立,因此,对其的保护和开发也应该将其置于整体的地域和人文环境之中。比如古镇的模式其实是一种很好的对地域文化进行完整的保护和开发的模式,只有个体与整体协调发展,才能够互为支撑,共存共荣。最后,则是要注重传统文化与时代文化特点的和谐,既要尊重传统文化的特点,保持其原汁原味,又要在形式上予以适当创新,以尽可能地满足时下人们的审美需求,增强其现代竞争力。毕竟,保护只能让非物质文化遗产得以保留,而真正要让其在新的时代中焕发光彩,还需要别的努力,这也就涉及另外一个重要的问题,即传统文化资源的再创造。

第四节　传统文化资源的再创造

如果说,对传统文化资源的保护和利用是对其重要性的承认和尊重,是立足于文化历史层面的活动,那么对于传统文化资源的再创造,则是对其的深入挖掘。这种再创造建立在审美层面上,更为传统文化资源赋予了生命力,令其在当今时代焕发了新的光彩。

再创造,英文为 recreation,是指在可以自由支配的闲暇时间的活动。[①] 再创造活动通常是为了享受、娱乐和愉悦,即有趣。这种创造不同于我们通常所理解的从无到有的创造,而是建立在愉悦和快乐基础之上的审美创造。传统文化资源在其产生的时代是有着鲜明的实用价值的,无论是传达信息的传奇故事、谋生的技艺,还是表达情感、信仰和愿望的仪式都有着鲜明的实用价值,哪怕是对传统文化影响至深的《论语》也只是孔子及其弟子的言行记录。时移世迁,当代

① Thomas S. Yukic. *Fundamentals of Recreation*. NY: Harpers & Row, 1970, p. 1f.

人对传统文化资源的保护和利用却早已脱离了实用价值，只剩审美价值，即审美价值的再创造。尽管扎染、织布等工艺精妙绝伦，但是已经不可能被用于大规模的生产实践，而现在人们对其工艺的推崇，更多的是欣赏其过程的繁复和精妙、用色的独特、风格背后的文化韵味以及成品的精美，并将其当作工艺品来欣赏品鉴。因此，在当代，如何实现传统文化资源的价值转移，对其进行审美层面的再创造，是我们亟须解决的问题。

传统文化资源种类繁多，内涵深厚，更有着广泛的群众基础，因此在各种文化产品中或多或少都有传统文化资源的存在。这种运用大致分为两类，一类是对单个的传统文化资源的运用，一类是对传统文化资源形式的运用。对单个的传统文化资源的利用方式我们在前面已经有所提及，大致包括对传统文化内容、元素的运用等。其中，对内容的运用包括将神话、传奇、经典故事制作成动画、电视剧、电影或者运用于广告、音乐等；对元素的运用包括将青花瓷、龙、祥云等图案运用于各种装饰、设计中等。而对于传统文化资源形式的运用，则重点在于呈现手法，如采用皮影、水墨等方式制作的动画、影视作品、广告及宣传等。从20世纪70年代开始，水墨动画已经成为了一种动画形式，并涌现出了大量优秀的作品，如第一部水墨动画片《小蝌蚪找妈妈》，还有《牧笛》《山水情》等在国际动画节获过奖的动画。纽约时代广场中播放的中国宣传片也采用了水墨动画的形式。

将传统文化资源引入文化产品的创造和制造的成果是显著的，它一方面丰富了文化产品的内容和深度，拓宽了取材的领域，使其更加多元化，并具有文化特色。如奥运会火炬、吉祥物的设计，无论是“祥云”还是蕴含着传统文化的“福娃”都很好地表现了中华文化的内涵，实现了传统与现代的紧密结合。另一方面，因为传统文化资源有着深厚的群众基础，因而更容易引发观众的注意和共鸣，如花木兰、梁祝、四大名著等被反复拿来翻拍、制作，无论最终质量如何，都引发了大量的关注。但是，问题也由此而生。

首先，由于对传统文化资源的内涵理解不正确或者片面，误用、滥用、肆意附会的情况大量存在，从而混淆了观众的视听，不利于知识的正确获得。艺术创造不同于现实社会，艺术源于生活而高于生活的追求没有错，但是还是有大量的文艺作品取材于历史，却不尊重历史，而是借助一定的背景胡乱编造。尽管艺术作品重在娱乐欣赏，但是时下很多青少年却是借此来建立和形成对历史的认识的，因此其影响不容忽视。曾经轰动一时的电视剧《至尊红颜》所讲述的就是武则天的历史，但却将其杀死女儿假手于他人。该剧虽然竭力塑造了一个尽善尽美、在无奈中奋起的女子形象，但却歪曲了历史事实。

除以上问题外，由于创造乏力而将传统文化资源随意拼接，内容与形式严重割裂的情况也大量存在。传统文化资源并不是个筐，如果什么都往里装的话就会显得不伦不类。隆力奇公司创作推出了音乐电影《江南之恋》，以此来宣扬品牌文化。整个 MV 以一对中外男女相遇、离别又重逢的爱情为主线，其中贯穿了江南水乡、旗袍、油纸伞、茶艺、琵琶、刺绣、中药等典型的东方元素，还有外国的美女、照相机以及影片最后类似《泰坦尼克号》的镜头，伴随着婉转的音乐、古诗一样的歌词，看上去唯美、中国风十足，但细细品来却是一味地简单拼接，对故事既没有推动或者塑造的作用，也没有鲜明体现隆力奇公司的品牌文化。创作者试图在男女主人公游览水乡的历程中贯穿传统文化元素，同时体现中西结合的主题，但是表现形式却十分生硬，结果适得其反。还要注意的是，深厚的群众基础会使观众对新产品有更高的要求，所以运用的方式和方法就会受到限制。事实上，对于传统文化资源的运用始终存在两个声音：一是要求尊重传统、敬畏传统，反对任何形式的改编和创造；二是认为现代的文艺作品需要具有现代性，现代版的创新更利于传统文化在当代的发展。从审美价值的角度来看，现代的审美趣味和表现手段自然要重视，如果裹足不前则难以发展；但是从文化价值来看，尊重与保留又是必不可少的。最引发争议的即为现代对于丑、恶搞的审美需求，并不是所有的文化资源都适宜进行丑化或者恶搞的，哪怕是穿越也需要有对历史和文化的起码的尊重态度。

需要特别注意的是，传统文化资源有着鲜明的地缘因素，这也是其特色所在，因此要想实现成功的再创造，如何将其与现代技术相融合，充分利用其地缘性则成为了一个非常值得思考的问题。而区域性文化产业的发展则为这一运用提供了有效的方式。单一的传统文化资源不乏成功的案例，但是想要真正地体现其价值，并扩大其影响，还是需要依托集群化的区域性文化产业，来进行系统的开发和创造。

文化产业属于社会文化中的经营性文化部分，是文化的经济属性（或曰“文化经济”）的集中体现，一般是指从事文化产品生产和提供文化服务的经营性行业，可将其定义为：以生产和经营文化商品和文化服务为主要业务，以创造利润为核心，以文化企业为骨干，以文化价值转化为商业价值的协作关系为纽带，所组成的社会生产的基本组织结构。[①] 时至今日，文化产业已经从一个新兴的名词发展成了一项新兴产业。2000 年 10 月，中国共产党第十五届中央委员会第五次全体会议召开，通过了《中共中央关于制定国民经济和社会发展第十个五年计划的建议》，文中首次使用了“文化产业”这一概念，会议提出要完善文化产业

---

① 参见叶朗主编：《中国文化产业年度发展报告(2003)》，湖南人民出版社 2003 年版，第 25 页。

政策，加强文化市场建设和管理，推动有关文化产业的发展。[①] 2002 年，党的十六大召开，“发展文化产业”成为十六大报告中的重要内容之一。2009 年 9 月，文化部发布了《文化部关于加快文化产业发展的指导意见》，指导意见从文化产业发展的现状和条件出发，提出了未来几年文化产业发展的目标。[②] 此后，不仅大量的文化产品、文化制品涌现，文化创意产业园、文化公司也日渐兴盛，文化产业如今的发展势头不容小觑。但是，经历了一哄而上的跟风式发展，新鲜感不再、热度减退之后，如何长久、持续发展就成为了关键。

中国的文化产业空间布局有着特殊的形态。“一方面国土面积幅员辽阔，地理空间条件的局限，使得我国区域文化产业发展极不平衡；另一方面在现代文化产业结构上又存在着小而全、整体性竞争力不强的现实问题。经济结构的战略性调整为区域文化产业发展和文化体系建设提供了战略机遇。”[③]文化产业无疑离不开深厚而丰富的传统文化资源，而传统文化资源植根于民族的文化中，生长于地域的环境中，因此，具有地方性、民族性的区域文化产业发展才是新的方向，而这样的发展需要将传统文化资源与现代技术、现代艺术乃至商业、旅游、营销等相结合，进行专业的产业化发展。

张艺谋的《印象》系列是区域文化产业发展的典型案例。《印象》系列是张艺谋及其团队结合地域民族文化和地域地理特点所打造的一系列大型山水实景演出，主要有《印象·刘三姐》《印象·丽江》《印象·西湖》《印象·大红袍》等，都是结合本地的民族、风俗、文化以及地理环境，运用现代化的声、光、电、影，将当地的民俗文化融于歌舞表演之中，而当地独特的自然风貌更成为表演的天然舞台和背景，让观众在音乐和表演中感受民俗文化的魅力。

大片的视觉效果、灯光电的完美组合、西湖的水波倒影带来的似真似幻的舞台、婉转动人的爱情故事、荡气回肠的音乐……这就是《印象·西湖》的魅力所在，观众在夜晚沉浸在这样的情景交融的奇幻组合中，无疑对西湖的感受又多了一份震撼。《印象·丽江》所展现的又是另外一种风格：它以玉龙雪山为背景，三百多个皮肤黝黑的农民演员质朴地还原了他们走茶马古道、喝酒、打跳、殉情、祭天还有祈福的传统生活。观众在玉龙雪山阴晴不定的环境中，听着纳西族的传统音乐，看着少数民族的原生态生活，感受着殉情的爱人所向往的那个极乐世界，声势浩大的场面还有整齐划一的演出带着不可抗拒的力量将人们带入了他

① 参见张斌、孔令云：《文化产业界定研究综述》，载《滨州学院学报》2011 年第 8 期。

② 参见刘筠梅：《高校文化产业学科建设的现状与思考》，载《内蒙古大学艺术学院学报》2011 年第 3 期。

③ 胡惠林、单世联：《文化产业学概论》，书海出版社 2006 年版，第 370 页。

们的生活，于是跟着跳舞的汉子、姑娘们一起呐喊、流泪、祈福，从而完成了对丽江文化最为完整和生动的体验。尽管在艺术层面上，《印象》系列也面临着过于追求大场面、仪式化过强等批评，但这难以否定其将自然山水与人文融为一体的艺术魅力，更不能忽视其在运用传统文化资源推动区域民族文化产业发展中的贡献。

《印象》系列丰富了单一景点带来的局限性和分散性，改变了以往单纯景点旅游、单一景点体验的旅游模式，将景点的自然景观与人文文化结合了起来，丰富了游客的旅游体验，更增加了旅游收入。杭州最有名的景点是西湖，许仙和白娘子的爱情故事的“见证”——雷峰塔是西湖最富文化内涵的景点之一。杭州每年要迎来4000多万游客，但许多游客都是游完西湖就离开，《印象·西湖》却给了他们多留一晚的理由。据杭州印象西湖文化发展有限公司常务副总王林介绍，《印象·西湖》不仅与城市的气质相吻合，还能加深游客对城市的理解，而且观众中1/3为境外游客，每个人多花2000元，就能为杭州带来几亿元的收入。[①]

《印象》系列所折射出的还有现如今区域文化产业发展所存在的问题。首先是模式化明显。尽管各地都有自己独特的风景和文化，但是在开发过程中却是采用同一模式，即便是同一个区域，不同景点之间也是大致雷同。丽江古镇、凤凰古镇火了之后，国内涌现出了一大批古镇，尽管建筑风格略有不同，但大都建成了商业街，其中所销售的商品也不仅限于本地的特色，于是无论游客在哪个古镇都见不到有特色的唱着民谣的酒吧，因为街上都放着相同的音乐、相同的手工艺品、相同的食物，特色全无。就区域来说，云南由于少数民族众多，地形多样，民族旅游文化资源异常丰富，但是各个景点所开发的项目却大多相似，如穿民族服装照相、骑马、品茶、拜访居民……几个下来就索然无味。

其次是分散经营，缺乏系统规划。传统文化资源虽然有着独特的魅力和吸引力，但是因开发不合理，自身的独立性较差，只能依附于自然资源，在自然景点的附近略作开发，或者将其作为其中歇脚的一站，这样的结果就是特点不鲜明，分散经营更加弱化了文化资源的魅力，而没有系统的规划则显得重复、单薄和单调。现在较为普遍的集中经营类型有民俗风俗博物馆、大型会展和民族村，虽然在布置过程中会有一定的层次安排和系统设置，但是在参观游览的过程中则会让人感觉生硬、趣味性不足，而民族村虽然互动性和参与性强，但是却流于形式。《印象》系列虽然很好地兼顾了两者，但是仍然会受到时间和环境的限制。

最后是再创造的力度和深度不够。再创造的娱乐属性要求将传统文化资源从实用层面改造为审美娱乐层面。但在这个过程中，却有很多问题需要解决。如若一味重视娱乐性，就会抹杀其中深厚的文化内涵，但如果只是认真地传承教

① 参见张玉玲：《“印象”系列：打造文化产业的中国品牌》，载2010年2月24日《光明日报》。

育，却又得不到更多的关注，后继乏力。歌舞演出是最为常见的改造形式。在云南，无论是昆明的民族村，还是大理洱海的游轮，抑或是古镇村落的篝火晚会，都有民俗歌舞表演，融民族音乐、服装、风俗为一体，演员在表演过程中也会对其中的文化内涵进行讲解，但是大多数都流于表面，而演员不间断的循环演出也使得对表演投入不足，难出精品。

究其根本，传统资源的再创造问题还是在于创造力不足。《印象》系列似乎引领了这样一条创新、创造之路，即将民族文化与现代旅游业和谐融合，传统民族文化与现代科技和表演和谐融合、文化资源与自然资源和谐融合。在具体的实施过程中，要充分结合区域文化资源的集中性和独特性的巨大优势，深入发掘和正确认识传统文化资源中的文化内涵和意蕴，将其与现代文化、现代技术巧妙地融合在一起。在创造的过程中也要重视娱乐性与文化性的统一，如此才能够真正实现对传统文化资源的现代创造。

事实上，传统文化资源自其产生之日起就在不断地被再创造。我们对传统文化资源的现代创造进行研究，其着眼点除了再创造，还有对于“现代”的理解。那么，到底何为“现代”？如何实现“现代的再创造”？

毫无疑问，“现代”是一个时间名词，它代表了一个时间范畴，也就指向了一个特定的时空背景。时间意义上的“现代”所代表的是经济文化高度发展、高科技遍布人们的生活、人们的审美需求和文化水平达到了一定高度的时代，同时也是世界多元化、文化多元化的时代。因此，传统文化资源的现代创造的第一个向度便是现代社会所拥有的一切特征。无疑，高科技的视觉、媒介、影像技术都是传统文化现代创造的载体，而其所满足的也是经济需求方面的基本满足，需要在更高的程度上满足受众的精神需求。水墨画的传播影响力都极为有限，但是通过媒体技术的介入将其制作成动画或者电影后，不仅扩大了传统水墨画的影响力和审美风格，更为采用水墨形式的文化产品增添了文化底蕴和独特性，为其在文化市场上增添了竞争力。这种传统文化内容与现代技术的有机良性结合，是传统文化资源再创造的必由之路。

但是，“现代”的意义不仅局限于此。现代创造还代表了一种发展前进的精神，即其所蕴含的文化内涵应该是优秀传统文化精神和现代新文化相结合的产物，这便是现代创造的第二个向度。对于传统文化资源，在继承的同时需要发展，发展不仅仅是赋予它一个现代的外衣（比如借助高科技的视觉技术），而是从内到外都应该是有所发展的。以文化观念为例，我们要继承传统的“和谐”观念、“和而不同”观念、“天人合一”观念。这其中既包括一些伦理观念，如“尊老爱幼”“勤俭节约”等；但也应有所修正甚至摒弃，比如专制、对女性的不平等和不尊重等等。所以，有些文艺作品看上去非常现代，但是宣扬的却是保守的传统旧观念，比如宫斗剧，这就不符合现代创造的精神，无论其形式如何创新，都不是现代创造所需要的。以大热的影视剧《甄嬛传》为例，《甄嬛传》在古装影视剧中可谓是佼佼者，其考究的台词、严格而细致的古代礼仪，精细的服装、饰物和布景，都为充满浮躁、恶俗和粗制滥造的电视剧产业树立了典范。但人们在被其剧情和制作吸引的同时，却忽视了其精神上的弊端。《甄嬛传》描绘了甄嬛从不谙世事、天真善良到经历种种陷害、磨难，转变为在后宫中翻云覆雨、狠心报复、机关算尽的历程。虽然其间不乏姐妹之情、真爱，甄嬛的转变也合理、合情，但是这种以恶制恶、以怨报怨却不应该是现代社会所弘扬的精神。现代社会崇尚竞争，鼓励个人奋斗，但这种竞争还是应该建立在基本的道德准则之上的。因此，尽管这部剧做到了传统文化的再创造，但却不是合格的现代创造。

传统文化资源的现代创造，是建立在对传统文化资源的充分理解和尊重的基础之上的，它需要运用现代科技手段和表现方式，结合现代审美趣味和文化追求，既弘扬优秀的传统民族精神，又满足现代人积极向上的精神文化追求，因而是将传统文化与现代精神有机结合的现代审美文化的重要组成部分。

第四章 传统艺术形式的现代变革

中国当代艺术形式的变革与整个当代中国社会的变革相伴相随。社会的转型必然伴随着文化艺术的变革，在变革的过程中，传统的戏曲、曲艺、音乐、书画等艺术形式不断经受着洗礼。每一种艺术形式都存在发展的困境和创新的艰难，同时也面临着潜在的发展机遇。因此，要实现传统艺术形式的现代变革，不仅需要坚持的毅力，还需要变革的勇气，更需要抓住机遇、迎难而上的决心。

第一节 传统艺术的发展困境与变革探索概说

传统戏曲、传统曲艺、古典音乐、古典书画等传统艺术形式都是土生土长的艺术，从萌芽到成长再到成熟，它们都浸润在中华传统文化的氛围中，即使经历朝代变迁、思想革新、局势动荡，也都是在中华大地上发生的内部变革，并未受到过多的外部干扰。然而，进入 20 世纪以后，全中国的政治环境、经济环境、社会环境都发生了前所未有的变革，尽管传统艺术竭尽全力地追赶时代前进的步伐，但多少还是显得有些吃力。特别是自 20 世纪 80 年代以来，整个中华大地都在以一种开放的胸襟接受外来的思想、文化和艺术，这就使传统艺术的生存空间进一步缩小。然而，从艺术自身的发展来讲，主动适应新形势、新环境和新媒介，保持与时俱进的姿态，是保持艺术生命力的必要条件。从国家文化建设的层面来说，传统艺术是代表中华文化的典型符号，是中华艺术自立于世界民族之林的根基，最能够代表中国走向世界的艺术必定是我们的传统艺术。因此，传统艺术一直在积极地尝试着走出困境，并进行了勇敢的探索。

一、传统艺术的发展困境

在当代，传统艺术的发展主要面临四个方面的困境：一是外来思想的冲击；二是现代媒介的转换；三是市场竞争的压力；四是表演群体的衰微。

首先来看外来思想的冲击。近代以前，我国传统艺术的发展与儒家、道家和佛家的思想有着千丝万缕的联系，不管是艺术作品的创作旨趣，还是文化作品的实质内容，基本上都不会跳出儒、释、道的思想框架。与此同时，不管是温柔敦厚的儒家艺术和文化，还是恬淡悠韵的道家艺术和文化，抑或是清心超然的佛家艺术和文化，都有一定数量的受众，而且这些受众分布在中国传统社会的各个阶层，有自上而下的影响，也有自下而上的交流，虽然是阶层分明的等级社会，但统领各个阶层的思想却上下贯通，文艺创作、传播和接受的局面基本稳定。近现代以来，伴随着国内军事、政治、经济、社会等多方面的变动，思想文化的变革也在同步进行。作为上层建筑，思想文化的革命虽然不像其他领域的革命那样时刻伴随着金钱和暴力，但是，也没有完全脱离铜臭和血腥，也没有机会与外来思想和文化进行平等友好、客观理性的交流，而是略显被动且有些过度自卑地向外来思想和文化“低头”了。在这种大的时代背景下，在思想上处处否定传统、抨击传统，甚至肆意叫嚣主张废弃传统的声音从未间断过，传统思想和文化不断经受着猛烈的冲击。时至当代，近现代以来的思想启蒙尚未彻底完成，新的“现代”“后现代”思想又来叩打中国思想的大门，传统的儒、释、道思想更是被限制在一定的圈子内而无法突出重围。这就给传统艺术的发展带来了从未遇到过的困扰：传统艺术的思想精髓和思想依托何在？

其次来看现代媒介的转换。这里所说的媒介包括文艺创作媒介和文艺传播媒介，不管是哪种媒介，都与当时的生产力水平有关。当代审美文化所处的时代，正是人类第三次科技革命蓬勃发展的时代，在这个时代里，人类意图的实现方式似乎变得更加便捷，也更加到位，以往一些无法实现的设想在今天都有实现的可能。如此一来，现代科技便为文艺创作和传播提供了更加便利的条件。之前，人们常用“天马行空”一词来形容艺术家的想象力，但这份想象力所创造的场景只能停留在纸面和嘴边，无法充分地、及时地呈现在受众面前。现在，借助第三次技术革命的成果，艺术家的想象力能够逼真地呈现在荧幕上，并映入观众的眼帘。在观众一次次的惊叹声背后，是突飞猛进的媒介转换革命。至此，传统艺术便遇到了前所未有的尴尬：一方面，它们受到依赖新媒介进行创作和传播的现代艺术形式的挑战，这些新的艺术形式不仅更加贴近当代人的生活，也更加善于利用新媒介来捕获受众的兴趣，极大地转移了受众的注意力，使传统的艺术形式遭到冷落；另一方面，传统艺术的创作媒介自是适应于诞生时的生产力水平，即使想尽快适应新媒介，也要考虑到改造尺度的问题——改造的过多，有可能失去传统艺术的特有韵味，改造的不到位，则有可能显得不伦不类，徒劳而无获。因此，当代传统艺术的发展所面临的第二个困扰是：如何处理与新兴媒介的关系？

再次来看市场竞争的压力。在传统的中国社会中，"市场"这个概念并不像今天这么重要，文化和艺术虽然无法完全摆脱经济问题的困扰，但也始终保持着一份独立和孤傲。而且，在传统社会里，不同艺术形式的地位不尽相同，所依靠的经济后盾也多有差别，因此也就没有一个统一的标准来讨论它们的经济价值问题。在当代，传统艺术所依赖的政治秩序、经济秩序和文化秩序都被打破了，各个艺术形式的原有地位也不复存在，从事传统艺术创作和演出的艺术家所面临的首要问题是如何保留和传承一门艺术，而不是如何创新和发展一门艺术，也就是说，传统艺术和艺术家面临着基本的生存压力。目前，我国正在逐步建立起完善的社会主义市场经济体系，市场竞争是一个适者生存的过程，也是一个优胜劣汰的过程，这就要求置身于市场竞争中的传统艺术不仅需要适应市场，而且需要在市场中争优，以免被市场淘汰。这也就带来了传统艺术在当代发展的第三个问题：面对新兴的社会主义市场经济，传统艺术如何谋得自己的出路和前景？

最后来看表演群体的衰微。如果说上述三个方面是传统艺术形式发展困境的外在方面，那么传统艺术表演群体的衰微则当属其发展困境的内在方面，也是事关重大的一个方面。继承和发展传统艺术的责任最终还是要由艺术家来承担，但就目前的形势来看，培养和壮大从事传统艺术创作和表演的艺术家群体的任务依然十分艰巨。我们的文化艺术传统曾经有过被斩断的危险，好在其基本脉络尚存，也不乏有志于从事传统艺术事业的人和喜爱传统艺术的观众。如果我们将当今的艺术市场比作一块蛋糕的话，那么传统艺术也能从中分上一块，但这一块所占的比例并不是很大。从整体上看，这一局面的出现是由前面论及的三方面的困境合力造成的。"蛋糕"分的少，从事传统艺术事业的人的积极性自然就减退，传统艺术的演出规模和演出质量就随之下滑，最终，整个传统艺术表演群体便衰微了。实事求是地讲，"为艺术而艺术"更多的是一句口号，它已经完全脱离了现实而毫无根基地漂浮在生活之上。对于每一个从事艺术创作和艺术表演的活生生的人来说，衣食住行的需求样样不能缺少，如果缺少相对良好的生存条件，那么优秀艺术家的生活就会面临问题，优秀的艺术也很难出现和留存。因此，传统艺术在当代的发展面临的第四重困境就是：如何重组和激励传统艺术的表演群体？

二、传统艺术的变革探索

以上提出的四个问题在当代传统艺术的发展过程中都有所体现；而不管是

政府机构还是艺术家、文化人，也都在思考这些问题并适时适地进行了探索性的变革。具体来说，在思想方面，他们对传统思想进行了反思，并择优加以继承；在媒介方面，他们对新兴媒介持接受态度，并适当加以利用；在市场方面，他们紧跟市场改革的步伐，并积极运作传统艺术市场；在人才方面，他们规范了对传统艺术人才的培养，并加大了对传统艺术表演群体的支持和奖励。

首先来看对传统思想的反思与继承。在以往的界定中，人们习惯于依据思想产生和存在的年代将思想划分为“新思想”和“旧思想”，并且认为，新思想大部分是好的，旧思想大部分是应该被摒弃的。这种带有明显的“社会达尔文主义”印记的界定方式必须得到纠正，因为它不仅曲解了“达尔文主义”及进化论学说，而且为中国近现代社会思潮的发展埋下了“激进”的种子。如果仅从时间的维度来考虑，思想的产生确有早晚，但如果考虑到其本身所表达的内涵和所代表的价值，那么思想产生的早晚就不应是一个主要的衡量指标：有些古老的思想在当代依然有强大的生命力，同样，有些刚刚产生的思想却只是定格在了历史的一瞬间。面对古今中外的各种思想，传统文化和艺术的主体很早就有了危机意识，他们认真反思传统文化和艺术中存在的不适合当今社会的思想和价值观，并将它们一一剔除。同时，他们也有意识地发掘出传统文化和艺术中的优秀成分，并将它们继承下来。需要特别指出的是，在这个过程中，过度悲观的人群也一直存在。他们认为，传统文化和艺术有属于它们自己的时代，在新的时代里，既没有必要过多地留恋和伤感，也没有必要费尽周折去改造和创新。这种消极的态度源自一些人的无知和懈怠，也反映了当今社会的功利和浮躁。其实，拥有危机意识是好的，因为这种危机感会促使我们去反思和继承传统的文化和艺术。但是，我们也不必过度担心，因为真正有生命力的文化和艺术绝不会被轻易打倒，这是历史的基本定律。就当代思想史和艺术史来说，30 多年的努力和探索还只是一小步，在未来的日子里，传统文化和艺术定会有不俗的表现。

其次来看对媒介的接受与利用。新兴艺术媒介的出现也给传统艺术带来了不小的压力，面对新兴媒介与新生艺术的结合，传统艺术家首先学会了对其持一种接受的态度——他们即使心有不甘，也不得不直面现实。与此同时，新一代从事传统艺术创作和演出的人也在经受新兴艺术媒介的影响，他们一方面生活在新的传媒时代里，另一方面也对传统艺术产生了浓厚的兴趣，并自觉地习传传统艺术，这本身就说明了传统艺术的不竭生命力。更为重要的是，传统与新兴并未在他们身上发生过多的矛盾，相反，他们不仅能够利用新兴媒介来创作和表现传统艺术，而且能够运用新兴传媒来传播和推广传统艺术。在新旧艺术媒介交锋和交融的过程中，国家政府层面也做出了一定的努力：首先，为了建设与时俱进、生动活泼的当代文化，政府积极支持新兴媒介发展，为其提供了便利的平台；其次，政府清楚地认识到了传统艺术的优点和价值，故长期致力于保护和弘扬传统艺术形式，为其提供有力的支撑；再次，政府鼓励传统艺术与新兴艺术的交流与合作，倡导将传统艺术形式与新兴艺术媒介有机地结合起来，实现互利共赢。就目前的情况来看，上述所有的努力都是有效果的，但一个不争的事实是，传统艺术形式在新兴艺术媒介勃兴的时代里依然偏居一隅，尚未形成大的气候。传统与流行的进一步竞争和融合值得关注，也值得期待。

再此来看市场的改革与运作。要将传统艺术推向市场，首先要考虑的一个问题是传统艺术能否适应现代市场经济。其实，在传统中国，尽管没有现代意义上的"市场经济"，但广义上的"市场"和"经济"都是存在的。千百年来，"市场"的运作方式在变，但人的精神需求和艺术关怀却不会消失，只要传统艺术形式能够满足当代人的精神需要，那么传统艺术的隐性市场在理论上就是存在的，问题的关键在于如何将这个隐性市场组织起来，使其成为真正的文艺市场。从现实层面来讲，传统艺术不可能永远存在于政府所提供的"桃花源"中，因此，政府也应果断地进行体制改革和市场改革，尝试着让传统艺术走向市场。与此同时，从事传统艺术创作和表演的艺术家们也付出了很多努力，他们在尽力保持传统艺术精华的基础上，对传统艺术进行了必要的加工、处理和运作，以使其更加适应市场的需求，更加满足观众的需求。市场化的改革和运作不仅使传统艺术得到了保存、改进和弘扬，而且也使从事传统艺术创作和表演的艺术家的生存境遇得到了极大的改善，从而使各方的积极性都被调动起来，让传统艺术迎来了新的发展机遇。同时我们也必须清醒地认识到，传统艺术的市场化也存在着一些弊端，这些弊端仅依靠艺术工作者和市场的自律是难以克服的，应该尽快将艺术市场专业化、规范化、法治化。

最后来看对人才的培养和激励。艺术的创作和表演的确需要天赋和灵感，但这并不排斥艺术人才的可塑性。一个芭蕾舞跳得好的人如果早期接受的是传统艺术训练，那么不见得他（她）就跳不好古典舞蹈；一个小提琴拉得好的人如果早期接受的是传统艺术训练，那么不见得他（她）就拉不好二胡；一个歌剧唱得好的人如果早期接受的是传统艺术训练，那么不见得他（她）就唱不好传统戏曲……笔者在此并不是要抹杀各种中西方艺术形式的差异（其差异是不可能被忽略的），而是意在强调早期艺术教育的引导和培养作用。早期艺术教育的主体不外乎家庭和学校，当这些教育主体在为未来的"艺术家"选择发展方向时，难免会受到所处社会之"荣誉法则"的支配。因此，如果想壮大传统艺术事业的队伍，就必须对传统艺术给予高度的重视，与高度重视相伴随的，必须是一流的政策支持、一流的社会地位、一流的教育环境、一流的师资队伍和一流的学生生源。2011 年 2 月，国务院学位委员会通过了最新修订后的《学位授予和人才培养学科目录》，将艺术学由原来的一级学科提升为更高一级的门类学科，艺术学与文学、史学、哲学一样成为中国人文学科中的支柱之一。这一政策性调整必定会影响到高等教育领域艺术类人才的培养，将给传统艺术人才的培养提供更加平等的发展平台。除了强化传统艺术教育外，社会各界都应该倡导对传统艺术的尊重和推广，让我们本民族的艺术在当代的发展更加有活力、有市场、有地位。

总的来说，中国传统艺术在当代的发展确实遇到了诸多困境，但也不乏变革的机遇和实力。艺术传承、变革、发展的最终落脚点还在艺术本身，传统艺术要想真正走出困境，就必须在自身上下功夫，中华传统艺术的复兴和繁荣必将是一个缓慢但又值得期待的过程。

第二节 传统戏曲的现代演绎

传统戏曲是一门综合性、集体性的艺术，其综合性和集体性决定了其变革的复杂性。其实，“改与不改”一直是困扰传统戏曲的发展难题。一方面，不能为了改变而改变，违背这一艺术类型本身的特质及其民族性和经典性的特征；另一方面，也不能故步自封、停滞不前，成为一门落后的、有可能被淘汰的艺术。当然，这里所说的两个方面是比较绝对的，传统戏曲绝不会一丝不改，也很少会被改得面目全非。问题的关键在于：为什么要改变？改变什么？怎么改变？还有，改变的效果如何？

变革的动力经常源自自身存在和发展的危机。“1980 年前后，‘戏剧危机’的阴影就日益严重地笼罩着戏剧界。观众走出剧场而趋向电影、电视乃至歌舞厅，使戏剧家感受到危机的严重性，引起他们的惊愕、痛苦、焦虑和反思。”[①]从 20 世纪 80 年代开始，伴随着改革开放的步伐，整个中国社会的审美风尚发生了巨大的转变，在这场变革中，传统戏曲明显处于劣势。社会审美风尚的转变看似轰轰烈烈、势不可当，其实背后有深刻的转变原因或者说转变的助力。在传统中国社会中，戏曲是为数不多的精神娱乐活动之一，与其他小众、单调的艺术门类相比，戏曲的场面大、表演形式多样，这些都是它的优势所在。而在当代社会，戏曲的这些“优势”就不再是优势了，电影、电视都可以满足观众对场面和表演形式的需求，此外，电影和电视还能够给观众带来全新的视听享受：新的演员、新的情节、新的曲调、新的场景、新的服装、新的传播媒介，一切都是新鲜的，一切都是充满活力的，一切都是方便快捷的，一切都是温馨舒适的。我们知道，人类的历史

---

① 董健、胡星亮主编：《中国当代戏剧史稿（1949～2000）》，中国戏剧出版社 2008 年版，第 272 页。

在很大程度上就是一部追逐物质满足和精神满足的历史，同时也是一部使自己的物质满足和精神满足更加便捷、更加完满的历史，从这个意义上说，传统戏曲在当代之所以会处于劣势地位，不是因为传统戏曲自身变差了，而是观众可选择的娱乐形式变多样了、变快捷了。为了顺应时代的节奏，传统戏曲需要改变，而改变的关键在于改变什么和怎么改变。

早在新中国成立之初，国务院（当时还叫“政务院”）就下发了关于戏曲改革的指示，提出了“改戏、改人、改制”的戏曲政策，在当时的时代背景下，“‘改戏’是修改旧有剧目，‘改人’是清除旧社会对戏曲艺人的影响，‘改制’是改革旧戏班社中的不合理制度”[①]。戏、人、制的改革几乎囊括了古典戏曲改革的各个要素，无论怎样改，都不会跳出这三个方面，但是，不同的历史阶段有不同的改革背景、改革任务和改革重点。在当代，这一戏曲改革政策依然有指导性的意义，但具体的指向却发生了变化。

首先，就改戏而言，存在一个过度改编的问题。传统剧目的剧本就像一个古老的木偶一样，这个木偶的有些部件已经旧了，需要再在表面上刷新漆；有些部件已经坏了，需要把它换成新的；有的部件现在已经失去存在价值了，需要把它拆掉。然而，改动之后就会有人站出来质疑：这还是原来的那个木偶么？其实，问题的重点不在于观众的质疑，而在于遭到质疑的剧目本身——过多的删节和改动，有可能使剧目本身丧失原有的韵味。笔者认为，传统剧目的革新的确应该剔除那些不合时宜的“糟粕”，但在剔除时应该尽量尊重原剧的思想主线和情感特色，避免为了出新而刻意地加入过多的新元素，从而导致传统精神的丧失。传统戏曲的魅力就在于其古典的特质和风韵，只要改好了，定能赢得观众的掌声。改好的关键在于切实把握传统剧目的内在生命力，而不是一些刻意添加不合时宜的“创新点”。一些现代、后现代的“新”思想完全可以通过现代戏曲、现代话剧来表现，传统戏曲的变革绝不是传统戏曲的完全“现代化”。

其次，就改人而言，存在一份传承和弘扬的责任。本来，传承和弘扬是一种艺术存在和发展的常态，但在当代，传统戏曲的传承和弘扬却面临着不小的挑战，尽管从事传统戏曲创作和演出的艺术家们都在尽力肩负起传承这份文化遗产的责任，但是很多传统戏曲还是走向没落甚至是消亡。造成这种局面的原因是复杂的，但问题的关键还是在于人。毕竟戏曲演员在舞台上的现场演出才是戏曲艺术能否得以传承的终极代表，被录音机和录像机记录下来的音频、视频资料远不及真人在现场演出的效果——那种独特的感染力和震撼是机械复制所不能企及的。目前，政府主要是从两个方面入手来解决传统戏曲的传承问题：第一

① 朱颖辉：《当代戏曲四十年》，文化艺术出版社 1993 年版，第 11 页。

个方面是依托国家的非物质文化遗产保护政策建立传承人制度,以此来保护和传承那些稀有的、濒临灭绝的戏曲种类;第二个方面是依托国家教育资源,在现代教育体制下培养戏曲表演人才,支持戏曲理论研究,以此来传承和弘扬那些主流的、活跃的戏曲种类。通过这些举措,老艺人受到了保护,中青年艺人得到了培养,传统戏曲的传承有了人力资源上的保障。但是,这些举措需要长期坚持,适时改良,以便适应新的局势,保证传统戏曲得到长期的传承和弘扬。

再次,就改制而言,存在一个商业化与艺术性的矛盾。这里所说的"制"是指市场经济制度和文化产业制度,是传统戏曲改革必须跨越的门槛。为了适应新的发展环境,传统戏曲必须将自己置身于市场经济的浪潮中,必须赶上国家文化体制改革的步伐,力争在新一轮的文化发展和竞争中抓住机遇,有所突破。我们并不要求这一传统艺术形式在当代文化市场中占有主导的地位——就目前的情况来看,这也是难以实现的,我们的目标是让这一传统艺术形式占据一定的市场份额,立稳脚跟,持续发展。但是,持续发展是一个侧面,健康发展又是另外一个侧面,传统戏曲市场化的进程无疑将对其艺术性造成影响。其实,无论在哪个时代,追逐物质利益都是无可厚非的,因为物质利益与人的生存以及人的其他实践活动相互交织,不能分离——我们无法想象一个人和一个人所从事的活动可以脱离所有的物质利益而孤立存在。因此,笔者不反对传统戏曲的市场化和产业化,但也不赞成传统戏曲的过分商业化和媚俗化。传统戏曲要想求得长远的发展,需要坚守艺术性的阵地,避免以牺牲艺术性来获得市场的一时关注。应该以自己的艺术性打动观众,赢得市场,以实现持续而健康的发展。

通过上述的理论分析我们可以看到,传统戏曲在当代的发展是一个充满曲折但又不乏收获的过程,它既有古典精神,又有现代魅力,它在一群有识之士的推动下改良革新、登台演出、赢得掌声、收入票房。2004 年 4 月,青春版《牡丹亭》在台北进行了首场演出,之后,从台湾到香港,从香港到大陆,白先勇先生和青春版《牡丹亭》名噪中国,有学者将这一文化现象称为"青春版《牡丹亭》现象"。[①] 在这一现象背后,我们可以看到改戏、改人、改制的诸多成功之处。就改戏而言,"为了体现汤氏原著精神和艺术风貌,对原作遵循'只删不改'原则,将原作 55 折提炼、整编为 27 折,保留了全部经典折子戏;加强了柳梦梅的戏份,使杜丽娘、柳梦梅的戏成为剧中两条互相呼应起伏的戏剧行动主线,形成耐人寻味的戏剧复调来丰富戏剧内涵。又以杜宝奉旨抗贼、强盗李全杨婆夫妇的活动为副线,形成全剧文武场、冷热场交叉协调,使全剧充满剧场张力"[②]。在这里,需要

① 朱栋霖:《论青春版〈牡丹亭〉现象》,载《文学评论》2006 年第 6 期。

② 朱栋霖:《论青春版〈牡丹亭〉现象》,载《文学评论》2006 年第 6 期。

略微辨析一下“改戏”之“改”字与“只删不改”之“改”字的区别:“改戏”之“改”的意义更加广泛,后人可以在原著的基础上做加法,也可以做减法,不管怎样,只要与原著有所不同,都可以称之为“改戏”;而“只删不改”之“改”的意义是单一的,它是做加法的意思,“不改”就是不做加法,“只删不改”就是只做减法,不做加法,“是考虑在上、中、下三本九小时演出单元时间内如何更好地体现汤氏原作的精神,而不是将原剧本改得现代些,以适应今日现代社会观众的新的审美要求”[①]。谈到这里,自然就会涉及上文提到的“改制”过程中出现的商业化和艺术性的矛盾。我们看到,白先勇先生倾力打造的青春版《牡丹亭》并没有仅仅为了满足市场的需求而削减自身的古典性和艺术性,而是首先打牢了自己古典性和艺术性的根基,然后运用现代营销手段开拓国内、国际市场。王省民就认为,青春版《牡丹亭》的成功离不开“广告传播和营销策划”,它“利用事件媒体大造声势”,“利用名人名牌提高传播效果”,并“通过多种形式、多种渠道进行传播”。[②] 在青春版《牡丹亭》这里,商业化和艺术性并没有发生冲突,而是各取所长,相得益彰。还需要指出的是,青春版《牡丹亭》不仅在“改戏”和“改制”方面取得了成功,在“改人”方面的努力也功不可没。青春版《牡丹亭》的一大特色就在于“青春”二字,朱栋霖就认为:“青春版《牡丹亭》启用青年演员来饰演处于青春爱情中的男女主人公,是这次演出获得轰动效应的根本原因。”[③]白先勇邀请张继青和汪世瑜两位老艺术家为沈丰英和俞玖林两位年轻演员亲自授课。这番邀请不是随意的,而是伴随着传统而严肃的拜师仪式;这番邀请也不是暂时的,而是伴随着白先勇出席的每次排练、每次新闻发布会、每次谢幕、每次座谈会。“白先勇力主青春版《牡丹亭》重在推出青年演员。名不见经传的青年演员担纲的青春版《牡丹亭》的成功,对中国昆曲界在今日需迫切解决的人才培养与艺术传承问题,打破昆剧演员队伍固有的凝固、尴尬局面,具有特别意义。”[④]青春版《牡丹亭》在舞台上呈现的不单是一出唯美的戏曲,也是一番艰辛的磨炼和一次成功的传承。它让我们看到了传统戏曲的潜力、魅力和生命力,让我们看到了传统戏曲在当代发展的新希望。

尽管与青春版《牡丹亭》相比,浙江小百花越剧团排演的新版越剧《梁山伯与祝英台》没有那么大的名气,但自从 2006 年 10 月的首轮公演以来,这部新戏也一直被作为浙江小百花越剧团的经典剧目而不断上演。由于梁山伯与祝英台的

---

① 朱栋霖:《论青春版〈牡丹亭〉现象》,载《文学评论》2006 年第 6 期。

② 参见王省民:《民族艺术走向文化市场——对青春版〈牡丹亭〉演出成功的另类解读》,载《文艺争鸣》2010 年第 5 期。

③ 朱栋霖:《论青春版〈牡丹亭〉现象》,载《文学评论》2006 年第 6 期。

④ 朱栋霖:《论青春版〈牡丹亭〉现象》,载《文学评论》2006 年第 6 期。

故事非常经典，观众也非常熟悉，因此要想再多出一个"新"字并不是那么简单。该剧一开始就用"天乃蝶之家，地乃蝶之灵，云乃蝶之裳，花乃蝶之魂，但为君之故，翩翩舞到今"这段新旋律和后台唱词将观众带入了剧情，空灵典雅却又透露出时隐时现的忧伤之感。此外，剧中还穿插了多处歌舞队的表演，出现了像"读书读书，越读越输"这样的戏谑性台词，这些表演在形式上是现代的、新式的，但在表演的内容上还是围绕梁祝故事的主线，既没有抛弃传统戏曲的精华部分，也在形式上更贴近现代观众的审美习惯。

当然，也有评论者认为这样的现代元素是画蛇添足，影响了传统戏曲的纯粹性。但笔者认为，我们应该允许这样的尝试和借鉴，原因主要有两个：第一个原因是，从历史的维度来看，越剧的历史只有一百余年，翻阅《不列颠百科全书》我们可以看到，越剧"发源于浙江嵊县……嵊县民间原流传'田头唱书''落地唱书'等说唱艺术，1906 年有人用'落地唱书'调为主要唱调化装演戏"[①]。之后几经名称更迭，20 世纪 40 年代才改称"越剧"，并形成诸多流派。由此可见，越剧的历史并不是特别长，如果不是在原有基础上不断地借鉴和出新，那么越剧能否繁荣发展到今天这个地步还是值得商榷的。傅谨在评价浙江小百花的越剧创作时就说："从创作《陆游与唐婉》和《西厢记》开始，她们有意识地在改变着越剧传统念白的用韵、辙口和发声方法，刻意追求一种高度舞台化的抑扬顿挫感，而恰由于她们大量运用这样的念白以烘托戏剧氛围，使得浙江小百花的新作总是弥漫着一股张力，她们为越剧念白找到了一种新的、同时更有舞台冲击力的'有意味的形式'。"[②]笔者认为这种尝试应该被允许的第二个原因是，茅威涛及其团队的创新是真诚而负责任的。茅威涛在自己的手记中写到，1999 年她在接受采访时说，希望自己的作品"正好能够实现，能够积淀到既具有前卫因素，又让人感觉不到其中的先锋或前卫，进入那种实实在在的、老百姓能够怦然心动的情感状态"。而在 2006 年上演的"新版《梁祝》……竟然真的在某种程度上，通过它实践了 7 年前的心愿"。"我终于明白了我们复排《梁祝》的意义所在，一句话概述：用我们现代越剧人的语汇去重新诠释这份刻入越剧记忆中的浪漫与美丽。"[③]其实，所谓"真诚"和"负责"是两个主观性较强的概念，如果说的更直白些，那就是对待"创新"的态度问题。虽然我们不能说新版《梁山伯与祝英台》的所有创新之处都是成功的，但其中刻意嫁接、矫揉造作的成分的确不多见，编剧和演员都在用心

---

① 中国大百科全书出版社不列颠百科全书编辑部编译：《不列颠百科全书：国际中文版》第 18 册，中国大百科全书出版社 1999 年版，第 443 页。

② 董伟、茅威涛、傅谨等：《百年越剧与茅威涛的追求》，载《中国戏剧》2007 年第 1 期。

③ 茅威涛：《寻找平凡的心动》，载《中国戏剧》2007 年第 9 期。

地改进和表演，都在用自己的真诚和负责打造浙江小百花越剧团的品牌。

浙江小百花越剧团成立于1984年，它能在改革开放的潮流中稳步走到今天已经算是巨大的成功，但它还在不断地推陈出新，占领市场，传承越剧。不管是在越剧的改编、创作、演出方面，还是在人才选拔、培养方面，浙江小百花越剧团的经验都十分值得借鉴。早在2009年，浙江小百花越剧团团长茅威涛就说："我今年已经从艺30年，总有一天要退下来，如果到那时再考虑推这些孩子，显然会青黄不接甚至会出现断层。我希望不久的将来，她们的名字也将成为卖点。"①我们在上一节曾经提到传统戏曲表演群体衰微的问题，作为当事人的茅威涛一定对这种困境有更深切的体验。也正是出于艺术家的责任感和荣誉感，她在自己的浙江小百花越剧团身体力行，为越剧的传承和发展培育新苗。浙江小百花越剧团"与浙江艺术职业学院合作开设'小百花'越剧表演班，从近500位报名者中选取了25名成绩优秀的15～18岁的考生进入首届'小百花班'。毕业后优秀艺术人才将由浙江小百花越剧团录用。办这个班是针对当今毕业生与剧团脱节的现象，'小百花'希望探索出一个将传统的师徒制和戏班制与常规艺术教育模式相结合的新型艺术人才培养模式。在今年年初的期末考试中，团部领导惊喜地发现，经过短短4个月的培训，这些孩子的进步很大，人们期待着这些含苞待放的蓓蕾在舞台上盛开的日子。"②与此同时，在当下的舞台上，小百花剧团也注重对新人的鼓励和培养，剧团中的"蔡浙飞，人称'小茅威涛'，然而在排演《春琴传》时，茅威涛和导演郭晓男要求她完全摆脱老师的痕迹，以全新的、个性化的表演来刻画人物"③。这种传承古典艺术的理念有力地促成了越剧这一传统剧种在浙江小百花越剧团的长盛不衰，让人敬佩，也让人感动。传统戏曲的继承和弘扬不仅需要人才、资金和市场，还需要这样的理念和胸襟。

中国现存的传统戏曲剧种不仅有笔者已经论述过的昆曲和越剧，还有京剧、豫剧、黄梅戏、评剧等，更有众多在民间传唱的地方性剧种。在这个庞大的戏曲百花苑中，各种戏曲的发展状况也是不均衡的。据张志全在2013年的统计："中国戏剧节迄今已举办12届，跨越25年。……历届戏剧节共入选52个剧种，不足全国现存260多个剧种的1/5，绝大多数剧种多年来一直处在'养在深闺无人识'的尴尬境地。即便入选的剧种，也主要是传统的地方大戏，其中，京剧入选最多，达11次。越剧、评剧、川剧均入选10次，豫剧入选7次，秦腔、粤剧各入选6次，晋剧、昆剧、黄梅、花灯各入选5次。就入选频率而言，以上剧种得到相对稳

① 罗松：《小百花能否华丽转身》，载《中国戏剧》2009年第2期。

② 罗松：《小百花能否华丽转身》，载《中国戏剧》2009年第2期。

③ 罗松：《小百花能否华丽转身》，载《中国戏剧》2009年第2期。

定的发展。另有19个剧种仅入选一次，虽然相较于未曾入选的剧种而言，有所突破，但保护与拯救仍然是这些剧种当前的主要任务。”[①]这一系列数字提醒我们，不能将目光仅仅停留在几个剧团或几个剧种的发展上，还要在重点抓好主要剧种的基础上兼顾其他小剧种，或者说是弱势剧种。从目前的情况来看，主要剧种的发展思路是加入市场、求新求变、学校传承，地方性剧种的发展思路是申报非遗、留存为主、传承为辅。造成这种局面的原因是多方面的，但不管怎样，我们都应该竭尽全力地将中华民族艺术宝库中的这一颗颗明珠保护好、传承好、弘扬好。

第三节　传统曲艺的现代革新

蔡源莉和吴文科在《中国曲艺史》一书中对“曲艺”作了如下界定：“曲艺是我国各种说唱艺术的统称，是以‘口语说唱’来叙述故事、塑造人物、表达思想感情、反映社会生活的表演艺术门类。”[②]其中，“口语说唱”四个字集中反映了曲艺的艺术特点。传统曲艺的历史绝对可以用“悠久”一词来形容，但悠久的历史并没有影响它在当代的迅速革新，因为“曲艺善于即兴编演，及时反映现实生活”[③]，这一特性使曲艺作品的经典性有所削弱，但是使这一艺术形式的适应性增强；同时，曲艺的场面铺排、人员调度要比戏曲简单便捷得多，因此，曲艺的综合性和集体性特征相对减弱，革新的难度也相对降低。在掌握当代审美文化特质、符合当代审美文化特征的前提下，曲艺的求新求变使这一传统艺术形式焕发了新的生机。当然，由于传统曲艺的类型繁多。因此，并不是所有的曲艺类型在当代都得到了很好的传承和创新。但是，那些善于借助现代媒介、紧跟时代潮流、大胆突破创新的曲艺类型的发展境况还是非常令人满意的。

一、万象归春——相声

所谓“万象归春”，是曲艺界对相声的美称。“‘象’是指各种生意，‘春’是指相声，相声别名也称‘春口’，‘万象归春’即各种逗笑内容皆被相声吸收之意。”[④]相声这一曲艺艺术形式自是“可溯之源长，可证之史短”[⑤]，而关于“相声”一词的

---

① 张志全：《当代戏曲保护与传播的困境及其对策研究》，载《戏剧文学》2013年第4期。

② 蔡源莉、吴文科：《中国曲艺史》，文化艺术出版社1998年版，第1页。

③ 蔡源莉、吴文科：《中国曲艺史》，第175页。

④ 倪钟之：《中国曲艺史》，春风文艺出版社1991年版，第9页。

⑤ 汪景寿、[日]藤田香：《相声艺术论》，北京大学出版社1992年版，第5页。

界定方式也主要有两种：一曰“相声就是相貌之‘相’，声音之‘声’。‘相’是表情”，‘声’是说唱”；二是将相声一词的“发展和演变过程概括为‘像生—像声—相声’”。[①] 笔者在这里不去深究这两种界定方式之对错优劣，因为不管采用哪种界定方式，都不影响相声艺术的流传和发展。

相声以及下文将要论述的小品之所以能够在当代中国受到关注甚至追捧，是因为二者都借助了一个在当时比较新兴的传播媒介——电视。据《中国相声史》一书的记述，相声与电视的联姻主要有四种方式：“一、笑的晚会和相声邀请赛。六十年代初曾在电视上举办过两次‘笑的晚会’，都以相声为主体。1986 年 6 月，中央电视台举办‘部分省市电视相声邀请赛’……二、综合晚会中插播相声。八十年代初以来，中央电视台每年举办春节联欢晚会，都有相声。其他各种综合文艺晚会中也是这样。三、曲艺专栏中播放相声。……中央电视台开办的‘曲苑杂坛’及各省、市电视台开设的曲艺专栏中，相声都占相当大的比重。四、录制保留节目。七十年代初，专门录制了侯宝林、郭全宝表演的优秀传统相声，共二十段”[②]。每一个电视荧屏都是一个小舞台，相声本来和其他曲艺艺术一样，是一个小众的即时表演艺术，虽然很多人也都或多或少地听过相声，但其流传度并不是特别广，直到这一艺术形式被搬上荧屏，它才真正地走进了千家万户。然而，虽然是电视将相声之“声”传播开来，但是相声的主要表现形式也只有一个“声”字，因此，其他不仅有“声”而且有“像”的文艺形式逐渐压过了相声的风头，虽然相声还能在电视荧屏上占有一席之地，但它已不是主流的电视节目。此外，除了一些优秀的相声演员和作品以外，电视上还出现了很多鱼龙混杂的相声演员和段子，这无疑给相声的名声和地位造成了不良的影响。于是，当下相声艺术开始着手回归剧场表演，“拥抱”新兴的文化市场。

“‘相声回归剧场运动’这句口号的提出，则始自 1996 年由姜昆、侯耀文、李金斗、常贵田等人共同发起组织的五场‘相声回归剧场专场演出’，北京的民族文化宫在那段时间简直人满为患。……2005 年底，一个自称为‘非著名相声演员’的年轻人在北京南城的天桥乐茶园，奏响了‘相声回归剧场’最为响亮的乐章。”[③]这个“年轻人”就是郭德纲，人们习惯称他的表演团队为“德云社”。德云社的全称是“北京德云社文化传播有限公司”，郭德纲等人也是 1996 年“相声回归剧场”的主要参与者。在近十年的时间里，郭德纲和他的团队从一个私人的相声小团体发展成一个初具规模的文化企业，并在接下来近十年的时间里打造了

① 汪景寿、[日]藤田香：《相声艺术论》，第 3 页。
② 王决、汪景寿、[日]藤田香：《中国相声史》，北京燕山出版社 1995 年版，第 273 页。
③ 蒋慧明编著：《中国国粹艺术读本：相声》，中国文联出版社 2008 年版，第 151～152 页。

一个响亮的相声表演品牌。德云社的成功不仅是因为它回归了剧场，还因为它回归了相声艺术的优良传统。郭德纲经常将到场的观众称为“衣食父母”，并不忘给衣食父母们鞠上一躬。他说相声表演“要给人家真东西，骗人不行！”“尤其现在，时代在发展，社会在进步，缺钱的，缺车的，缺房的，缺德的，缺什么的都有。进了这个屋，我给不了你这些。我保证这一下午你能够忘掉这些烦恼，高高兴兴、快快乐乐、开开心心的。这个年代有这么一个地方让你开心，不好找啊！”。郭德纲对相声的这种定位既符合传统又适应当下，当观众厌倦了电视上那些千篇一律、粗制滥造的节目，来到剧场里当面欣赏嬉笑怒骂的相声段子时，所有的烦恼都暂时被抛到脑后了。在与张文顺合说的相声《论五十年相声之现状》中，郭德纲列举了很多相声界老前辈的名字，说相声界是“名家辈出，出了很多位高人。但是这几年相声很不景气，巨星陨落，去世了很多前辈。王世臣先生去世，这个相声界的巨人啊！马季先生的话：王世臣啊，是我心中的相声巨人！了不起的高人啊，咱们后台李文山先生是王先生的高足。王世臣，这么大的能耐，死了。拉到八宝山一把火烧了，什么都没留下。刘文亨去世了，肚囊儿多宽敞，一把火烧了，也完了。郭全保，那么大的艺术家，一把火烧了。有辙么？（张：没辙！）现在好了。（张：怎么呢？）北京市政府颁布了条例，严禁路边烧烤！（张：两码事儿！）对相声界是个好事啊！（张：咳，您说那是羊肉串儿！）不是为了咱们着想啊？（张：不是！）”郭德纲在追忆相声界的老艺术家们时都不忘加上几句针砭时弊的调侃，让人发笑，也让人深思。从理性的角度来看，这番调侃略显对逝者的不尊敬，但就相声本身的艺术特点讲，郭德纲恰恰是继承了相声艺术的优秀传统。

二、喜闻乐见——小品

与相声相比，小品的历史并不是很长，“我国喜剧小品起源于上世纪的80年代初”[①]。鉴于它的历史这么短，本不应将其放在“传统艺术形式的现代变革”这一主题之下，但由于它与传统的曲艺形式有着密不可分的联系，因此可以将它看成传统曲艺的当代新形式。小品“原本是戏剧院校和剧团的一种教学手段，用来培训、考核表演人员。从八十年代起，我国艺术家以此为基础，吸收了哑剧、相声、独角戏、二人转的营养，融汇了话剧、舞蹈的技法，创造出一种崭新的独立的艺术形式——‘表演性小品’”[②]。如果说相声的火热与电视荧屏有很大关系的话，那么小品的出现和普及就更是依靠电视传媒，“1983年的春节晚会……小品正式出现在全国观众的眼前。……小品《一个推销员》由相声大家马季创作并演

---

① 李乡状：《小品艺术与赏析》，吉林音像出版社、吉林文史出版社2006年版，第1～2页。

② 周津编：《幽默的艺术——相声·小品》，大连出版社1996年版，第36页。

出，直至今天仍有人在为这部作品属小品还是属相声而争论不休。但在大多数人看来，《一个推销员》应该属于小品”[①]。马季原本是相声演员，人们只是习惯性地将小品的出现与相声联系在一起，虽然小品也继承了相声的讽刺功能、娱乐功能、歌颂功能，但从表演形式上看，二者还是有区别的。相声演员是在讲述一个故事，而小品演员则是在搬演一个故事。因此，相声演员只需一件长大褂，而小品演员则必须身着与所演人物形象相匹配的服装；相声演员只需用一副伶牙俐齿叙述故事和模仿声响，而小品演员必须将自己置身于故事情境之中，将要讲述的故事再次呈献给台下的观众。与此同时，它们的共同点也是显而易见的：二者都源于生活，贴近生活，人人都能模仿，人人都能表演，普及性更强，还常见于一些集体的联欢晚会。虽然模仿者的演出水准与专业的演员相比仍有差距，但是这并不影响它们给观众带来的欢笑和思考。也正是在这种荧屏与生活、舞台与观众的双向互动中，小品成为了当代曲艺类型中比较活跃的一种。

好的小品必须具备两大要素：一是好的演员，二是好的剧本。与相声侧重语言的还原相比，小品更侧重于形象、场景和气氛的还原。也就是说，小品的表演性更强。因此，好的演员是小品成功的一大法宝。提到好的小品演员，很多人都能列举出一长串名字：赵丽蓉、陈佩斯、赵本山、潘长江、黄宏、巩汉林、冯巩、郭冬临等等。有些演员还有一些标志性的台词。例如，在每年春节联欢会的表演中，冯巩都不忘在自己小品的开场时说一句：“亲爱的观众朋友们，我想死你们啦！”好的演员总是能够戳动我们的笑点和泪点，将剧本所讲述的故事演绎得光彩照人。剧本也是小品成功的关键一环，好的剧本既与生活密切相关，又带有明显的夸张和巧合，故事情节起伏跌宕，主要矛盾集中爆发，再加上一些短小精悍而又一针见血的标志性台词，使观众在短短的十几分钟里经历情感上的各种波动，在开怀大笑中体味生活，反思现实。

相声和小品的成功推广为我国传统曲艺在当代的发展指明了方向，那就是贴近生活、依托传媒和接近市场。贴近生活是传统曲艺共有的基本特征，传统曲艺在现代革新的过程中依然要关注人们日常的衣、食、住、行，但要避免一个“荤”字，做到“俗而不荤”。依托传媒是传统曲艺在变革过程中可以选择的一条捷径，各种曲艺类型尽可以借助广播、电视、网络等传媒工具来传播自己，但要避免一个“滥”字，做到“精而不滥”。接近市场是传统曲艺在变革过程中求得生存的必然选择，不管是依托传媒的远程市场，还是直面观众的观演市场，都可以因地制宜地进行开拓，但要保持一定的艺术性，避免一个“媚”字，做到“迎而不媚”。在下文我们将会看到周立波的“海派清口”在这三个方面的成功之处——他们对生

① 李乡状：《小品艺术与赏析》，第3页。

活、传媒和市场充分把握并加以利用，所创造的业绩令人刮目相看。不过，他们也存在一些不能回避的问题，下文就是对这些问题的分析。

三、笑侃天下——海派清口

"'海派清口'是产生于上海的一种类似演说的单人表演形式，以盘点时事为主，善于剖解严肃的政治经济话题并从中挖掘幽默元素，是一种利用幽默的言行举止达到令人快乐目的的全新舞台艺术。"[①]海派清口的成功首先要归功于周立波本人的革新和创造。从科班出身学习滑稽剧，到登台演出一炮走红，再到意外入狱和之后的商海沉浮，丰富的阅历和出众的天资使周立波能够反思滑稽剧的没落，并寻求变革，最终，他开始"用一个讨巧的身份——滑稽演员，去演绎一种具有思想、闪着智慧的脱口秀——海派清口"[②]。纯粹的滑稽容易让观众审美疲劳，而幽默与思想的交融则能够让人在对现实问题的调侃中大笑，在大笑之后去思考现实问题。例如，在《笑侃三十年》中，周立波"侃"到了当今的教育问题。他首先说，与自己的童年时代相比，现在的孩子"幸福但并不快乐"，因为他们的学习压力太大，失去了天真。说到这里，他还不失时机地对"不要让孩子输在起跑线上"这句话"呸"了一口，引发了观众的理解和笑声。紧接着，他又模仿初中的孩子们那种略显呆滞的、酷酷的站姿和表情，再次引得观众发笑。之后，便是一段冷静的评论："压力太大，不天真了。实际上，小孩不天真很可怕的，这都是应试教育害人。但是，这也不是一个人的问题，这是一个体系，整个一个体系，我们要给政府时间的。因为小孩一旦不天真是很可怕的，因为如果说这个国家的孩子没有了天真，那么这个国家的未来一定缺乏想象。"评论过后，观众的掌声再次响起，周立波在躁动的欢笑与冷静的思考之间找到了平衡点，用欢笑吸引观众，用思考赢得观众的尊重和认可。就这样，周立波带着经过自己革新过的海派清口转演于各个专场，闯荡文化市场。现场演出的成功也给周立波带来了更多的机会和平台，不久之后，全国的电视观众都能够在电视上看到周立波的《壹周立波秀》，周立波的海派清口笑侃天下，名扬全国。

我们知道，在传统社会中，曲艺很难与"荤"和"俗"划清界限，而周立波的海派清口则试图走出这个传统曲艺的怪圈，尝试一种新的"口语说唱"形式。"周立波自己坦承，他的表演之所以叫'清口'，是为了与'荤口'、'粗口'相对，清心、雅致，不自我贬低，想表达一种简单而纯粹的精神。它主要包含了两个方面的内

---

① 周纪文、方超：《从周立波的"海派清口"看当代市民审美文化的新特质》，载《民俗研究》2010 年第 4 期。

② 阳泳红：《周立波的海派清口研究》，四川师范大学硕士论文，2014 年，第 6 页。

容：一是语言不脏，没有黏糊的感觉；二是形式清爽，偌大的舞台上只有一个提示夹，一个人，一张嘴，几乎没有什么声光化电，保留了语言艺术的本真性。”[①]周立波这么说了，也基本上这么做了，但笔者之所以加上“基本上”这个限定词，是因为舞台上的周立波摆脱了“荤口”却没有完全摆脱“粗口”。虽然那些个别的“粗口”是即兴口语演说时的疏忽而非他有意为之，但是存在就是存在，没有什么需要遮拦的。而笔者之所以如此纠缠于“荤口”和“粗口”的问题，是因为笔者确实关心海派清口的“雅”与“俗”的问题，尽管周立波将自己标榜为“喝咖啡”的而不是“吃大蒜”的，但“有很多人在听他说，花很多钱去听他说，喜欢听他说，喜欢的是民间声音的响亮表达，同时还有似乎不登大雅之堂的搞笑表演方式”[②]。也就是说，周立波的海派清口的确比传统曲艺更“雅”一些，但并没有完全走出“俗”的范围，也正是因为这样，海派清口才能受到以中产阶级为主的新市民阶层的喜爱和认可。其实我们没有必要对周立波要求太高，在当今这个五彩缤纷的时代里，他仅仅依靠一张嘴就能遍侃天下，收入高票房，确实是让人眼前一亮，看到了传统曲艺在当代的新生机。

四、年轻舞台——电视和网络脱口秀

“脱口秀”一词是英语 talk show 的音译和意译，这种节目形式最早出现在电视上。电视脱口秀是 20 世纪广播电视的产物，它和每天的报纸一样具有极强的时事性，一般被认为是一种快餐式的节目形式。[③] 这种电视节目形式在美国发展得最为充分，“在美国这个当今世界上最发达的国家，最发达的现象是演讲的口才，而对当代美国民众影响最大的是广播专栏主持人以及电视节目主持人，而其中最时髦的是‘脱口秀’节目主持人”[④]。在全球化的时代背景下，传统曲艺这类以“口语说唱”为主要特征的艺术形式自然会与“脱口秀”这个舶来品发生关联。而且，在当代中国，脱口秀这种形式不仅在电视上播出，还依靠网络平台进行传播。在这里，笔者选取了在电视和网络上广受欢迎的两档脱口秀节目展开论述。

第一档节目是在上海东方卫视播出的《今晚 80 后脱口秀》。根据东方卫视官方网站上的介绍：“《今晚 80 后脱口秀》是 2012 年春节在高端观众中影响力最

---

① 阳泳红：《周立波的海派清口研究》，四川师范大学硕士论文，2014 年，第 8 页。

② 周纪文、方超：《从周立波的“海派清口”看当代市民审美文化的新特质》，载《民俗研究》2010 年第 4 期。

③ 参见 Bernard M. Timberg. *Television Talk: A History of the TV Talk Show*. Austin: University of Texas Press, 2002, p. 1.

④ 杨博一：《美国脱口秀》，京华出版社 2000 年版，第 4 页。

大的语言节目《今晚80后说相声》的姊妹节目，由同一团队制作。《今晚80后脱口秀》基本秉承《今晚80后说相声》的辛辣讽刺风格，但是更加时尚、更具有国际气质，更加符合东方卫视新鲜、新锐、都市、国际的频道气质。"[①]这档节目的主持人是王自健，他生于1984年，是一个地地道道的"80后"。虽然这位从小叛逆不羁却又敢于追逐自己兴趣和爱好的年轻人是学习相声和评书出身，但他还是牢牢把握住时代的脉搏，凭借自己的"三寸不烂之舌"搭上了时尚传媒的列车，在电视荧屏上说起了另类的"单口相声"。在每期节目开始之前，先是一段动感的DJ音乐，现场的80后观众们随之拍手呐喊；随后，主持人出场，用现实生活中的实际问题来引出每期节目的主题。例如，2015年3月14日的节目主题是"刷"，围绕着当代年轻人刷微博刷微信朋友圈、刷屏、刷存在感、刷经验、刷榜，甚至是刷信用卡、刷公交卡、刷牙等和"刷"有关的话题展开。既有温情的关怀，也有无情的嘲讽；既有冷静的评述，也有无厘头的说笑，整档节目始终透露着动感、时尚、轻松、年轻的气息。当然，就每一期的节目来看，《今晚80后脱口秀》并不是只有"脱口秀"那么简单，其中还包含了很多当代审美文化的元素，例如广告。正如尼尔·波兹曼所说的那样："电视广告是人们使用电以后产生的最奇特、最无所不在的一种交流方式。"[②]在这个属于年轻人的舞台上，广告随处可见，就连王自健自己也在节目中说这档节目是"深夜档广告价值最高的一档节目"。但台下的观众和荧屏前的观众并未对这种"放肆"的广告宣传有太多的反感，因为不管是这档节目、这些广告，还是这位主持人、这群观众，他们都属于这个时代，都在追逐着这个社会中最新奇、最时尚的潮流，不管是主动的还是被动的。

第二档节目是来自搜狐视频的《大鹏嘚吧嘚》，它的英文名字叫 *Dapeng Talk Show*，"嘚吧嘚"是将"脱口秀"三个字方言化、戏谑化了，这种通俗化也充分体现了这一网络节目的草根性和娱乐性。目前，每周一期的《大鹏嘚吧嘚》基本上都由以下几部分组成：第一部分是"新闻大联播"，一般由大鹏一个人主持，主要以玩笑的方式盘点国内和国外的一些比较有趣的新闻；第二部分是"大鹏耍大牌"，每期由主持人杨小P采访一位娱乐圈的艺人；第三部分是"大鹏及有料"，大鹏是主持人，衣大屁是"副主持"，主要是点评时事，得出自己的"大鹏说法"，并在有些地方以搞笑的方式"续说"时事。有些时候，节目还会根据当周所涉及的重要节日或热门话题来设计、搬演一些情景喜剧，请在第二部分接受采访的艺人演唱歌曲或者播放其演唱的录像，甚至为参加节目的艺人或者是大鹏自

---

① 东方卫视官方网站，栏目介绍，http://www.dragontv.cn/video/2012-08-27/957e9da2d5a63e2bbec3cb3dd874151f.html，2015-4-17。

② [美]尼尔·波兹曼：《娱乐至死》，章艳译，广西师范大学出版社2004年版，第165页。

己的电影、电视、演唱会等做宣传。总之，由于它是一档依靠网络平台的节目，不会像电视那样受到太多的禁锢，所以会更加开放和时尚，更加受到年轻人的追捧。另外，这档脱口秀节目的热播还得益于网络资源可以随时点击的优势。正如大鹏自己所说的那样："我们的节目是永远的黄金档，所谓的黄金档就是你想什么时候看就什么时候看。"[①]

总的来看，这些在消费时代中如鱼得水的电视、网络脱口秀节目与传统曲艺既有联系又有明显的区别：联系在于其表演形式和表演特征，区别在于其所讨论的话题和所依赖的传播媒介。它们的出现是传统曲艺在当代最奇特、最叛逆的新变，虽然我们不能要求传统的曲艺都朝着这个方向发展，但是我们还是应该允许它们存在，并承认它们的价值。

第四节　古典音乐的现代转型

"古典音乐"这一术语是依据西方音乐概念翻译过来的，也正是因为这一术语的词汇渊源，有些西方学者便说"中国没有古典音乐"，现在看来，这样的论调与"中国没有哲学""中国没有悲剧""中国没有史诗"一样，有一定的可讨论性，但并没有特别重大的讨论价值。不过，这些讨论的出现也确实显现出自近代以来西方学者盲目自信的心态和国人因经济、军事实力落后而产生的文化自贬心理。一个不昭自明的道理是：有关概念的争论绝对无法掩盖文化和艺术自身的活力和光芒，中国古典音乐不仅在中华民族悠久的历史中占有极其重要的地位，而且在当代，甚至在未来，仍然会"余音绕梁，三日不绝"。20 世纪 80 年代以来，古典音乐的发展呈现出了一些新的形式、新的特点，在此分而述之，供读者参阅。

一、演出形式的变化

和其他传统艺术形式一样，中国古典音乐在当代也受到过很大的冲击。20 世纪 80 年代以来，流行音乐开始充斥于街头巷尾，并未给古典音乐留下多少回响的余地。曾经一度有人担心，流行音乐的泛滥会拉低听众的整体欣赏水平，影响国民(特别是新一代年轻人)的精神风貌，但"事实证明，流行音乐不仅没有侵蚀掉大众的审美趣味，反而因为其提供的音乐资源锻炼了在贫乏中起步的中国大众的审美能力，成为促成他们去主动寻找更高审美境界的基石"[②]。然而，即

---

① 钱淑芳：《视角与聚焦：脱口秀节目之网络与电视》，载《视听界》2009 年第 6 期。

② 陈炎主编：《当代中国审美文化》，河南人民出版社 2008 年版，第 211 页。

使是这样，古典音乐也不可能以“不变”来应对这个“万变”的社会，它必须在演出形式上有所变化，以便与新时代、新观众、新市场步调一致，产生新的共鸣。

我们知道，当代流行音乐的一个主要演出平台就是演唱会，通过演唱会的前期炒作、现场演唱和后期宣传，歌星们可以提高知名度，获得门票收入和广告费用，赚足人气，驰名乐坛。在这种有效的运作下，很多歌曲迅速流行，广为传唱。流行音乐的成功无疑对人气不足的古典音乐的传播有一定的借鉴价值。2010年8月7日晚，“辟雍·哈辉新雅乐音乐会”在北京国子监孔庙博物馆辟雍殿前举行。音乐会的开场是用《相和歌·子衿》和《上邪》两首古诗改编的古乐，紧接着是“墨香”和“茶香”两个曲目，分别伴随着书法舞蹈表演和茶道表演，接下来是一曲古琴演奏《鸥鹭忘机》和古琴伴奏下的吟咏《虞美人》，最后是一首交织着古乐旋律和现代音乐旋律的歌曲《礼》和一番典雅、庄重的谢礼。这场古典音乐会没有流行音乐会的喧嚣和癫狂，只有中国古典音乐或厚重或空灵、或典雅或激越的优美和壮美。古代的经典诗词配上古琴、复古的音乐、服饰和舞蹈表演，使古典音乐的现代转型转得华丽而有韵味、有内涵。在谈到“新雅乐”的特点时，哈辉说：“雅乐是宫廷音乐，祭祀等场合用，是很高雅、庄严肃穆的一种音乐。……但新雅乐不是祭祀音乐，而是‘典雅、静雅、庄重、古雅’之音乐，它的审美意境与精神吸取了古代雅乐的一部分，它的艺术性与思想性是很纯粹的。新雅乐延续雅乐的部分艺术表现形式，把它乐器元素的精华部分流传下来……第二，新雅乐的精神是优雅的，典雅精致，虚静恬淡。第三，‘新’与时代联系，演唱、舞蹈、配乐、服饰等都具备时代的个性与符号，同时没有脱离古典审美。”[①]哈辉及其团队对古典音乐资源的利用和改造是非常成功的，既保留了古典音乐的精髓部分，又利用了当代音乐的演出形式，符合当代的审美趣味。“哈辉新雅乐”的成功演出和广泛流传告诉我们，古典音乐本身是极具艺术魅力和艺术价值的，只要恰当地组织和编演，就能培养起一批爱好古典音乐的观众，开拓出古典音乐的市场。

二、民族元素的表现

通过上文的论述我们不难看出，古典音乐演唱会的完美呈现离不开其他各方面要素的烘托和支撑，而为了与古典音乐相配，其他要素也都必须是“古典的”，只有这样，所有元素的格调才能保持一致，浑然一体。因此，古典音乐的演出同时也是展示民族元素的舞台。例如，仅在“辟雍·哈辉新雅乐音乐会”中，就出现了墨、书法、茶道、古琴、编钟等诸多民族元素，观众不仅能够欣赏到优美的中国古典音乐，还能够直观地感受各种各样的中国元素。与此同时，民族元素的

---

① 陶莹：《哈辉：传颂汉音的使者》，载《文化月刊》2012年第5期。

展示也为古典音乐的演唱增添了很多新看点，避免观众在长时间的观演过程中产生审美疲劳，从而发挥了一定的调节作用。二者经常巧妙地结合在一起，相得益彰。

论及古典音乐与民族元素的融合，2008年北京奥运会开幕式的文艺表演堪称是一次经典的范例。中国古典音乐始终伴随着上篇的演出，演奏古典音乐的乐器，如缶、古琴以及戏曲伴奏的整套乐器，都纷纷呈现在观众眼前。与古典音乐和古代乐器相映衬的是丰富多彩的民族元素：笔墨纸砚、水墨画、活字印刷术、《论语》、长城、昆曲、丝绸之路、郑和下西洋、指南针……古雅的音乐和震撼的文艺表演集中展示了中华民族悠久的历史和灿烂的文明，让世界更加全面、更加深入地了解了中国。其实，就整个奥运会的开幕式而言，古典音乐所占的比重并不是特别大，但它又是不可或缺的。正如开幕式的音乐总设计陈其钢所说："音乐在整个开幕式中必须要服从视觉创意的主线，在大多数时间音乐并不是一个独立的可以离开视觉被欣赏的作品。所以不要将音乐因素看得过于重要。""我们不可能做一个独立的、跟开幕式无关的音乐，不可能只想着我们的音乐质量。"①陈其钢的这番话虽然没有特别突出古典音乐的重要性，但也并没有抹杀它的作用。更为重要的是，他道出了古典音乐在当代发展的一个非常微妙的处境：要么与视觉艺术联姻，表现除古典音乐以外的其他民族元素，吸引更多的观众和听众；要么闭门拨弦，远离纷扰，弹一曲《鸥鹭忘机》，修身养性，坐等知音。后一种处境与古代的雅士更为接近，但对古典音乐的现代转型没有太多的指导意义；前一种处境与当代的文化氛围更加一致，更有助于古典音乐的现代转型。从长远的角度看，古典音乐在当代的发展不可能是孤单冷清的，它注定要与其他古典民族元素齐头并进，携手前行。

三、意境审美的风格

古典音乐的现代转型不仅包括当代艺术家对古代音乐资源的发掘、整合和搬演，还包括当代音乐人致力于创作的带有明显古典风的新音乐。我们可以将这些新音乐分为两类：一类是带有明显复古"中国风"的流行音乐；另一类是依附于由现当代武侠小说、言情小说、穿越小说等改编而成的电视作品、电影作品和网络游戏的配乐和背景音乐。这些新音乐的主要特点是：重在挖掘和继承古典音乐的审美性，营造纯粹的审美意境和氛围。

关于"中国风歌曲"的定义，最有发言权的人之一当属方文山。他认为："如单纯缩小范围仅讨论歌词的话，一言以蔽之，就是词意内容仿古典诗词的创作。

---

① 转引自孙春萌：《北京奥运会仪式音乐文化初探》，载《科技信息》2009年第15期。

但一般对‘中国风歌曲’的认知还包括作曲部分，因此，若将‘中国风歌曲’作较为‘广义解释’的话，则是曲风为中国小调或传统五声音阶的创作，或编曲上加入中国传统乐器，如琵琶、月琴、古琴、二胡、横笛、洞箫等，以及歌词间夹杂着古典背景元素的用语，如拱桥、月下、唐装、绣花鞋、灯芯、蹙眉、红颜等。只要在词曲中加了这些元素，不论加入元素的多寡或比重为何，均可视同为所谓的‘中国风歌曲’。”[①]这一定义为我们理解中国风歌曲打下了基础，也为当代中国风歌曲的“古典性”进行了立法。与上文谈到的青春版《牡丹亭》的成功一样，中国风音乐能够获得成功的原因也是多方面的，但根本原因还是其自身的艺术性。放耳倾听20世纪80年代以来的流行音乐，大多不会脱离“爱情”的主题：有得意的爱情和得意的歌词和曲调，有失意的爱情和失意的歌词和曲调，还有彷徨的爱情和彷徨的歌词和曲调……虽说爱情是人类艺术永恒的主题，但爱情主题的泛滥和歌曲旋律的重复难免会导致听众的审美麻木和疲劳，这样一来，真情就不再流露，只剩下老调的歌词和空洞的旋律。而就在此时，方文山和周杰伦组合给当代流行乐坛吹来了一股“中国风”，在他们的作品中，也有或得意、或失意、或彷徨的爱情主题，但与以往流行音乐不同的是，古典的元素、优雅的气质和审美的意境悄悄浸润其中，让原本已经干瘪褪色的流行音乐变得丰满靓丽、氤氲生香。中国风音乐使听众的审美意境被提升到一个新的高度，也使古典音乐元素焕发出新的活力，可谓古典音乐现代转型的一个成功范例。

除了流行乐坛刮起的复古风，古典风新音乐在当代艺术领域的另一个生长点就是古装影视作品和复古网络游戏的主题曲和背景音乐。由于一个发生在古代的故事不可能与现代音乐匹配，因此凡是复古的影视作品和网络游戏中的音乐都需要是古典的风格。同时，又由于这些古典风格的音乐是为了烘托影视作品和网络游戏的整体基调和氛围，因此它们需要创造一个更加唯美的、符合剧情的审美意境。也就是说，在这两类音乐中，意境审美的特征表现得更加明显。例如，1987版电视剧《红楼梦》的配乐就是在曹雪芹原著诗词的基础上谱写而成，《枉凝眉》《葬花吟》《秋窗风雨夕》《红豆曲》等音乐能够让观众的情感迅速融入剧情，深切体会这部中国古典文学巨著的悲剧之美。可以肯定的是，1987版《红楼梦》的配乐必定会在当代音乐史上留下浓墨重彩的一笔，而构成这一笔的一个关键因素正是古典悲剧音乐的意境之美。再如网络游戏《仙剑奇侠传》中的大量游戏配乐，同样追求意境审美的风格。鉴于纸面文字无法转化为入耳的音波，因此笔者在这里仅仅列出几首配乐的名字，如《云谷鹤峰》《似水无痕》《蝶恋》《小桥流水》《孤雀无栖》《回梦游仙》等，这些音乐，能让人体味到其中蕴含的唯美之风。

---

① 方文山：《青花瓷：隐藏在釉色里的文字秘密》，作家出版社2008年版，第3页。

四、中西合璧的交响

宋代苏轼曾作《题沈君琴》，其中有诗云："若言琴上有琴声，放在匣中何不鸣？若言声在指头上，何不于君指上听？"清代人王文诰辑注《苏轼诗集》时在这首诗后附上一条冯应榴的注："《楞严经》：譬如琴瑟、箜篌、琵琶，虽有妙音，若无妙指，终不能发。汝与众生，亦复如是。"[①]的确，"妙音"与"妙指"密不可分，但"妙音"不仅能出自"琴瑟"，还能发自小提琴；"妙指"不仅能弹奏"箜篌"和"琵琶"，还能作用于双簧管和长号。这种天然的相关性为中国古典音乐与西方交响乐器的结合提供了可能。2002 年，中国唱片总公司开始发行《中国管弦乐纪念名盘》系列，该系列共由 7 张唱片组成，分别是《华之韵》《红旗颂》《风之情》《龙之吟》《乡之情》《戏苑》和《嘎达梅林》。这些唱片由李德伦、袁方、韩中杰等人指挥，由中国中央交响乐团和中国广播艺术团交响乐团演奏，用西方交响乐的形式奏响了东方大地上传扬已久的"妙音"。

在《龙之吟》这张唱片中，共有《春江花月夜》《汉宫秋月》《闲居吟》《二泉映月》《渔舟唱晚》等 12 首曲子。在网络上，有人评论说这样的演奏形式"少了份闲适，多了份华丽"，笔者认为这样的评价是中肯的，因为"闲适"是创作者和欣赏者内心的一种体验，而"华丽"则是表现形式的变化，从用简单的管弦乐器演奏的古典音乐到用多样的交响乐器奏出的古典音乐，虽然基本的旋律没有改变，但是旋律和音符的表达方式却发生了重大变化。例如，阿炳在演奏《二泉映月》时所需要的乐器只有一把二胡，这把二胡与演奏者和欣赏者孤寂的情感和内心合二为一，流淌出中国古典音乐的独特魅力。然而，在《龙之吟》中收录的交响乐版《二泉映月》则运用了中西方的多种乐器，呈现出的音响效果也不再是那种独属于阿炳的孤寂和清冷；相反，初听起来还有几分轻松和愉悦。"中国古代艺术十分关注于内心……而音乐最初的功能之一就是'养心'。'心'在中国人的观念中不仅仅是一个人体器官，还是思维判断的'头脑'，是'气'汇聚之所，是理想形成之地，可以说是生命和精神的主宰和象征。"[②]从这个层面上讲，交响乐版的《二泉映月》无疑是削弱了"养心"的效果，但从另一个层面，也即传统艺术形式革新、传统艺术作品传承的层面来讲，这样的尝试未必是不可取的。更何况，我们依然能够从以交响乐的形式演奏出的《二泉映月》中领略到中国古典音乐的神韵。

在《戏苑》这张唱片中，共有《宝莲灯》《苦伶仃》《天仙配》《刘海砍樵》和《风云会》等 14 首传统戏曲选段。虽然演奏古典戏曲的旋律也需要动用各种各样的乐

---

① (清)王文诰辑注，孔凡礼点校：《苏轼诗集》，中华书局 1982 年版，第 2535 页。

② 周纪文：《艺术体认与中华民族精神的传承》，载《东岳论丛》2013 年第 7 期。

器，但这些乐器与交响乐器的不同还是非常明显的。从整体上来看，这样的演奏形式主要有正、反两方面的影响：一方面是以交响乐的形式再次整合了地方戏曲资源。这张唱片中的14首曲子节选自13个传统戏曲剧种。如：《宝莲灯》的旋律取自河北梆子，《苦伶仃》的旋律取自山西秧歌戏，《天仙配》《刘海砍樵》和《风云会》的旋律分别取自黄梅戏、花鼓戏和昆曲……将这些来自不同地域、拥有不同风格的戏曲片段集结起来，并用交响乐的形式演奏，无疑是有利于地方戏曲资源的整合和传承的。但是，这样的组织形式却又催生出反面的影响，即模糊了戏曲的地方特色。这样一种共性与个性的矛盾在传统艺术寻求现代变革的过程中时有发生，我们可以说这样的形式变革拔高了戏曲音乐的格调，为传统音乐与世界的对话提供了一个有效的平台；我们也可以说这样的形式变革淡化了戏曲音乐土生土长的"滋味"，从而丢失了它们原有的韵味。其实，一次次变革就好比是一次次阵痛，为了迎接新生命的诞生，阵痛是在所难免的，但问题的关键是，在阵痛之后我们能否得到一个充满生机、健康活泼的婴孩？

《礼记·乐记》有云："音之起，由人心生也。人心之动，物使之然也。感于物而动，故形于声。声相应，故生变。变成方，谓之音。比音而乐之，及干戚羽旄谓之乐。"这段古典乐论对"音"和"乐"起源的界定几乎适用于整个人类群体。在人类的历史上，音乐的出现是很早的事情，究其原因，还是由于"人心之动"的共通性。但在这种情感共通性的基础上，不同地域的人用音乐表现情感的手段却不一样；同一地域的人在不同的历史阶段用音乐表现情感的工具也不一样。在全球化的时代里，不同地域、不同时期的音乐之间的相互影响和相互借鉴也在同步进行。从这个意义上讲，无论是在东方还是西方，无论是在古代还是在现代，音乐演奏形式的不断转型和革新是一个必然的趋势。与西方一样，中国自古以来就不乏优秀的音乐基因，在建设有中国特色的当代审美文化的进程中，这份优秀的基因需要得到足够的重视和认真的培育。

第五节　古典书画的现代突破

中国古典书法与水墨画是中华传统文化和艺术中独有的元素，而正是由于传统性和独有性，它们在与外来文化接触时更容易产生矛盾和摩擦。古典书画在当代发生的变化是十分显著的，在这一过程中，"保守者往往把'传统'当成盾牌，而激进者又往往把‘传统’当成靶子”[①]。古典书画的传统是不是应该被突破？如果寻求突破的话，怎样突破才是合理的？如果不寻求突破，那么传统书画将在当代走向何方？其实，直接回答这些问题是有难度的，或者说无法给出客观而全面的答案，因为我们不可能脱离艺术实践来空谈艺术理论，而真正的答案还在那些已经进行或正在和即将进行的艺术尝试中。

一、书法艺术的现代尝试

进入当代，用毛笔写字似乎不再是一项实用的技术，而是慢慢地成了一门地地道道的艺术。实用性减弱、艺术性增强，是书法在当代发展的基本态势。尽管西方并没有与中国书法相对应的艺术门类，但书法艺术还是受到了西方文化艺术思潮的影响。与此同时，因为害怕自己成为落后和守旧的分子，很多艺术家求新求变的愿望十分迫切。在这内外两种因素的共同作用下，书法艺术，或者说是被部分人特意标榜的“艺术书法”开始不断进行新的尝试。

1985 年 10 月，中国现代书画学会成立，并在中国美术馆举行了首届现代书法作品展，这次展览的代表作品有苏元章的《朝发白帝城》、王乃壮的《一川烟雨》、黄苗子的《气象万千》、余琳和王方宇的《墨舞》等。书展共进行了 15 天，吸引了大量观众，也引起了艺术界的广泛关注。在次年举办的第二届现代书法作品展上，来自全国各个省份的作品也都参与其中，现代书法作品展的影响进一步扩大。然而，值得注意的两点是：第一，在现代书法作品展上展出的作品大都出自画家之手，而非书法家之手；第二，现代书展一开始轰轰烈烈，之后便归于平淡，发展的后劲明显不足。因此，我们必须反思：作为中国传统艺术形式的书法，如果一定要在新时代寻找“现代感”，应该从哪里着手呢？1985 年 10 月的这场“现代书法作品展”似乎并未跟上 4 月“青年美展”以理性与生命标榜的现代主义步伐。首先是在素材上没有现代感，气象万千、一川烟雨、墨舞、朝发白帝城、清凉自在、淡寂而居这些语词成为创作者作品形式与内容的轴心，内容明明白白地用文字表达出来，形式上又在努力迎合文字的含义，毫无隐藏，所以也毫无意蕴。陈振濂在他的《书法美学》中说，传统书法忽略汉字的音与义而钟情于汉字的形，有时为了保全形美还会故意造字，称为“繁则减除，疏当补续”，王羲之、虞世南、欧阳修都有过这样的情况，这叫作书法的“视觉选择”。这一观点在中国古代的书论中可以证实，从体赞到品赞，没有书论过分谈及作品的文字内容。而现代书法困于汉语的古典意义之美中无法自拔，既未继承传统书法的精髓，也没有现代

---

① 于明诠：《是与不是之间——书法传统的文化寻绎与当代述说》，山东人民出版社 2007 年版，第 11 页。

性的尝试。像《一川烟雨》和《气象万千》这样的作品都在试图还原汉字的象形意义，将字画杂糅。笔者认为，这种方式并不比传统书法进步。传统书法强调的字形美侧重于线条和笔墨的表现力，而现代书法侧重于对汉字的象形解读，大大缩小了作品的想象空间。其实，现代书法作品展的尝试是与“85 新潮美术”相关联的，而被称为“85 新潮美术”领军人物的高明璐在接受采访时说：“80 年代的艺术家与西方的对话不是在展览和艺术市场层面上，而是在抽象的哲学层面上，许多西方现代和后现代的哲学家如尼采、萨特、海德格尔都译成中文，影响了当时的大学生和艺术青年。几乎所有的群体都在讨论文化和哲学，讨论人性的问题。群体的功能之一就是交流读书体会。所以，“85 新潮美术”运动的艺术家表现出人文热情。”这些中青年美术创作者一方面受到西方艺术形式的冲击，觉察到了中西艺术的差异；另一方面他们又无暇顾及本土艺术的可塑性，把所有的注意力都向新事物倾斜，不断进行新鲜的尝试并乐此不疲。最终，他们将绘画领域的尝试推向了书法领域，促成了当代艺术史上这一重要事件的发生。

八年之后，“书法主义”突然崛起，它不再像“85 新潮美术”那样追求理性、强调艺术自律，而是像后现代那样强调解构与综合。正如刘宗超评价的那样：“‘书法主义’实际上是一次充满目的预定的成功文化企划活动，是可资运作操纵的行为结果。也就是说，‘书法主义’是一个后现代色彩极为浓郁的、充满了预谋颠覆性质的活动。”[①]如果说这样的评价过于苛刻，那么就让我们看一下曾经发表《书法主义宣言》的洛齐本人是如何说的。在《书法与当代艺术》的后记中，洛齐写道：“1988 年前后，我已经很少考虑美术创作的问题，那时候满脑子里想的是出国。……有一天，我给白砥打电话，请他过我这边来吃饭……在聊天中我对他说，想做一个与‘书法’有关的‘当代艺术’展览，如果搞，大家一起玩，他说行。……原定展览在 1992 年初，老邢来电话催要参展作品，住音乐学院什么创作工具也没有，记得我从《音乐艺术》编辑部找来一大堆报纸，买了一把大排笔，就用星光墨水，在‘矮平房’前的草坪上干完了六件大‘作品’，也没有装裱，请朋友拍照，寄给山东的书法家邵岩……出乎意外的是，当时有人告诉我《书法报》刊登了 1993 年度中国书坛十大新闻中有‘93 中国书法主义展事件’。这确实给予我很大的鼓舞，自此我‘走火入魔’，开始迷入歧途。”[②]洛齐的坦率让人印象深刻，而他说出的事实却让人有些震惊：书法主义竟然是“大家一起玩”出来的艺术事件。

那么洛齐到底“玩儿”出了什么新观念和新作品呢？他的艺术主张和西方后

① 刘宗超：《中国书法现代创变理路之反思》，江西美术出版社 2008 年版，第 184 页。

② 洛齐编：《书法与当代艺术——世纪末的最后碰撞》，中国美术学院出版社 2001 年版，第 217～219 页。

现代艺术的主张一致：挪用、拼贴、综合、抽象、现成品化。他的作品的确是这样，但笔者认为，他的这种做法从方式到主题都算不上原创，形式上的稍加改动并不能保持长久的吸引力。像《〈兰亭序〉与〈林迪斯福音书〉》这样的拼贴作品在很多展览中都会出现，这个主题也没有多少重复的价值。东西方文化的比较已经持续了很长时间，因此这类作品只是作为"类"出现，彼此之间没有太大的差异性，最终，反映在艺术家身上就是艺术家的眼光不够敏锐。至此我们可以发现，对后现代艺术来说，最忌讳的就是模仿，因为被模仿的第一件作品便是意义大于形式，如果再有人模仿复制了它的形式，那么同时被复制的还有它所携带的意义，而这层意义在第一件作品中已经得到明确、充分的彰显，因此对于艺术界来说，这样的模仿是没有什么价值的。如果说这是一个意义大于形式的艺术时代，那么更需要艺术创作者付出大量脑力劳动，而不是去亦步亦趋地模仿别人的"形式"。

除了上述两个比较有影响的运动以外，还有很多和现代书法尝试有关的事件和人物，我们不再一一提及，因为笔者尚不能把握在这些尝试中真正有价值的东西到底有多少。同时，我们也不能对他们进行彻底的否定，他们"实质上无非是一种'探索'书风，既不像某些人所骂的那么'坏'，似乎成了当下书坛的洪水猛兽；自然也不会完美无缺，探索总是需要漫长的过程的"[①]。但在这里，笔者可以肯定的是，当代书法的这些尝试与西方现代哲学思潮和艺术思潮有着紧密的联系，当事人大多是在强调思想和形式，却将与古典书法艺术水乳交融的情感抛在脑后，而这恰恰是这些书法运动最终落寞收场的最根本的原因。好在他们并未对坚守传统书法的艺术家和传统的书法艺术造成实质性的颠覆，也没有阻碍真正的书法艺术走出国门，影响世界。当代的中国已经不是那个处处忍辱负重的中国，而是一个越来越自信、越来越珍视自身文化的中国，在这样的时代背景下，传统书法这种独特的中国艺术没有必要再像之前那样习惯性地向西方靠拢，因为西方文化和艺术不太可能给出地道的解决方案。相反，应该从内部寻找扩大影响的潜质和实行变革的动力，让中华文化中这门古老而独特的艺术重现昔日的风采。

二、水墨丹青的现代描绘

早在 1917 年，康有为就在《〈万木草堂藏画目〉序》中说："中国国画，至国朝而衰敝极矣；岂止衰敝，至今郡邑无闻画人者。其遗馀二三名宿，摹写四王、二石之糟粕，枯笔数笔，味同嚼蜡，岂复能传后，以与今欧美、日本竞胜哉？……如仍

---

① 于明诠：《是与不是之间——书法传统的文化寻绎与当代述说》，第 259 页。

守旧不变，则中国画学应遂灭绝。国人岂无英绝之士应运而兴，合中西而为画学新纪元者，其在今乎？吾斯望之。”[①]现在看来，国画被康氏如此评价，实在是有些冤枉，即使是变革心切，也没有必要因为经济、军事实力落后而迁怒于本民族的艺术。但是，当时否定国画的还不止康有为一家，原因似乎也并不难找，因为在强大的西方有一门叫“油画”的艺术与“水墨画”遥相呼应，像其他艺术门类一样，水墨画也不得不默默地向西方低头了。时至当代，“低头”的问题似乎不再存在了，取而代之的是“学习”和“交流”，传统的水墨画开始尝试着在当代焕发新一轮的生机。

如果我们将当代的“学习”和“交流”看作是近代“低头”的延续的话，很多人是不能接受的，因为“低头”是被迫的，而“学习”“交流”是主动的。但不管措辞上如何纠缠，都改变不了当代水墨画实践深受西方思想、文化和艺术影响的这一事实。“西方现代艺术所体现的价值观，如强调艺术的纯粹性，追求自我、主观、直觉和潜意识的表现，在当时已被许多青年艺术家所接受，加上认为西方现代艺术在扩大新的审美领域，传播现代观念，启迪新的思维方式，鼓励创造精神，革新民族意识等方面具有重大的现实意义，于是，西方现代艺术就成了许多青年艺术家的必然参照物。”[②]就这样，青年艺术家们将西方的艺术观念移植到中国传统的水墨画当中，出现了很多“现代水墨画”。我们知道，传统水墨画讲究写意和风神，简单勾勒，却又气象万千，其中体现的是典雅的文人气质和淡然的生活姿态。这类带有明显古典精神的创作态度在今天的社会环境中很难得到培育，因此传统水墨画向现代水墨画的转变也在所难免。但与书法相比，年轻艺术家们在水墨画上的创新不但没有带来太多让人诟病的作品，反而给人一种眼前一亮的感觉，例如《卜卜口钓鱼》和《水墨画赫本》。《卜卜口钓鱼》的作者据笔者判断是白晟玮，作画的时间是 2015 年 2 月 22 日。这幅现代水墨画以柳宗元的那首《江雪》为背景，只不过，“独钓寒江雪”的不是头戴斗笠的渔翁，而是竖着两只大耳朵的龙猫。就目前来看，这幅画的作者也并不是什么名家，但并不影响它对现代人所造成的视觉冲击。不可否认的是，当代卡通形象的介入带来了古典诗画之意境美的缺失，但从建构当代审美文化的视角来看，这不失为一次有意义的尝试。与《卜卜口钓鱼》相比，《水墨画赫本》只是借助了传统水墨画的创作工具，所表现的人物形象则完全是一位西方的电影明星——奥黛丽・赫本。这位以美貌惊艳世人的女性于 1993 年去世，我们时常可以在电视和网络上看到她年轻时的照片和影像资料，但以水墨画的形式来留住她青春和容颜的做法还是让人眼前一亮。

---

① 康有为著，乔继堂选编：《康有为散文》，上海科学技术文献出版社 2013 年版，第 242 页。

② 鲁虹：《现代水墨二十年》，湖南美术出版社 2002 年版，第 43 页。

这位身着敞裙、摆出各种造型的西方女子在中国传统水墨的描绘下依然楚楚动人，而且略微显现出一丝东方之美。

与此同时，部分老一辈的画家也积极地投身其中，试图为古典水墨画找到一条新出路，其中最引人注目的当属吴冠中。吴冠中早年留学法国，回国后又经历了六七十年代的动乱，但他早年确立的融合中西方绘画的目标并未动摇，“20 世纪 70 年代中期以来，吴冠中开始了水墨的尝试，他将油画民族化和水墨画现代化看作一个问题的两个方面，这种水墨与油彩间的双向移植使他的绘画风格日臻成熟”[①]。简言之，他的创作手法就是将油画的手段移植到水墨画里，同时，将水墨画的手段移植到油画里。例如，他分别于 1977 年和 1978 年创作了两幅题为《鲁迅故乡》的油画，又于 1979 年创作了墨彩画《鲁迅故居百草园》。关于这一主题的创作背景，吴冠中写到：“我生长在宜兴农村，小桥流水人家，童年并未觉得她有什么特色。是读了鲁迅以江南农村为背景的小说，才深深感受到水乡风物和江南人家的亲切。于是一趟一趟去绍兴，直至安桥头和皇甫庄，画过许多幅鲁迅故乡，甚至画了自己的家乡，也名为鲁迅乡土。”[②]其实，吴冠中这种对故乡的热爱和眷恋之情与大多数中国人和中国画家是一样的，但他却以与别人不一样的方式将这种感情表现了出来。这三幅画作都是以描绘建筑和风景为主，但却分别用了油画和水墨画两种方式，尤其是第三幅，画面右侧的树叶和花草采用了油画的处理方式，而余下三分之二的画面用水墨的处理方式来描绘地面、围墙和远处的两棵大树。在这幅画中，既有西方油画的绚丽多彩，又有传统水墨画的清幽雅韵，其间所蕴含的强大的艺术张力和表现力是不言而喻的。再如他创作于 1999 年的《观瀑》，整幅作品由或圆或方、或深或浅的墨块和或粗或细、或长或短的线条组成，而没有古典水墨中那类飞流直下的景观和牧童、水牛、长者的人物形象，乍一看，其抽象化和零碎化与西方的现代、后现代艺术颇为相似。吴冠中自己对这幅画的解释是：“我国传统山水画几乎每幅中都有瀑布，瀑布奔泻，一个老人携杖或背手来观瀑，作者往往自题曰观瀑图。李可染也常画牧童骑牛观看瀑布，牧童的兴趣自然不同于老儒，但也观瀑。深暗的山石从林间，白练飞来，那垂挂的或曲折奔流的白色的游动之线成了画面最活跃的命脉，也正是这黑、白对照，块、线对照，动、静对照的造型因素吸引画家，启发画意。但画面之成败主要依靠整体结构，单凭一线瀑布点缀救不了千千万万平庸的山水画。”[③]而他对自己这幅画的鉴赏词是：“观瀑，看跌水，看宁静的水遭难了，从高处猛跌下来，实

① 贾明玉编：《吴冠中文集》，山东美术出版社 2011 年版，第 1 页。

② 吴冠中：《文心画眼》，团结出版社 2008 年版，第 66 页。

③ 吴冠中：《文心画眼》，第 76 页。

质上人们潜意识中有隔岸观火的心态，在保得自身安全的前提下观看灾祸，当然，更明显的感受还是欣赏勇猛，崇尚壮美，所以大家涌向钱塘江观潮。”[①]我们发现，这段话中出现的“潜意识”“崇高”等词汇都是西方哲学、美学的话语，虽然他在用中国传统的水墨作画，但是他作画的切入点以及他对这幅画的理解都有明显的西方印记。因此，我们也不难理解他在绘画理论上的诸多言论。1979年，他发表了《绘画的形式美》一文，引发了艺术界和理论界长达四年的讨论。1992年，他又在香港的《明报》上发表了一篇不足千字的小文章——《笔墨等于零》，提出了“脱离了具体画面的孤立的笔墨，其价值等于零，正如未塑造形象的泥巴，其价值等于零”[②]的观点。五年之后，这篇文章被《中国文化报》转载，随即引起巨大的争论，成为当代绘画界的一件大事。在这场论争中，既有客观的评述，也有建立在对这一理论的误解基础上的反驳。这里需要特别反思的是，一篇不足千字的文章怎么会引来那么多、那么大的误读？现在看来，那些误读大多属于“选择性误读”，因为这场关于“笔墨是否等于零”的讨论，名为“笔墨”之争，实为“新旧”之别。吴冠中在文中说：“笔墨只是奴才，它绝对奴役于作者思想情绪的表达，情思在发展，作为奴才的笔墨手法永远跟着变换形态，无从考虑将呈现何种体态风貌。也许将被咒骂失去了笔墨，其实失去的只是笔墨的旧时形式，真正该反思的应是作品的整体形态及其内涵是否反映了新的时代风貌。”[③]从这段话中我们可以看出，吴冠中的最终落脚点在于“新的时代风貌”，而要创造出新的时代风貌，突破传统，突破“笔墨的旧时形式”是必然的选择。吴冠中是这么说的，也是这么做的，而他的此言此行是与坚守传统水墨画的艺术家双向对立的，因此，一场争论在所难免。

其实，传统水墨画绝不仅仅是笔、墨、纸、砚、技法那样简单，它们默默承载了中华民族的古典艺术精神，在当时，它们展现的也是“新的时代风貌”。按照历史的推衍规律来说，时代变了，思想价值更新了，时代风貌自然也就变了，水墨画所展示的内容以及展示的方式也会随之发生改变。但问题的关键在于，当代思想价值和时代风貌的改变动力不仅仅来自中华文化的自我反思和革新，还来自于外来文化的渗透和感染。时代留给我们的问题是：传统水墨画这一本民族自有的艺术是不是真的需要外来艺术的介入？推而广之，中华民族自有的艺术是不是真的需要与西方艺术接轨才能得到传承和弘扬？是耶非耶，还需等待时间的检验。

---

① 吴冠中：《文心画眼》，第77页。

② 贾明玉编：《吴冠中文集》，第66页。

③ 贾明玉编：《吴冠中文集》，第65页。

第五章
传统文化观念的现代阐释

文化观念，是一种文化最为核心的力量，也是其最深刻和最根本的构成。审美文化的建构离不开传统的文化观念，当代的审美文化实践更是在不遗余力地对传统的核心文化观念进行阐释，这种现代阐释最能深刻地体现民族文化观念的觉醒。在诸多文化观念中，国家观念是其中尤为重要的，而建立在国家观念之上的民族价值体系也成了当代审美文化实践中不可缺少的一股力量。文化观念和民族价值体系并非一成不变，它们随着社会文化的发展而变化，以不断适应新的社会经济和生活的需求，但是，正如文化遗产、传统艺术在文化生活中的重要性一样，传统的核心文化观念始终存在于新近产生的文化观念和价值体系中。对传统核心文化观念的固守，是民族文化、民族认同的深刻觉醒，并在一定程度上加大了文化的识别性和竞争力；而对其进行现代阐释和发展延伸，则是推动其在经济全球化的发展趋势下实现多元文化的有机统一。归根到底，这一切最终是为了在精神层面上推动国家民族的整体进步和发展。

继承和发展，是辩证统一的双方，因此在具体的文化实践中也会有大量的成就和问题。通过系统地梳理传统核心文化观念的历史形成与民族价值体系的构成演变，我们可以对传统文化观念建立一定的认识，之后我们将分别探讨几个核心文化观念在当代审美文化实践中所取得的成就和面临的问题，以此来窥探传统文化观念在现代阐释中的现状。如何在当代的审美实践中对传统文化观念进行正确、合理、深入、创新的现代阐释，是建设社会主义文化强国、实现文化大发展大繁荣不可回避的重要问题。

第一节　儒家人文观念的现代阐释

文化植根于社会的政治经济之上，并深受其影响，因此，文化观念也并非是单一和一成不变的。社会从原始社会、封建社会到近代、当代发生了巨大的变化，经历了几次转型，与之伴生的是文化的转型及文化观念的转变。此外，因其与社会政治经济的密切联系，不同的时代都会有占据核心地位并影响深远的文化，因此，我们在梳理过程中也会集中于核心的文化观念，而社会的核心价值观就植根于这些核心文化观念之上。从历史的变化更迭中，我们可以看到人文观念在不断地丰富、完善。

在原始社会，无论是文化还是审美都处于萌动的阶段，生活和经济的需求尚未得到满足，因此人们畏惧天和自然，寄托于天的巫术文化更多的是求生的需求，文化自觉意识尚未形成。封建社会时期，国家政权不断更迭，民族分立，因此文化观念也是纷繁多样。因此，我们的考察将从封建社会开始。我国在春秋战国时期涌现了大量的文化观念，诸子百家各有拥趸，而这些文化观也成了日后社会文化观念的基础，并被不断发展。在其中，最为重要、影响最为深远的便是儒家的人文观念和道家的自然观念。儒家的"天人合一""仁"的思想，以及"仁、义、礼、智、信"的价值观念自孔子时代开始，影响了整个封建社会。汉代的"纲常"、隋唐的"万善"、宋元的"天理"、明清的"致良知""格物"乃至近代的"新儒家"都是在儒学基础之上作出的阐释。近代中国经历了历史上的一次重大转型，戊戌变法、洋务运动开始了西学东渐的历程，而新文化运动则提出了"民主""科学"的口号，并使之深入人心，为核心文化观念注入了新的内容，西方的"人权""自由""平等"和"博爱"的文化观念开始影响中国。但是，新观念的产生并不意味着儒家、道家的文化观念被替代，而是更加凸显了其重要性。孙中山指出："讲到中国固有的道德，中国人至今不能忘记的，首是忠孝，次是仁爱，其次是信义，其次是和平。"[①]也就是说，中国的文化观念依旧是儒家文化的内核，只是试图对其进行现代阐释，并与新的文化观念相融合。其中，最引人注目的便是新儒家，以梁漱溟、熊十力、冯友兰等为代表的学者面对扑面而来的西方文化和观念，坚持挖掘本土儒家文化的内涵，并对儒、释、道文化进行新的阐释，同时也试图将其与西方哲学相融合。其中的问题暂且不论，其初衷和对传统文化观念的促进和发展是不容忽视的。

---

① 孙中山：《三民主义》，九州出版社 2011 年版，第 53 页。

儒家人文观念无疑在传统核心文化中占据着异常显著的位置，且影响至深。总体来说，儒家人文观念主要体现在重“仁”的道德修养之上，即人本精神、入世品格，以及自强不息、厚德载物的精神。无论是中华民族的传统美德还是民族精神，抑或是社会主义核心价值观，都在积极倡导儒家的人文观念。政策、概念和价值观的推动固然是其现代阐释的结果，但是审美文化实践则是对儒家人文观念更为直接有力的阐释方式。

传统文化历史悠久，成果颇丰，因此无论是文化内核还是题材，都为当代的文化作品和审美文化实践提供了大量的资源。对文化观念的现代阐释方式与对文化资源的利用方式不尽相同，事实上，对文化观念的阐释难度相对较大：既要正确理解、阐释其内核，又不能目的性太明显而丧失了审美艺术价值，沦为单纯的说教。因此，对文化观念的现代阐释所面临的挑战和产生的问题也较多，当然，成果也很突出。结合审美价值的现代文化实践，对儒家人文观念的阐释方式大致可以分为以下几种：

第一，在题材的选择上，选择那些本身就包含着厚重人文精神的历史故事和现实事件作为题材。在漫长的历史发展过程中，很多经典的、为人所熟知的历史故事本身就蕴含了鲜明的文化观念，因此，以其作为题材进行再创造，无论是采用何种形式，其中所蕴含的文化观念已经明了且鲜明。具体分为两类：一类是历史故事，如赵氏孤儿、花木兰等；另一类则是现实事件，如唐山大地震。

我们先来看第一类。赵氏孤儿这个故事本身就蕴含了浓重的道义、诚信、忠义精神在其中，因此无论是陈凯歌的电影《赵氏孤儿》，还是2013年由吴秀波、孙淳主演的电视剧《赵氏孤儿案》，都通过题材的选择框定了其本身的价值导向。尽管陈凯歌的电影在情节安排和故事设计以及审美层面是一个失败的案例，但他也在不经意间对这个题材自身的文化观念进行了阐释。相比之下，花木兰就更为明显了，无论是电影动画片《花木兰》，还是电视剧《花木兰传奇》，都在阐释一种爱国主义的民族精神，体现了儒家心怀天下的忧患意识和入世品格。因此，哪怕是《花木兰传奇》中将花木兰设定为“天下第一秀女”，并安排她与柔然王子有了一段曲折的爱情，但是无论是何种身份何种故事，花木兰仍旧是那个在国难当头之际挺身而出、替父从军、忠孝两全的道德模范。

再来看第二类。现实事件是能在短时间内吸引较多观众，并能引发诸多共鸣，同时导向也异常鲜明的题材。例如电影《唐山大地震》，尽管其故事的核心和所要表达的内容与其题材所展现的并不相同，但是仍然不影响其题材本身巨大的感召力。作为灾难，唐山大地震让人们回忆起了2008年的汶川地震，而其上映又是在玉树地震之后，于是团结一心、众志成城、一方有难、八方支援的传统文化观念在瞬间便凝固到了人们的心中。红遍一时的电影《老男孩》，更是切入普通人的命脉，将遗憾、错过、坚持理想、坚忍不拔统统纳入其中，令无数观众心有戚戚焉。

但是，不可否认的是，这种题材的选择给了创作者们极为狭小的阐释空间，因为题材本身的价值观念已经十分明显，观众的代入感极为强大，在阐释的同时既要避免简单重复，又不能天马行空，否则动辄就会落入和电影《赵氏孤儿》一样的困境。因此，通过题材选择进行的阐释，更多的是传承和彰显。

第二，在情节安排上，适应中国人的心理接受模式。经由世世代代的发展，传统文化观念已经深入国人的灵魂。李泽厚也提出了这种广义的文化积淀过程："广义的积淀指所有由理性化为感性、由社会化为个体，由历史化为心理的建构形成，它可以包括理性的内化（智力结构）、凝聚（意志结构）等。"[①]因此，尽管个体的成长经验和生命历程千差万别，但是都有着一定文化系统中稳定的文化认同和接受模式。而这，就儒家文化观念来说，除去了厚重的道德规范和宏大的爱国主义、忠义等大的价值导向，而将焦点投注在普通人的真实生活上，反映现实、热爱生活、给人以关怀和温暖，这便是时下儒家人文观念的呈现——人文情怀。

这方面典型的代表是冯小刚的电影。无论是讲述小偷浪子回头的《天下无贼》，还是表现男人中年婚姻爱情危机的《一声叹息》，抑或是带有喜剧色彩的白领爱情影片《非诚勿扰》，都是在讲述小人物的故事，通过其中人性的善恶交杂的选择，发掘出那些平凡生命在遭遇生活中的无可避免的困境、危机时所表现出来的温暖，以及闪闪发光的人性。即便是战争题材的《集结号》和灾难题材的《唐山大地震》，也都没有采用通常的视觉冲击模式或宏大的叙事，而仍旧是将关注点投置到了小人物的身上。《集结号》中那些牺牲的无名战士、《唐山大地震》中作出艰难选择的母亲，还有遭受重创、感受温暖又最终选择原谅的女儿，都在不知不觉中打动了人的心。大众对于《唐山大地震》的期待似乎是其中几近逼真的地震场面和众志成城的动人力量，但观看的却是一个充满伤痛但又无限温暖的故事：被迫舍弃女儿的母亲灾难过后坚守着自己的丈夫和女儿，不愿离开家；方登的养父面对自我封闭的女儿始终如一地关心和爱护；遭受难以磨灭的伤痛的方登在未婚怀孕之后坚持留下自己的孩子，保护这个生命，而在汶川地震之时她和家人的重逢，又将多年的心结化解，选择了原谅……这其中所传递的温暖和亲情，正是儒家人文观念在当代的最好诠释。

无论故事多么曲折、痛苦不堪，其过程总是在兜回纠结中向好的一面发展，而最终的结局尽管也有痛苦和无奈，却在精神上实现了完满，这就适应了中国人的心理接受模式。有人将这种模式定义为"亲民审美"，即"倾向于广义的为人民

---

① 李泽厚：《美学三书》，安徽文艺出版社 1998 年版，第 595 页。

服务的电影艺术美学情趣，包含了以关切真实、以人为本、热爱民众、温暖生命等为起点和目标的电影艺术原初意义”[①]。

除了以上两种模式，还有一种更为直接的阐释方式，即直接的价值观宣传和引导。既然核心价值观和文化观念对于民族的发展和社会的文化建设起着尤为重要的作用，那么在审美文化实践创造中也需要直接的文化观念的阐释和宣传引导，以传递正能量。这种阐释方式直接将核心文化观念提出，或用典型人物的事例来进行阐释，或者通过语言、文字以及事件来发挥影响。

2002年，中央电视台打造了《感动中国》栏目，评选年度震撼人心的人物，由观众投票进行推选；而在颁奖礼上，不仅介绍获奖人物的事迹，还借推选委员会的推选意见和颁奖词的形式，将其所体现的价值观和文化观念总结概括了出来，既动人又起到了引导和教育作用。例如2005年感动中国的获奖者陈健，他在黑龙江插队时与知青金训华一起跳入洪水中抢救国家财产，金训华救了他，但自己却壮烈牺牲。为了感恩，陈健留在了黑龙江，为金训华守了36年墓。《感动中国》给陈健的颁奖词这样写道：“一个生者对死者的承诺，只是良心的自我约束，但是他却为此坚守37年，放弃了梦想、幸福和骨肉亲情。淡去火红的时代背景，他身上有古典意识的风范。无论在哪个年代，坚守承诺始终是支撑人性的基石，对人如此，对一个民族更是如此。”这就彰显了信守承诺的优良传统。

除此之外，大量流行语的走红也成了传统价值观念宣传的助力。2010年，“给力”成为网络热门词汇，而在《人民日报》文章标题中的出现，更是迎合了大众的现实生活和语言习惯。2012年，在奥运火炬传递期间被微博广泛运用的“正能量”一词很快走红，出现在生活、传媒的各个方面，给民众以激励。此外，一系列“最美妈妈”“最美女教师”“最美司机”等的出现，都在一定程度上宣传并弘扬了积极进取、承担社会责任、关怀他人、重视自我道德修养等传统儒家人文观念。

当然，既然是阐释，就会有曲解和误读的存在。在对儒家核心文化进行阐释的过程中也出现了一些问题，具体表现在以下三个方面：

首先是西体中用。全球化时代，外来文化不断引入，各种文化形式也纷至沓来，由于自身创造乏力而直接拿来的情况多有存在。就文化观念层面而言，新儒家致力于对儒家文化的弘扬，但是其在阐释儒家文化的过程中却借助了西方的哲学体系，如牟宗三在对儒学观念进行阐释的过程中就借助了康德道德哲学的体系，这种西体中用看上去为其增加了体系化、逻辑化的层面，实则两者之间有很大差别，问题多多。而在文化实践层面，这种情况就更为明显了：综艺节目作为休闲娱乐的方式本身是一种符合人们生活需要的文化实践，但是纵观国内的

---

① 江凌：《消费主义语境下中国电影“亲民审美”的价值影响力》，载《当代文坛》2013年第2期。

各档节目，无论是《中国好声音》，还是《爸爸去哪儿》，甚至是《舌尖上的中国》，不是直接购买国外电视节目的版权，就是直接借用国外节目的创意和方式，虽然也得到了大量观众的支持，但是这种简单照搬、拿来即用的方式却减少了其本该具有的文化内涵。文化实践是植根于民族文化土壤之上的，其从内容到形式都体现了本民族的文化内核和精神，直接拿来的方式虽然在综艺层面来看是成功的，但是其背后的问题也不容忽视。《爸爸去哪儿》是韩国的节目，中韩的文化在很大程度上是趋同的，因此问题还不是太大，但需要注意的是，韩国的娱乐文化是远远超过中国的。中国人，无论是明星还是普通人，都在儒家文化的浸润下秉承着中庸、谦恭的为人处世方式，而在公共场合、镜头前是很难真正放开、表现自己或者具有娱乐精神的，因此，镜头下的爸爸们的表现多少都有些表演的成分。而《中国好声音》本应是激励年轻人实现梦想、展示自己的节目，但是却因为过分重视比赛制度和情感把握而出现了大量的煽情故事；同时，诸多专业歌手的加盟，对于高音大嗓门的表演效果的过度追求和掌控，反倒让“好声音”成为了其次。总的来说，“西体中用”虽然在一定程度上丰富了文化实践，但是其在对人文观念的阐释上却显得乏力。

其次是过度阐释，肆意添加，对于传统文化观念的曲解始终存在。影响至深的儒家人文观念因为有着广泛的群众基础和明确的价值取向，故一直以来都是巨大的资源库，被文艺创作者们不断地开掘和运用，但是却不乏阐释过度或曲解的情况。其原因有二：一是对传统文化观念的认识理解不正确、不深刻。阐释者们只看到了商业价值，宁愿花大力气、大价钱营造声势，也不肯真正静下心来仔细研读、揣摩经典文化观念的真正含义。因此，在作品中所呈现的不是自己一知半解的理解，就是不辨真伪，把别人的阐释直接拿来就用，因此错讹、误读、曲解大量存在。二是文化的娱乐化倾向明显，市场化导向使得文艺作品也不得不迎合大众的审美趣味，为此无论是什么样的题材都拿来肆意添加、虚构。尽管说文艺作品源于生活又要高于生活，而虚构也是文艺作品的艺术性的重要组成部分，但是没有根据、不尊重基本事实的虚构最后只能是无稽之谈，贻笑大方。电影《孔子》的失败就很好地说明了这两点。将孔子的事迹拍成电影，其本义自然是对儒家文化的致敬和弘扬，但事实却并非如此。电影《孔子》从开始造势的万众瞩目，到最后的骂声一片，是其对核心文化观念进行曲解的直接后果。电影无法全景展示孔子的一生，但是其选取的几个政治事件却与孔子在中国文化史上的真正意义无关。“孔子为中国历史上第一大圣人。……在此五千多年，中国历史进程之指示，中华文化理想之建立，具有最深影响最大贡献者，殆无人堪与孔子相比伦。”[①]作为一部历史题材的电影，其基本史实出错之处不下七八处，也没有突出其在思想、教育上的意义。更为重要的是，电影将他人对孔子的错误解读作为孔子的思想进行了表现。电影中弟子颜回跟孔子说：“您曾经跟我们说过，如果人不能改变世界，那应该改变自己的内心。”而事实上，这是于丹的话。[②] 实际上，孔子所教导学生的是“知其不可为而为之”的坚守理想、积极入世的精神。“子见南子”更是为了迎合大众而刻画得暧昧无限。因此，在对传统文化观念的阐释过程中，在尊重事实和原本含义基础之上的创作才是可行之路。

那么，究竟如何才能够实现儒家传统文化观念在当代的正确阐释？习近平总书记在文艺座谈会上的讲话为我们指明了道路。他指出：“文艺工作者要自觉坚守艺术理想，不断提高学养、涵养、修养，加强思想积累、知识储备、文化修养、艺术训练，认真严肃地考虑作品的社会效果，讲品位、重艺德，为历史存正气，为世人弘美德，努力以高尚的职业操守、良好的社会形象、文质兼美的优秀作品赢得人民喜爱和欢迎。”这就把创作者自身的素养提到了首位，即需要对传统文化的核心观念和价值导向有一个清醒明确的认识。

习近平总书记还认为：“一部好的作品，应该是把社会效益放在首位，同时也应该是社会效益和经济效益相统一的作品。文艺不能当市场的奴隶，不要沾满了铜臭气。”[③]“优秀的文艺作品，最好是既能在思想上、艺术上取得成功，又能在市场上受到欢迎。”[④]传统观念的现代阐释不可避免地要面对当下的社会生活、文化走向及大众的需求，因此，实现社会效益和经济效益、精神和市场和谐统一，才是良性发展的必由之路。

第二节　道家自然观念的现代阐释

除了儒家的人文观念，在中华民族传统核心文化观念和价值体系中，还有一种文化观念有着深远的影响，那就是道家的自然观念。中国文化对人的设计分为两个层面，即“身”和“心”，在文化表层结构上，分别对应着道家和儒家。“中国人的精神状态由身散发出去的心之活动，克服人我界限的‘由吾之身，及人之身’的心意感通。”[⑤]在人我关系中，儒家所侧重的是人与他人、与社会的关系，而道

① 钱穆：《孔子传》，三联书店 2009 年版，序言。

② 曾振宇：《文化认同与文化产业化》，载《山东社会科学》2010 年第 10 期。

③ 习近平主席在 2014 年 10 月 15 日在北京主持召开的文艺工作座谈会上的讲话。

④ 习近平主席在 2014 年 10 月 15 日在北京主持召开的文艺工作座谈会上的讲话。

⑤ 孙隆基：《中国文化的深层结构》，广西师大出版社 2011 年版，第 30 页。

家所重视的则是人与自然、天地外物的关系。因此，在道家的文化体系中，自然观念是极为重要的内核。“道的自然无为的本性彰显为天地万物最高形态的大美，人应超越物质的我、欲望的我，回归自然、基于自然，指向自由。”道家的自然观念主要体现在以下几个方面：第一，顺其自然；第二，就人性而言，自然之道体现为去伪存真，回归天然本性；第三，在艺术实践中表现为“技进乎道”，实践顺道而行，从而超越技术的物质性、功利性而进入自由境界。[①]

道家的这种自然观念不仅影响了文学艺术作品的创作，在现代生活中更导向了一种审美化的生存状态。所谓审美化生存，是以审美的态度来面对生活，用审美的精神去感受、体验人生，并以此来实现人的自由，感受存在的意义。韦尔施对当代的审美化进行了深度解读。他认为：审美化包括“日常生活表层的审美化、技术和传媒对我们物质和社会现实的审美化，以及深入的我们生活实践态度和道德方向的审美化”[②]。表层的审美化即将审美日常生活化，并且无论是在艺术创作还是在社会生活中都运用自然的元素，遵循自然的规律和法则。自然一直是人们生活和存在的源泉，因此无论是撷取自然中存在的资源、面貌投入生活，还是高高在上的艺术作品向自然致敬，都在无形中将自然的观念融于生活。建筑材料中原木的纹理、色泽受到推崇，因为人们似乎厌倦了精细而繁复的设计，而将自然移入家中。

相比于表层的审美化，更为重要的是深层的审美化状态，即在观念和生活方式上的改变。道家的自然、自由观念改变了当代人的生存状态，并为其更好地发展提供了一条救赎之路，具体表现在以下几个方面：

首先是生态、环保观念的深入。社会经济发展到一定阶段之后，工业文明不惜一切代价的经济增长模式弊端尽现，人们开始在更深层的意义上思考自己的生存，反思自己在自然中的位置。当自然灾害一次次出现，地震、海啸、雾霾等威胁、危害人们的生命时，生态和环保的观念开始受到人们的重视。这一点，仅从学术理论界的研究动向即可看出。环境美学和生态美学的诞生及其广泛影响，便是生态、环保意识的投射，当然也在推动着现实生活中对生态的重视。环境美学探讨了对自然的审美模式、如何对自然环境进行审美以及环境对人的作用；而生态美学则是将人置于与周围的事物构成关系性的生存状态之中，“部分地对自然进行返魅，恢复自然潜在的神圣性、神秘性与潜在的审美性，坚持人在天人之际的世界中获得吉庆安康的价值论关系”[③]。在具体的实践中，则有大量包含着

---

① 参见李泽厚、刘纲纪主编：《中国美学史》，中国社会科学出版社 1984 年版。

② [德]沃尔夫冈·韦尔施：《重构美学》，陆扬、张岩冰译，上海译文出版社 2006 年版，第 33 页。

③ 曾繁仁：《生态美学导论》，商务印书馆 2010 年版，第 288 页。

环保观念的行动存在。比如，利用废弃物品制作的艺术品、家居摆设，还有部分画家对纯自然原料的自行加工运用等。这些都直接或间接地阐释了道家文化对自然的态度和认识。

除此之外，对环境问题的重视和环保的倡导，也正在通过各种方式在进行。由齐柏林指导的2013年金马奖最佳纪录片《看见台湾》就是通过直升机航拍，以鸟瞰的视角将台湾环境的变迁、人与自然的关系完整地展示在人们面前。台湾因其独特的地理位置和气候特征，同时拥有山、海和林木等自然资源，纪录片在开头便以一种恢弘的气势对其进行了全方位的展示，不仅有摄人心魄的美，更有自然生命力的神秘和强悍。蓝色的海水、水上归航的渔船、绿色的农田、辛勤耕作的农人，描绘了一幅土地、人、自然生命和谐共生的场景。随后，镜头展示了社会发展所带来的变化，我们看到的是大雨过后的泥石流，大量的漂流木，绿色的高山之间赫然出现了灰色的公路，大量的丛林变成了农地，黄色的土地上来往着辛勤耕耘的农民。吴念真缓慢而不经意地叙述着，看似平常，可是每个字都深深落在了人们心上。“高山公路的辟建过去一直是人定胜天的象征，其实这是毁天灭地的开始。人们傲慢地在山林间画上了一条最短的直线，同时，却也切断了山坡原本自然的纹理和结构，于是路几乎是逢雨必断。”对比前半段的优美景致，无论是如注暴雨后岸边如尸体般漂浮的漂流木，还是整齐的绿色间突兀的黄土地，抑或是海边山脚下五色杂陈的垃圾处理场，环境的破坏让人触目惊心，而造成这一切的原因也显而易见——人无穷无尽的欲望。“挑嘴的人说每高一公尺，滋味就可以多甜一分，于是菜园越爬越高，山地也变成农地。”

看见台湾，仿佛让人们看见了自己从美丽变丑陋的过程，但看不见的却更令人恐惧。但至少通过几千米的高空俯瞰，人们的视线开始脱离被物质、欲望所纠缠的平面，看得远了一些。纪录片中无奈地陈述着现状：“大地的伤势多数人看不见，少数人假装没看见。”《看见台湾》让人与环境的关系一览无遗地展示在观众面前，也让危机触目自明，同时也在人们心底播下了环保的种子。

其次是朴素的生活观。物质贫乏的年代，人们将大量地占有生活资料视为健康成功的象征，于是奢华、精致、档次成为人们生活的追求。然而，社会发展到现在，人们的生活不再由物质来衡量，道家自然观中倾向自然的朴素的生活观开始被人们所重视。朴素，代表了一种回归本质、返璞归真的态度，也让人们在繁华的背后冷静凝视着自己的灵魂。这种朴素的生活观一方面直接表现为去奢存简、追求简单自然的生活，另一方面则表现为追求最为本真和本质的东西。第一种比较好理解，第二种可以从当下备受关注的电视节目中体会到。

2012年纪录片《舌尖上的中国》播出，在国内外引起了轰动。其成功之处除了独特的拍摄手法和对饮食文化的阐释之外，更在于它不同于以往美食节目采用的强调新奇做法或珍稀食材的俗套，而是将目光聚焦于民族、地区的传统食材和做法，让人们发现最简单的甚至是百姓餐桌上的美食，以及其背后所代表的文化内涵。如在第二部中开始将美食的探索从珍稀的食材、复杂的做法和独特的技巧转移到一日三餐、家常便饭。无论是作为主食的挂面、重庆小面、煎饼果子、饸饹，还是最为普通的泡菜、豆干、咸鸭蛋、红烧肉，人们对于美食的追求在经历了有荤万事足、稀有食材精美摆盘之后，逐渐开始发现日常生活中的美味，甚至开始摈弃厚重的调料，追求食材原本的味道，通过这些来挖掘中国式饮食文化和人生伦理。正如片中所说："家常百味中可以体会到人生百味"，中国人的成长、相爱、别离、团聚，都在"吃"中凝聚。借由食物，那些细微得难以用语言表述的质朴亲情、对生活的追求和对生命的理解也明晰了起来。

同样大热的还有一系列亲子综艺节目，也是因为他们聚焦的是人生中最为根本的亲子关系。传统的中国式父亲都是讷于言、沉默而严厉、不善表达情感、担负养家重担而与孩子疏远的父亲形象，在很多家庭中孩子与父亲都有疏远，但却在情感上又有着无限的依赖。这种纠结的亲子关系是每个人成长过程中最为重要的一环，也是影响个人情感心理的本质所在。这些看似本质却几乎从未得到过真正的重视的内容通过传媒被扩大了，这无疑是一种紧贴人性的、朴素的生活观。如《爸爸去哪儿》中父亲和孩子的单独旅行，几乎是绝大部分家庭所不曾经历过的。大部分父亲在日常生活中所承担的都是决策、管理、陪孩子玩耍等边缘任务，而孩子的饮食起居、心理疏导等多由妈妈负责。但是通过《爸爸去哪儿》，父亲与孩子的相处模式和方式不仅使得节目参与者们开始探索，也引发了观众的思考和讨论。看似简单平常的血缘亲情和存在于生活中仿若无形的亲子关系，实则是所有人建立情感、建构与他人和社会相处模式的基点。

最后是对生命和自我的关注。2002 年，在一本名为《第三种生活方式·中国人未来生活方式预测》的书中，作者提出了这样一个概念："第三种生活"。"近 20 年来，中国人已从为衣食温饱奔波的'第一种生活'，过渡到了衣食无忧、车房俱备的现代式的'第二种生活'，现在，到了人们思考真正意义上的文明、健康、安全的'第三种生活'的时候了。"①由此可见，第三种生活将关注的焦点从外在投注到了自我、生命之中，面对金钱、物质、欲望的膨胀，人的心灵的完善、内心的丰富和平和的态度成了治疗浮躁、焦虑的一剂良药。在书中，功利、金钱、虚荣被彻底否定，而诚实、个人乐趣、信任、善良成为追求的目标，说到底就是在物欲横流的社会中重拾质朴的内心，坚守优秀文化传统和价值观，致力于超越物质的文化和精神生活。这种生活是否真的能够实现我们姑且不论，但它毕竟倡导了一种

① 徐虹：《第三种生活：看得见的风景》，载 2002 年 9 月 21 日《中国青年报》。

新的直面和尊重生命和自我的方式。

近年来，时尚不再局限于妆容、服饰，一些新概念的生活方式也作为时尚的一部分被人们所热捧，“慢生活”就是其中之一。高速公路、快递、快餐、一小时生活圈……经济的发展所带来的是与时间赛跑刻不容缓的紧迫感，人们在一味求“快”的生活节奏中渐渐忽视了生活、压榨了生命甚至迷失了自我。自欧洲兴起的“慢生活”概念也于2010年左右开始进入中国。“慢生活家”卡尔·霍诺指出，“慢生活”不是磨蹭，更不是懒惰，而是让速度的指标“撤退”，让生活变得细致。这是相对于当前社会匆匆忙忙的快节奏生活而言的另一种生活方式，这里的“慢”是一种意境，一种回归自然、轻松和谐的意境，更是提倡一种健康、快乐的生活方式，即让自己的生活张弛有度，从而让心灵平静下来。[①] 慢生活的概念体现在生活的方方面面：摒弃热门景点“到此一游”照加购物的旅游模式，人们开始探寻古朴自然的小镇，悠闲地漫步，给自己“慢递”一张卡片；在密密麻麻的日程表中空出时间给自己休息、交谈；不仅仅将“吃”作为果腹的活动，还要放慢速度，细心品味；像梭罗的《瓦尔登湖》所描述的那样，去探寻自然之声；除此之外，慢跑、散步、瑜伽等慢的运动方式也被人们所广泛接受。静下来，将注意力集中在自己的身体、集中在呼吸的吐纳之间，拉近别人与自己的距离。生活对于个人来说，不再是一种生存的本能和必需；如何更好地生活，如何在生活中体悟生命、直面自身，满足精神的需求和享受，才是“慢”生活的题中之意。

审美化的生活倡导一种自由、随性的生活方式，注重人们的精神享受和满足，但是通过以上的分析我们可以发现，它在阐释道家自然文化的同时，也引发了一些问题，其中最明显的便是整个社会文化层面的过度娱乐化倾向。审美化生活将审美愉悦、精神生活和对生活质量的追求置于前所未有的高度，那么如何才能使之得到满足？或者说如何才能够最为便捷迅速地实现满足？娱乐节目无疑是最直接有效的方式。起初，娱乐节目还只是电视台在周末时间才会播放的非主流节目，但近几年已经遍布各大卫视，种类繁多，数量也惊人。娱乐节目早已脱离了最初的联欢会、歌曲、舞蹈、小品相声等单一的表现形式，开始了内容和形式的全面更新。2011年，广电总局开始限制各大卫视的娱乐节目；2013年，又颁布了更为严格的规定限制。即便这样，综艺节目还是数量众多。2013年，全国制作的广播节目中综艺类占26.74%，全国播出的广播节目中综艺类占27.06%。[②] 就节目具体形式来看则包括选秀节目、竞技节目、明星真人秀、相亲节目等，而具体内容则分别涉及音乐、舞蹈、服装、美食、旅行以及亲子、师生、夫

---

① 参见《“慢生活”：时尚生活方式的新选择》，载2013年6月5日《文汇报》。

② 参见广电总局、国泰君安证券研究：《国泰君安：2014年中国综艺节目深度研究分析报告》。

妻等方方面面。选秀节目以《中国好声音》《星光大道》《中国梦想秀》等为代表，超过20个；而明星真人秀如《爸爸去哪儿》《花儿与少年》《爸爸回来了》等也不下20个。节目众多是一个方面，另一个方面则是节目一味追求搞笑、恶搞、煽情等娱乐效果，很少涉及精神性的传达。娱乐节目的确给观众带来了放松，是在繁重的生活工作压力之下放松自己的方式，是对自由和随性的重视，但是过度娱乐化却是对道家自然观念的误解，也不利于社会精神文化的健康发展。

要想真正做到审美化生活，还是需要兼顾审美与生活两个层面的和谐。既要保证社会经济的发展和进步，又要将环境保护、生态平衡的意识时刻置于脑中，实现经济与生态环境的和谐发展；既要坚持朴素的生活观，又要顾及艺术化生活的其他审美需求。倡导朴素，并不意味着那些复杂而精细、凝聚了丰富想象力和创造力的艺术作品及其方式就是错误的。事实上，两者都是审美趣味中不可忽视的。而对生命和自我的关注并不等同于个人主义，也并不是彻头彻尾的娱乐化，而是要用这种对精神的重视来调和现实生活中急功近利的生活心态，为当代人提供精神的救赎之路。要做到这一点，更需要和谐精神的引导和指导，以实现生命的协调平衡。

第三节 国家观念的现代阐释

在传统核心文化观念中，还有一个重要的组成部分，即民族精神。民族精神建立在国家观念之上，与社会主义核心价值体系有着辩证的关系。我们首先来看国家观念。国家概念一般有两个层面，一是主权、领土、人口的集合，二是观念层面的国家。[①] 笔者在此讨论的便是观念层面的国家。原始社会时期，现代意义上的国家还没有建立，此时的人们对国家的概念是抽象的、概念化的，更多的是以行为准则或者社会生活为主。这个时候的民族价值体系就被简单化为道德和伦理。

进入封建社会后，民族国家开始建立，其中的个人是与集体、社会紧密结合的。因此，此时的民族价值体系中居于主导地位的是个人与他人和社会的关系。在中国文化中，“人只有在社会关系中才能体现，是所有社会角色的综合……人，即仁，是二人关系，即君臣、父子、夫妇……是人与人之间的心意感通，以对方为重，由关系、角色定义自我”[②]。于是儒家文化中的“仁爱”“兼济天下”成为价值

① 姚璐：《全球化背景下国家观念的嬗变》，载《广西民族研究》2011年第4期。

② 孙隆基：《中国文化的深层结构》，第26～27页。

体系的核心，而个人的缺失则是其所面临的问题。尽管道家文化在“身”的层面对个人有所补充，但是其所强调的修身、养身却是建立在万物一体的关系之上的，“天地与我并生”，因此，个人并非完善的精神主体。

到了近代，民族的意识更为强烈，并开始与国家主权、领土等结合在一起，而个人也由依附于社会和他人的人，上升为具有权利意识和主权身份的人民。梁启超说：“夫国也者，何物也？有土地，由有人民，以居于其土地之人民，而治其所居之土地之事，自制法律而自守之；有主权，有服从，人人皆主权者，人人皆服从者，夫如是，斯谓之完全成立之国。”[①]由此可见，公共权力、人民主权等出现在了民族意识之中。孙中山提出的“民族、民权、民生”的三民主义则更好地体现了这一点。公民的权利被突出，但是核心还是民族，即爱国主义。

新中国建立初期，在国家、民族、个人三者关系中又多了一个集体。集体既可以看作是整个国家，又是在国家之下的小范围的集体，是国家民族的重要组成部分，此时，民族价值体系突出地表现为集体主义。个人利益服从于集体利益，万众一心，“集体主义既不会是‘爱的原则’或自我牺牲精神，也不会是利己主义”[②]。这种集体主义在一定程度上保证了国家的政治稳定、经济发展，但不可否认的是它忽视了个人利益。十一届三中全会之后，个人的地位开始发生变化。不仅公民的权利开始得到更大程度的重视，而且关于民族的价值体系也开始不再仅以道德为标准，而是更加重视人自身的发展、生活和精神。人文精神大讨论的背后所突出的人的自我意识的觉醒是个人主体性的提升，但是这与个人作为国家、民族一部分的责任并不冲突。

党的十六大报告指出：“民族精神是一个民族赖以生存和发展的精神支撑，在五千多年的发展中，中华民族形成了以爱国主义为核心的团结统一、爱好和平、勤劳勇敢、自强不息的伟大民族精神。”这一概括，将不断建构中的民族价值体系的内容都包含了进去。通过以上分析我们可以看到，民族精神和社会主义核心价值体系的内容都是植根于传统的核心文化观念之上的，但是两者又有所不同：民族精神侧重于对优秀传统文化的继承，而社会主义核心价值体系则是“着重于对当代社会主导价值的指称”，因此民族精神要“以社会主义核心价值体系为指导，但应包含超越意识形态要求的内容”。[③] 民族精神以爱国主义为核心，而超越了意识形态要求的社会主义核心价值体系仍然将“爱国”置于其中，这

① 梁启超：《少年中国说》，选自梁启超著，李华兴、吴嘉勋编：《梁启超选集》，上海人民出版社 1984 年版，第 142 页。

② ［德］马克思、恩格斯：《马克思恩格斯全集》第 42 卷，人民出版社 1979 年版，第 516 页。

③ 牟世晶、张伟：《论民族精神与社会主义核心价值体系的辩证关系》，载《理论月刊》2012 年第 9 期。

都说明,无论是民族精神还是社会主义核心价值体系,“爱国”都是极其重要的,国家观念也是传统文化观念中的重要一环。

与民族意识相同,国家观念中涉及的国家、民族和个人的关系也在不同的时代中发生着变化。国家观念、国家形象的树立既是审美文化的现实任务,也是审美文化作用与价值的直接体现。

我们首先来看国家观念内涵的变化。“国家”的概念在产生之初,是与权利紧密联系的,具有浓重的政治意味。而作为观念层面的国家则有所不同:在奴隶社会时期,国家意味着道德要求,涉及“正义”“至善”等道德观念;在封建社会,国家则与民族联系紧密;到了现代社会,国家所强调的更多的是公共权利和人民主权;在全球化时代,国家的内涵就更为丰富了,其核心是主权原则,民族仍然是题中之意,但是其涉及的范围却更为广泛,包含着一种共同体意识以及认同的多元化。[①]

那么,在当代的审美文化实践中,又是怎么被阐释的呢? 在不同的历史时期,国家观念阐释的侧重点也各不相同。在当代的审美实践中,以历史为题材的阐释更多的将关注点投射在国家观念中的“民族”之上。在抗战题材的影视、文学作品中,中华民族的救亡图存始终是作品的主题,无论是基于个人的描写,还是对于一个地域或者事件的描绘都展现了中华儿女为民族复兴所进行的艰苦卓绝的奋斗和义无反顾的牺牲。无论是小说《红高粱》,还是后来基于小说改编的电影、电视作品,从内容上看是讲述了深受封建礼教迫害的女主人公充满动荡的一生,但其核心还是在塑造以高密东北乡为代表的中华儿女那旺盛的生命力以及浓烈的爱国情怀,不仅可以追求个人幸福,更愿意为了民族而奋勇抗争,不惜牺牲自己,其背后是对民族的热爱。

而以国家形象树立为目的的审美实践活动,则更突出对“国”的重视。这样的表现是通过显性的方式来实现的,即以树立国家形象为目的,直接运用民族国家文化表现国家。国家之间的交流和相处并非只存在于单纯的政治领域,在诸多国际事务中,国家形象的树立更是极为重要的一个部分。

最明显的例子就是奥运会。从申办奥运会,到会徽、火炬、奖牌、吉祥物的设计,再到口号、歌曲的选择,最后到开、闭幕式的演出和创意,甚至包括整个赛事举办过程中的安排、服务等等,每个环节都体现了鲜明的国家特色,进而也塑造了国家形象。各国之所以竭尽全力去申办奥运会,一方面是对国家、城市实力的肯定以及对经济的拉动,更重要的是在世界舞台上展现国家形象,传播民族文化。2008 年的北京奥运会就极为成功地树立了中国的国家形象、传播了中国的

① 巩艳芳:《论新时期国家观念内涵的扩展》,载《中州学刊》2011 年第 3 期。

国家文化。北京奥运会各个方面的设计都采用了民族文化元素，从而凸显了独特的文化内涵和深厚的文化底蕴，为国家形象的呈现添上了“历史悠久、文化深厚”的一笔。会徽的设计是一个篆书字体的“京”的中国印，篆书的写法本就流畅象形，因此也将运动、舞动的形象带入其中，符合奥运会的运动性质，而无论是书法、印章还是象形文字，都将中国文化的神韵展现了出来。吉祥物的设计将鲤鱼、大熊猫、圣火、藏羚羊以及燕子形象融入五环之中，每一个都富有浓重的中华传统文化意味。如鲤鱼所代表的繁荣、丰富，大熊猫是国宝，而藏羚羊的运用则凸显了爱好环保、注重自然，等等。还有火炬的祥云图案、红色底色，奥运会奖牌金镶玉的打造方式等等，都将传统的文化元素引入其中，也使得这些文化元素在世界范围内得以传播。

北京奥运会开幕式的设计不仅凸显了传统的文化元素，更运用大气恢弘的表演和高超梦幻的舞美技术，为国家形象的树立填上了“众志成城、和谐友爱、注重创新”的元素。画卷、书法、汉字依旧是传统文化的表现，但是由 897 块活字印刷的“和”，以及整齐划一的大型表演场面，则将“和为贵”“团结”的文化表现得淋漓尽致，而整个开幕式声光电影精彩绝伦，更是将艺术中技术的发展和创新思维体现到了极致。最后，“同一个世界，同一个梦想”则将中国文化纳入到整个世界的文化之中，所呈现的是开放、大气、兼容并蓄的大国形象。同时，井然有序的会务安排，热情且素质过硬的志愿者，都展现了一个成熟并蒸蒸日上的大国形象。

与奥运会这种显性的国家形象塑造不同，对国家观念的阐释更多的则是通过隐性的方式将其蕴含在不同的文化实践之中，大多呈背景化出现，也相对零散。其具体分为两种方式：一是有意识的阐释，二是无意识的体现。当代审美文化的发展使得文化事业异常繁荣，文化作品也是丰富多样，内容和价值导向也各不相同。但是，无论审美活动的娱乐化倾向多么明显，以新主流电影为代表的弘扬民族精神、塑造国家形象的审美活动始终存在。以《建党伟业》《建国大业》为代表的新主流电影、《历史转折中的邓小平》为代表的影视剧，以及大量的抗日剧、谍战剧，即通过对特定重大意义的事件的呈现，或者对在国家建设中发挥了重要意义的重要人物的再现，来激发人们的爱国热情，并塑造顽强拼搏、坚忍不拔、团结进取的国家观念。但是，这一类隐性形象的塑造还停留在历史层面，即通过对历史人物和历史事件的塑造进行，所呈现的国家观念也是侧重于民族精神和文化层面。隐性的国家形象塑造更多的还是存在于无意识的形象展现中，其展现手法类似于美国好莱坞大片——无论什么样的故事，无论是震撼的场面、高超的特效，还是无处不在的自由精神以及超级英雄拯救世界，美国好莱坞大片所竭力塑造的国家形象呼之欲出。我国的审美文化活动也应该起到这种作用。

但是，在现代社会，随着国家政治经济的发展，社会稳定、经济繁荣、人民安居乐业，国家观念中"国"的部分对于大众来说相对弱化，其阐释的重点更突出在"家"上。这里的"家"含义众多，既包含传统意义上的大家，即集体、团体和在集体、团体中的人与人的关系，又包括小家，即家庭以及家庭中的个人。同时，这些建立在个人基础之上的家的关系又不断积累，最终拼出了关于国家的观念。

对家的阐释角度是异常多样化的，其中既包括家庭成员之间的关系和相处模式，又包括个人为了建立自己的家庭所作出的努力。无论是年代大戏，还是娱乐化程度极高的娱乐节目，都能够在人物经历、关系变化中窥见其背后的"家观念"，进而也从家的缩影入手，可以窥见国家的形象。年代大戏《闯关东》便是一部透过家的视角，来展现家国命运变迁、展现中国人国家观念的杰出作品。这部作品围绕着朱开山一家人的故事展开，在举家闯关东的过程中，朱开山和他的三个儿子经历了诸多磨难和人情冷暖，朱家的家业也在一家人的努力和奋斗中不断变大，在面对国家危亡之时，他们也以自己的方式保护着国与家。电视剧首先表现了对于"家"的观念的阐释——朱家是典型的儒家文化影响下的家庭，但是又具有现代色彩：父亲是家中的绝对权威，母亲虽然听从父亲的安排，并承担照顾家人的责任，但是又具有独立的思想和能力，是家庭调和的关键。朱家的三个儿子尊重父亲，在成家之后仍然与父母同住，是典型的大家庭模式，但是儿子们也各展其才，追求自己的生活，甚至影响了父亲的思想。发生在他们身上的故事和遭遇，无论是老金沟挖金子的生死一线还是与市霸潘五爷的斗智斗勇，都始终保持着向善、重义气的道德原则，这是对"家"和"家"中的个人的阐释。而更难能可贵的是，在面对日本人的侵略时，他们能从各个行业、各个角度来对抗日本人保护自己的国家。朱家倾尽家财，只为中国的煤矿不落入日本人的手中；朱家二儿子作为军人奋力抵抗日军，不畏牺牲；而他们名义上的女儿虽沦为土匪，靠劫掠为生，但却只劫富济贫，不仅抢了洋行，还在日军来犯之时倾尽自己的力量进行殊死搏斗，又在"家"中展现了"国"之意义。

除了以家国为主题的年代大戏，更多的文化实践将视角缩小，集中在个人和小家庭之上。以 2015 年热播的电视剧《咱们结婚吧》为例，该电视剧讲述了美貌与能力俱佳却始终没有结婚的大龄剩女和一位有着稳定工作却对婚姻充满恐惧的剩男之间克服心理、家庭、父母等种种困难，最终获得爱情和幸福生活的故事。本是简单轻松的爱情家庭故事，但通过人物身份和经历的设定，也折射出了当代国家的形象。女主人公杨桃有着出色的工作能力，并没有过早地成立家庭，在爱情婚恋中也始终保持自己的原则和追求，最终也从事了自己喜爱的职业。她的形象设定折射了当代中国知识女性自强自立的形象，即女性不再囿于传统家庭观念和婚恋观念，不仅有权实现个人理想、追求独立，在婚恋问题上也拥有独立自主性。而男主人公果然的职业是公务员，其父母同为退休教师，看上去本该是幸福的家庭，却因受到父母的影响而对婚姻充满恐惧。果然的形象也将当代男性肩负家庭、社会责任等巨大压力的形象展现了出来，而看似和睦的家庭实则危机重重，这也在提醒人们家庭观念和文化对于子女教育的重要性。尽管二人历经婚姻、家庭、工作等多方面的困难，但无论是面对旧情人的背叛、朋友的不和还是与家人的矛盾，都始终保持着善良和爱的心，包容他人，极力化解家庭矛盾，努力找寻个人、夫妻、家人之间的和谐，这些都是中华传统文化的体现，传统的儒家精神、道家观念在文化隐性结构中深刻地影响着当代人的行为方式和价值观念。而在整个故事发生的背后，则是当代中国高速发展，为年轻人努力奋斗实现事业理想提供保障，社会文明进步文化开放，为青年人的爱情理想提供支持的形象。于是，在轻松幽默、温馨浪漫的个人爱情故事中，虽存在多样的社会矛盾，但却拥有和谐的解决之道的国家形象也悄然建立。从中我们可以看到，国家观念的现代阐释，一方面是对国家形象的整体呈现，包括政治、经济、文化实力，另一方面则是对民族精神的弘扬与塑造，这种民族精神可以细化到家庭、个人等多个层面。

但是，不可否认的是，审美文化作品中对于国家观念的呈现时有偏差。这种偏差首先体现在典型的过度塑造之上。一些文化作品虽然旨在弘扬中华文化，创造具有中国特色的文化产品，但是在传统文化元素的表现上会出现用力过度的情况。比如在国外影响较大的李小龙、成龙，他们的电影都突出武打，意在弘扬中华武术精神和中国人的民族气节和精神，但是却无意中传递了一种人人会武术、事事需要动武的文化氛围。张艺谋早期的电影也是如此，他为了突出独特性，在电影题材的选择上都突出了封建社会的文化，尽管在艺术效果上取得了重要的成就，但是就国家形象来说，则仿佛让人感觉中国仍然停留在那个封建、落后、女性没有权利掌握自己命运的年代，使得国家形象在他人眼中与现实产生了偏差。但是，从另一个方面来看，中国的电影人，包括导演、演员逐渐走上世界舞台，得到世界人民的认可，也是中国形象得以建立的一个表现。

其次，这种偏差还体现在对现实生活矛盾面的过分夸大之上。一些影视文化作品为了突出情节的曲折和故事的戏剧性，过分放大现实生活中的矛盾，不是将生活表现得如宫斗剧般充满了你死我活、不择手段，就是将生活中的婆媳家庭关系妖魔化，从而放大了现实中切实存在的矛盾。将现实的矛盾扩大化，会加剧人们对现实问题的恐惧心理，从而产生悲观的心态，不利于正确国家观念的形成。

最后，这种偏差表现为过于理想主义，忽略现实存在的矛盾。我们国家尽管欣欣向荣，但并没有达到理想状态，矛盾和不足仍然存在。层出不穷的综艺节目、娱乐节目营造出歌舞升平的假象，不利于人们对现实建立正确的认知。对明星的过度重视和关注也对普通人的价值导向产生了不良影响，因为更多的人还需要通过普通的途径在现实生活中奋斗。过度的美好化、高大全的国家形象会削弱人们的奋斗精神和批判精神，沉浸在不切实际的幻想之中，也不利于正确国家观念的形成。

国家观念的现代阐释已经从单纯的弘扬爱国精神、爱国主义，丰富完善成为建立在对国家理性认识、充满热爱的基础之上继承民族精神，将个人理想与国家理想紧密结合的现代国家观念。而现代国家观念的建立，最重要的是要建立在对和谐观念的现代阐释基础之上。

第四节　和谐观念的现代阐释

传统文化观念在现代的重要性除了之前所提及的文化传承、民族精神的体现、现代精神的救赎之外，还有更为重要的一点，那就是奠定不同文化间、不同时代的文化之间对话的基础。如果说儒家人文观念和道家自然观念是中华文化自身的精华所在，是文化独特性的代表，国家观念是现代文化中所必须建构和形成的，是社会主义核心价值观的重要组成部分，那么和谐观念的现代阐释的意义就更为重大了。

首先，"和谐"观念有着深厚的传统文化基础，无论是儒家、道家都对和谐观念进行了阐释和建构，因此有着文化传承的意义。其次，和谐观念对于解决当代社会中经济和精神发展不平衡的矛盾冲突和个人与国家、自我与他人等问题提供了丰富的智慧，有着鲜明的现实意义。最后，和谐观念并非中国传统文化独有，西方的哲学家们也对和谐的观念进行了不同角度的阐述，而这在全球化的大环境下，在文化多样性的语境中显得极为重要。和谐，成了异质文化间对话、交流和互相融合的基础和前提。无论对中国传统文化的发展还是对现代社会文化的构建，和谐都是至关重要的观念。

早在春秋末期，中华文化中就已出现了和同之辨。先秦时期的和谐概念由人与自身的和谐，推及人与社会的和谐，推及人与自然、天与人的和谐，进而将和谐的关系扩展到主客关系的各个方面。① 随后，和谐的观念不断发展，直至当代"和谐社会"这一概念的提出。需要特别指出的是，和谐观念并非单纯出现在中国文化中，在世界范围内也有着广泛的基础和深厚的根基，这将为全球化时代的

---

① 参见周来祥：《和·中和·中——再论中国传统文化的和谐精神及其审美特征》，载《文史哲》2006年第2期。

文化交流和融合奠定基础。近代中国和谐观念也得到了发展，王国维将美学与个体生命的解脱联系起来，强调美学的超功利性，其“意境说”更是强调了情与景、意与象、隐与秀的交融和统一，而无论是“有我之境”还是“无我之境”都蕴含了主客体之间的统一和和谐。蔡元培则将重心放在了美育之上，他详细分析了美术与科学之间的关系，认为美术与科学之间存在三层关系：第一层是相异、对立，第二层是融合、互渗，第三层是彼此激发、促进。他追求的是一种人格完善的美学，强调美与善的统一。与蔡元培将人道主义看作理想的利他原则不同，周作人所说的“人道主义”是一种个人主义的人间本位主义[①]，他倡导“人的文学”，以促进“灵肉一致”的正常生活和发展。鲁迅以入世的态度将艺术实践的功利目的与审美活动的自由品格相结合，主张具有生命张力的美学，并将对立统一的矛盾双方置于社会实践的基础上加以思考。这一时期的和谐是有着对立的张力的。

但是，二元对立并不是始终存在的。从哲学层面来看，尽管黑格尔始终强调矛盾双方的相互排斥、否定和斗争，但是矛盾的双方也可以是相互联系、相互影响、共生共荣的，甚至矛盾的多方都可以是彼此间兼容并蓄的，而这就构成了现代和谐的理论基础。现代辩证和谐美学家周来祥先生就从三个方面论述了现代和谐的本质内涵。

首先，周来祥先生认为“现代和谐的基础是矛盾双方或多方根本利益的一致性及利益的不断协调性”，矛盾双方虽然截然不同，但都有着共同的依存体，是同一物体表现出的两个不同的方面，正如阴阳、黑白、有无，一方的存在都通过另一方得到实现，因此在彼此区别的同时，却又有着根本的一致性。2014 年 10 月，习近平总书记在文艺座谈会上的讲话中提出“文艺不能在市场经济大潮中迷失方向”，文艺创作与市场的关系就是辩证而和谐的。文艺创作依赖市场，这样才能为创作提供经济支持和动力，但是市场经济又会在一定程度上限制甚至干预文艺创作的内容和走向，但是二者并非东风压倒西风的关系，而是有着“满足人民精神需求”这个根本目的的精神一致性。在这种一致性的影响下，文艺和市场能够相互协调，一方面文艺工作者沿着市场的走向创作出具有广阔市场空间的高质量文艺作品；另一方面，高质量的文艺作品又在一定程度上引导着市场的走向，而最终的结果必然是共同繁荣。

其次，现代和谐的发展过程是矛盾和谐体中各因素、各方面互补互动、互渗互融的不断深化的过程，是亲和协调、团结合作不断增强和提高的过程。作为矛盾二元对立论者的黑格尔也无法忽视矛盾双方相辅相成的关系，他试图用永恒正义的胜利来结束矛盾的冲突，但仍然无法脱离双方相互否定和牺牲的不可协

---

① 周来祥、陈炎：《中西比较美学大纲》，安徽文艺出版社 1992 年版，第 80 页。

调性。而现代的辩证和谐却延续了古代和谐论中的“中和”智慧，不仅在社会关系中强调人与人、人与社会、人与自然之间的和谐关系，更在世界关系中提出了“和谐世界”这一理念。2007 年 10 月，中共中央总书记胡锦涛在党的十七大报告中提出：“在国际关系中弘扬民主、和睦、协作、共赢精神……政治上相互尊重、平等协商……；经济上相互合作、优势互补，共同推动经济全球化朝着均衡、普惠、共赢方向发展；文化上相互借鉴、求同存异，尊重世界多样性，共同促进人类文明繁荣进步。”①

最后，“现代和谐发展的指向和目标是各因素、各方面、各关系的互利共赢、共生共荣，因而发展的特点是渐进性的、永续性的，而不是突变式的、断裂式的”②。矛盾的尖锐对立必然带来突变，因此，矛盾的变化可能是迅速的，也可能是断裂的。但辩证和谐不是这样，辩证和谐是矛盾双方相互影响、“中和”的结果，因此其发展变化是缓慢的、甚至是隐性的，但最终结果将是矛盾双方的前进和发展。长久以来，文艺创作与人民的关系也是矛盾的双方，“阳春白雪”和“下里巴人”将文艺创作者与人民的关系分置在两极，似乎两者难以协调。但随着社会和文艺创作自身的发展，文艺与人民相辅相成、水乳相融的关系也日渐深入。一方面，文艺创作始终要以现实生活为基础，以人民为创作对象和旨归；另一方面，人民也在不断提高审美水平和审美追求，被文艺创作所影响。于是，就有了现代以来由精英文化向大众文化的转变，但这并不是说传统的精英文化和精英审美已经不复存在，而是说在共生共荣的基础上，二者在缓慢地共同发展。正如习近平总书记在文艺座谈会上所强调的：“社会主义文艺，从本质上讲，就是人民的文艺。”唯有扎根人民、扎根生活，中国的传统文艺才能够得到发展，新的文艺创作才能繁荣；而好的文艺作品能够给人民带来精神上的洗礼和净化，弘扬对真善美的追求。

从制度建设来看，随着改革开放的不断深入和经济社会发展的空前进步，文化的重要性再次凸显，核心文化观念开始逐渐被重视。党的十六届六中全会提出要大力建设社会主义核心价值体系，巩固全党全国人民团结奋斗的共同思想基础。社会主义核心价值体系包括四个方面的基本内容，即马克思主义指导思想、中国特色社会主义共同理想、以爱国主义为核心的民族精神和以改革创新为核心的时代精神以及社会主义荣辱观。2012 年 11 月，中共十八大报告明确提出了社会主义核心价值观，即“倡导富强、民主、文明、和谐，倡导自由、平等、公

① 胡锦涛：《高举中国特色社会主义伟大旗帜 为夺取全面建设小康社会新胜利而奋斗——在中国共产党第十七次全国代表大会上的报告》。

② 周来祥：《现代和谐的哲学与美学思考》，载《文史哲》2008 年第 1 期。

正、法治，倡导爱国、敬业、诚信、友善，积极培育社会主义核心价值观”。而这一切的最终目的，便是和谐社会的建立。党的十六届六中全会提出了构建和谐社会的目标，从此“和谐”成为了建设中国特色的社会主义过程中的价值取向，而“民主法治、公平正义、诚信友爱、充满活力、安定有序、人与自然和谐相处”是和谐社会的主要内容。无论是核心价值体系还是核心价值观，都是对构建和谐社会的价值取向更为深入的建构。

“和谐”的概念在中国的文化传统中源远流长，中国的和谐文化可表述为“和”文化，或者是“中和”。从河姆渡文化中的纺锤开始，其涉及中华文明之宗伏羲的思想和言行，甲骨文中对“和”字的解读，以及汉画像石、汉画像砖上所绘伏羲、女娲的图示，等等，可以说包括了神话、历史、文学、艺术等方方面面。春秋末期，中华文化中已有了“和同之辨”，其中将“和”的概念界定为不同事物之间的相互协调，进而发展为主客体之间的相辅相成。《礼记》中则提出了“中”的概念，认为“中”是合乎礼义，遵守礼仪法度。“中”是内心之和，“和”是客观外在之中。总之，先秦时期的和谐概念由人与自身的和谐，推及人与社会的和谐，推及人与自然、天与人的和谐，进而将和谐的关系扩展到主客关系的各个方面。[①] 汉代董仲舒又对“中和”的概念作了新的发展，认为“和”是普遍的、绝对的，“中”与“和”贯穿一切事物的全过程，而“不和”的本相乃是和谐，是天、地、人整体和谐的一个有机组成部分。宋明理学在对儒学的发展过程中同样发展了和谐的概念，朱熹将中和、中庸的地位提高，并与哲学、文学、艺术、文化、政治等各方面相融合，将中庸思想贯彻进日常生活之中。总之，中国的文化强调以人为基点、主客体统一的和谐，并认为和谐为事物发展的内在动力，和而不同，相辅相成。

“和谐”概念在西方同样有着深厚的基础。公元前6世纪，毕达哥拉斯学派从数学和声学的观点研究音乐里的数量关系，侧重平衡和静止，由此提出了“和谐”的观念，并将其推广到建筑、雕刻等其他艺术领域，着重探讨“形式美”；又将其应用于天文学的研究，形成了“宇宙和谐”的概念；进而推之于人，从人的内外和谐角度提出了音乐的教育作用。[②] 柏拉图首先对美的本质发出质询，进而将之归结于“理式”，认为客观现实世界是虚幻的，是对理式世界的模仿，而艺术或美作为感性事物，则与理式隔了三层，将感性与理性进行了割裂。同样坚持“模仿说”的亚里士多德则认识到了普遍与特殊的辩证统一，肯定了现实的真实性，他的“和谐”概念建立在有机整体的观念之上，认为从各部分安排划分大小比例

---

① 参见周来祥：《和・中和・中——再论中国传统文化的和谐精神及其审美特征》，载《文史哲》2006年第2期。

② 参见朱光潜：《西方美学史》，人民文学出版社1979年版，第33页。

和秩序，形成融贯的整体，才能出现和谐，这样形式上的和谐是与内容相关联的，从而强调了内容与形式的统一。[①] 罗马时代的贺拉斯在他的《诗艺》中认为“合式”是诗的基本品质，所谓“合式”就是一切要恰如其分、浑然完整，这种整体概念显然与和谐密不可分，不和谐便不合式。由于受到不同思想的影响，中国追求的是心理的和谐，是一种人人之和，而西方追求的是物理的和谐，是人神之和。[②] 尽管如此，“和谐”仍然是中西文化可以相互理解、对话的前提。

当代的审美文化实践对和谐观念的阐释基本上是延续了传统文化的精神内涵，只是将其汇总成为一种普遍的和谐，具体表现在三个方面，即自然的和谐，人与自然的和谐，人自我身心内外的和谐。[③] 对和谐观念的现代阐释，我们可以从2010年上海世界博览会中窥见一二。2010年上海世博会提出的主题是“城市，让生活更美好”，其五个副主题——“城市多元文化的融合”“城市经济的繁荣”“城市科技的创新”“城市社区的重塑”以及“城市和乡村的互动”——所指向的就是“和谐城市”的诉求，而作为对城市文化发展观念的阐释，“和谐城市”深刻地揭示出了城市与人、与生活的密切关系。其中，“人”作为建构与自然、社会和他人的和谐关系的核心，深刻地凸显了和谐观念中“以人为本”的内在层次。

城市多元文化的融合，指向的是城市在发展过程中空间的扩展、人口的迁移、交通的发达以及外来文化的引入，这些都为城市增加了多样的异质文化，不同的群体也相应地产生了不一样的生活理念。因此，如何解决由此而来的冲突，让这些文化和平共处、共生共荣，融合成有机整体，就是和谐城市所必须解决的问题。在世博会的展馆中，我们可以看到几乎所有国家的展馆都是多元文化的结合体，但是多元文化的融合并未让各国的展厅趋向同一，而是和中有所不同，既有多样性，又有鲜明的文化区别，而这也是城市发展的目标，它深刻阐释了和谐观念中包容性和个性特征的层次。

城市经济的繁荣，聚焦的是城市经济发展过程中所遇到的环境污染、资源短缺问题等经济与环境的矛盾问题。盲目的扩张和不计后果的经济增长模式已经不适应现代城市的发展，可循环、节能、自然友好的发展模式才是城市经济发展的出路。世博会中国馆从设计到展厅的布置都体现了这一特点：中国馆的设计无论是无污染绿色材料的选择，还是低能耗的平台覆土层，抑或是可循环利用的太阳能电池，以及雨水收集系统，都体现了环境友好的创意设计。而展厅内部以“低碳行动”作为展厅的一个部分，通过传统的“师法自然”的观念来实现可持续

---

① 参见朱光潜：《西方美学史》，第78页。

② 参见周来祥、陈炎：《中西比较美学大纲》，第121～127页。

③ 参见刘冰：《论儒家‘普遍和谐’观念的现代意义》，载《新视野》2008年第2期。

发展。同时，城市科技的创新则突出了科技在日常生活和精神生活中的重要作用，无论是创意产业还是先进技术，抑或是节能技术，都是创造力的呈现。这一切深刻地诠释了和谐观念中的自然性、生命力和创造力。

城市社区的重塑以及城市和乡村的互动，再次让关注点集中于“人”身上，进而将其延伸到社区、城乡乃至整个社会。值得指出的是，在世博会展区中还有非常特别的一环，即“城市最佳实践区”，分别展示宜居家园、可持续的城市化、历史遗产保护与利用和建成环境的科技创新。这个展区所展示的是城市未来发展的目标和方向，在中国大范围城市化的进程中，这将对以上海为代表的大都市以及其他城市的发展和城市文化建设进行指导，更为鲜明地体现了城市和谐发展的重要性及其与人、与社会、与自然的和谐关系的意义。城市的未来发展必定是与文化、政治、经济、科技紧密结合在一起的，但最终是以人为主体，在多元化的维度里向着和谐的方向迈进。

和谐城市还只是一个进程，最终的目标是和谐社会的建立。中国共产党十六大报告第一次将“社会更加和谐”作为重要的目标提出，中国共产党十六届四中全会进一步提出“构建社会主义和谐社会”的任务。和谐社会的基本特征是：民主法治、公平正义、诚信友爱、充满活力、安定有序、人与自然和谐相处。周来祥先生提出：“美是和谐，是主体和客体、人和自然、个体和社会、人与自身、感性和理性、实践活动的合目的性和客观世界的规律性的和谐统一。”[①]这种辩证统一也可以运用到更为广泛的层面，和谐观念在现代的阐释中所体现的也是民主与法治的和谐统一、公平与效率的和谐统一、活力与秩序的和谐统一、科学与人文的和谐统一以及人与自然的和谐统一。

我们在社会实践中既需要注重自身文化内部和社会的和谐，还有一个更加需要注意的层面便是全球化语境中世界文化的和谐。“和而不同”，多种文化共生共荣才是发展之道。“和谐”并不意味着同一，也不是要在多种文化中作选择，而是以一种健康的方式对文化进行融合，共同发展。欧美的时尚文化中大量中国元素的运用便是文化和谐对话的一例，而中国也有大量从西方引进的成型综艺节目，在对其进行适当的改造后融入中国人的文化和爱好，也一样可以成为优秀的文化节目。需要注意的是在和谐中“不同”的重要性。有些综艺节目直接套用国外的模式，不加改动拿来即用，往往会因为不接“地气”、不符合自身的文化内涵和审美需求而面临失败。比如欧美的电视剧都采用周播的形式，一周一集，这样的形式吊足了观众的胃口，可以引发持久的关注和讨论。于是，国内的一些电视剧也参照这种方式进行周播，在提升关注度的同时也产生了一些问题：美剧

① 周来祥：《文艺美学》，人民文学出版社2003年版，第47页。

的周播是一边拍摄一边播放,剧本并不是提前完成的,因此会根据观众的反馈来进行调整,其内容也会根据播出的时间进行调整,比如情人节、感恩节、圣诞节时播出的内容会相应地添加节日的元素和情节,紧密联系现实生活;而国内的周播剧却是已经提前制作完成的,只是在播出时间上进行了变动,并没有太多实际意义。所以,和谐虽然奠定了对话的基础,但还是应该更加注重个性和不同,这样才是真正的和谐。

无论是儒家的人文观念、道家的自然观念,还是国家观念、和谐观念,都是传统文化的精华,因此也应当在当代被建设性地阐释,以发挥其重要作用。

第五节　中国形象在新时期的全面塑造

传统文化观念的现代阐释最直观、完整地表现在对国家形象的塑造之上。不同的时代,国家的形象有着不同的变化。封建社会时期,中国作为地域广袤、军事实力强、生活富饶、文化丰富的国家,其所展现的是一种稳定、祥和、不断进取的大国形象,其中尤以汉、唐两朝最为明显。因此,该阶段的审美文化所表现的特质也是多元化、大气和繁复。封建社会末期,“东亚病夫”成为国人难以接受的耻辱,因此,爱国志士们便竭力扭转这样的国家形象。无论是在武力上的顽强反抗,还是在精神层面的改革、西体中用,都是为了努力塑造一种刚强不屈的民族精神。新中国建立伊始,百废待兴,强大的国家形象需要用强大的经济作为后盾,而鲜明的国家文化则需要传统的文化观念作为支撑,因此在经济发展的同时,传统文化开始得到广泛的重视,于是20世纪80年代出现了“文化热”。十一届三中全会之后,无论是经济还是文化,都渐渐走出了故步自封的旧发展模式,开始以一种积极的姿态融入世界之中。而要立于世界民族之林,独特性则是不可替代的力量。因此,在这一阶段,国家形象的树立更侧重对传统民族文化的表现。以第一批走出国门的电影来说,无论是李连杰的功夫电影,还是张艺谋的《大红灯笼高高挂》,其所选用和突出的都是传统的民族元素,这一阶段国家形象是作为标签化、符号化的存在。随着经济全球化的全面发展,文化多元性已成为必然,而经济、政治的强大也只是国家形象的一个组成部分,国家形象也不再是单一的符号化存在,而是作为一个整体而存在。

那么在新时期,中国的形象是如何被塑造的呢?事实上,国家形象的塑造应该从两个维度进行分析,第一个维度是国人眼中的中国形象,而第二个维度则是外国人眼中的中国形象。首先来看国人眼中的中国形象。中国在国人眼中的形象也随着时代的不同而变化。如果说建国初期,国人眼中的国家形象还是亟待发展，需要全体人民去努力奋斗，建设国家、为国家做贡献即是人们努力前进的目标；那么在新时期，国人眼中的国家已然是个人实现自我理想、追求幸福美好生活的强大保障和坚强后盾。同时，国家形象也已经从单纯的爱国主义扩大到社会文化、精神生活的方方面面，人们对国家形象塑造的态度也从一味表扬、赞颂发展为理性认识、直面矛盾。

这样的变化在审美文化活动中有着突出的体现。与以往的影视作品中国家形象的高、大、全不同，新时期的审美文化作品中，国家的形象更为真实，也更加鲜活、全面。这种形象的塑造大多是以背景的形式存在，却渗透在细节的方方面面。以电视剧《湄公河惨案》为例，该剧是高度还原真实事件的警匪片，塑造的是一批有勇有谋，为了追求真相敢于牺牲，为正义公正执著奋斗的公安干警形象，但在背后却始终贯穿着国家保护公民、为公民伸张正义的决心和能力；也正是有了国家的大力支持，也正是因为大国形象的建立，才使得公安干警能够在异国得到大力支持，从而揭开真相，还中国公民以清白。

如果说这样的国家形象的塑造还过于明显，那么即便是在以轻松娱乐为主要目的的娱乐节目中，国家的形象也是存在的。以《爸爸去哪儿》《爸爸回来了》为代表的亲子节目将目光锁定在了父子关系之上，虽然倡导父亲与孩子之间的沟通和交流，但是节目中传统的"父父子子"关系，即儿子对父亲的尊重的重要性始终存在。孩子犯错，父亲严格批评、正确引导；孩子在与人交流中所要注意的"礼"也是父亲们反复强调的，尊重他人、与他人友善相处都处处体现了"礼"的教育。《为她而战》《一路上有你》等则注重夫妻关系的呈现，如夫妻在面对问题和困难时的沟通、解决等，这些体现了夫妻、家庭关系的塑造。而以《中国好声音》《最强大脑》为代表的节目则通过竞技或者考核的平台，帮助普通人甚至身体不健全却有着与众不同的能力的人实现梦想，突出的是在当代的中国，每一个个体都有权利、也有途径去实现自己的梦想和价值。《奔跑吧，兄弟》《极限挑战》等通过团体进行的项目则在突出个人能力、智力的同时，也处处展现了人与人之间的相处模式以及团队合作的重要性。将亲子、家人、夫妻、朋友、他人等诸多关系进行展现，探讨社会基本关系的现代维度，也是现代国家形象建设的题中之意。

在这样的审美活动中，一方面，中国形象表现为一种和平、安定的社会氛围，因为只有在这样的社会氛围中，才能够让人们去追求个人理想、建立家庭生活，人们才有心去享受生活、进行娱乐活动。而另一方面，中国形象则是以民主、开放、包容的姿态出现在人们的生活中，包容社会中的多样性，接受不同的追求和不同的声音，更以开放的态度对待外来或新鲜事物。最后，中国形象表现为坚强的后盾。大量的影视作品展现了纷繁多样的现实问题和社会矛盾，比如养老问题、青年人婚恋问题、工作问题、子女教育问题等等。问题是存在的，但是解决的脚步也从未停止，无论是通过个人的努力、家庭的和谐，还是政府政策的出台、制度的制定，都直面现实的社会矛盾，并提供解决之道。以传统的民族精神、传统文化观念为支撑，加上经济的不断发展和制度的完善，国家为个人成才、健康生活、实现个人理想和家庭理想都提供了坚实的保障。

我们再来看外国人眼中的中国形象。中国在外国人眼中的形象无疑也是在不断发展变化的。改革开放伊始，外国人眼中的中国形象还停留在中国功夫、京剧、青花瓷等碎片化的符号上，甚至在很长一段时间内，受到极具中国特色的电影的影响，对中国的认知还停留在民国时期，认为中国还在封建礼教的禁锢之下，社会还极为落后。改革开放后，随着中国经济的飞速发展，国家逐渐强大，不仅在国际事务中扮演着越来越重要的角色，在国际活动中也开始引人瞩目。在以乒乓球为代表的体育活动中，中国渐入佳境，运动强国的形象开始形成，而中国制造开始走向世界，人口大国、吃苦耐劳也成为中国形象的代名词，随着越来越多的人走出国门，中国的美食和文化也传入世界各地，美食之国也成为外国人对中国的印象……

外国人眼中的中国形象可以从外国影视作品中窥见一二。以好莱坞电影为例，好莱坞电影中的中国形象的嬗变其实很好地反映了中国在不同时代的发展。20 世纪 80 年代以前，电影中出现的中国形象无一例外都是落后的、封建的，甚至是不开化的，亟待他人的拯救。而 20 世纪 90 年代后，以李小龙、成龙为代表的功夫明星开始活跃在电影中，这时的中国形象被塑造成了功夫强国，但也仅限于高超的武功。进入新世纪后，中国的形象开始变得更加正面和积极。一方面，中国的制造技术开始得到世界的肯定，电影《2012》中承载人类生存希望的“诺亚方舟”就是中国建造的，而在《地心引力》之中，中国的空间站“天宫一号”则承担了拯救美国宇航员的任务。另一方面，中国的文化也在被深入地理解并运用。如果说成龙等功夫明星所展现的只是表面的功夫技能，那么《功夫熊猫》则将中国传统文化中的儒道精神和教育理念投入其中，而不少中国历史故事也被改编成了影视作品。比如动画片《花木兰》，虽然改编作品与花木兰的故事和精神略有偏离，但也在客观上促进了中华文化和精神的传播。除此之外，无论是中国明星在影片中饰演的角色，还是在故事中作为情节人物出现的中国人，其形象都有了极大的改善，从以往的愚昧无知、空架子，变为有勇有谋，不仅善于烹制美食，还很聪明优秀。

由此我们可以看到，在新时期，尽管旗袍、宫保鸡丁、中国功夫仍然是中国形象中不可缺少的一部分，但在外国人眼中，中国的形象也渐趋丰满和立体。这种丰满和立体是建立在国家政治和经济的强大和独立基础之上的，也是建立在中国不断开放的姿态之上的。而通过媒介所建立的中国形象，一方面表现了极大的包容性和共同性，能够接纳世界各国文化，并与异国和平相处；而另一方面，则是具有独特性。有着悠久历史和深厚文化积淀的中国具有独特的文化魅力，“和而不同”才是中国形象的塑造之道。

时至今日，中国的国家形象已经不仅仅体现在团体、精英或者媒介之中，而是体现在每一个中国公民身上。据中国国家旅游局发布的统计数据显示，2014年，中国公民出境旅游首次突破1亿人次，自2008～2014年增长了10.8倍。[①]据《中国留学发展报告(2012)》蓝皮书中提供的数据，自1978～2011年，中国共有224.51万留学生，成为全球最大的留学生输出国。这些数字背后所代表的是中国人开始以各种方式活跃在世界的舞台上，中国的国家形象也随之更为具体、鲜活。每一个走出国门的公民都在一定程度上影响了人们对中国国家形象的建构：无论是勤奋刻苦的中国学生，还是抢购黄金的中国大妈，抑或是踏实肯干的中国职员……这些一方面在颠覆着中国的传统固有形象，另一方面也在建构着新的中国形象。

到底怎样的国家形象才是审美文化真正应该着力树立的？通过前文简要的梳理我们可以看到，改革开放以前，审美文化所着重树立的都是一个经济上的富国、政治和军事上的强国。这不难理解，中国人民之所以遭受侵略，并历尽艰难创建国家，其根本原因还是政治经济不够强大，难以与其他国家抗衡。但是，经过长时间的改革开放，现如今中国的政治经济已经发展到了极为强大的程度，但是仍然问题多多。而当国家之间的竞争由单纯的经济、军事力量竞争上升为综合国力的竞争时，文化就成为了其中最重要的一环。党的十八大报告明确提出：推进社会主义文化强国建设。当前，“各种思想文化交流交融交锋更加频繁，文化在综合国力竞争中的地位和作用更加凸显，维护国家文化安全的任务更加艰巨，增强国家文化软实力、中华文化国际影响力要求更加紧迫，越来越要求我们的文化发展与中华民族深厚文化底蕴和丰富文化资源相匹配，与建设富强民主文明和谐的社会主义现代化国家的目标相承接。”[②]因此，中国形象在新时期的树立不应停留在单一的政治、经济、军事层面，或者依赖于独特的文化元素，而是应该以政治、经济为基础，竭力塑造充满特殊性与包容性、文化的深厚性与现代的活力相得益彰的、丰满而立体的大国形象。

随之而来的问题便是，国家形象靠什么来塑造？是军事实力、经济水平、政治，还是文化？不可否认，政治、经济、军事无论在什么时期都在国家形象的塑造

---

① 《我国内地公民出境旅游首次突破1亿人次》，新华网，http://www.xinhuanet.com/travel/2.htm，访问日期：2015年3月10日。

② 邓线平：《为什么要扎实推进社会主义文化强国建设?》，载2013年1月9日《南方日报》。

中占据着重要的位置，起着巨大的作用。问题是，除此之外还有其他手段吗？答案是肯定的，那就是文化。“当今世界正处在大发展大变革大调整时期，世界多极化、经济全球化深入发展、科学技术日新月异、各种思想文化交流交融交锋更加频繁，文化在综合国力竞争中的地位和作用更加凸显，维护国家文化安全任务更加艰巨，增强国家文化软实力、中华文化国际影响力要求更加紧迫。当代中国进入了全面建设小康社会的关键时期和深化改革开放、加快转变经济发展方式的攻坚时期，文化越来越成为民族凝聚力和创造力的重要源泉、越来越成为综合国力竞争的重要因素、越来越成为经济社会发展的重要支撑，丰富精神文化生活越来越成为我国人民的热切愿望。”①文化软实力也是国家形象中的重要一环。2011 年，孔子形象的水墨动画在美国纽约的时代广场上播出，这就是一种象征，“一切象征总有现实逻辑，蕴藏着历史的本质。在孔子走向世界这部崭新乐章里，大背景是新中国 60 多年社会变革的思想激荡、30 多年改革开放的精神求索，主旋律是新世纪以来社会主义中国走向文化振兴的激昂变奏。”②

最后我们再来看中国形象的塑造手段。国家行为对于国家形象的塑造作用不容忽视，在国际事务、灾难救援以及国家关系中的每一个表现都对塑造国家形象有着重要的作用。除此之外，精英形象更是不可缺少。中国的导演、演员受到全球关注，中国制作的文艺作品在世界范围内得到肯定，中国的运动员在赛事中获奖，各行各业的中国精英都是建构中国形象的重要一分子。中国运动员在比赛中拿奖并不稀奇，但是当李娜在西方传统运动项目网球比赛中获得冠军后，其意义便不同了；而当她用流利的英语大方、幽默、得体地陈述获奖感言的时候，其中所蕴含的意义便是当下的中国不仅有着深厚的传统文化，更能够很好地与世界文化接轨。当莫言获得诺贝尔文学奖的时候，中国的文化形象便不只是历史悠久、传统深厚，而具有了现代的活力。除此之外，中国形象的塑造更重要的还是在每一个公民身上。公民的责任意识、道德品质、行为方式、处事原则在方方面面都展现出了其背后国家的形象。

通过上面的例子我们不难发现，对民族音乐、民间故事、历史人物等文化元素的运用已经难以满足对国家形象的塑造，现代的中国已经不是最初在西方世界中一句中国功夫、青花瓷、旗袍、书法就可以简单代表的了，也不是国家行为、几个精英所能涵盖的了。现在的中国形象，最为重要的含义便是公民的责任与

---

① 《中共中央关于深化文化体制改革推动社会主义文化大发展大繁荣若干重大问题的决定》，人民出版社 2011 年版，第 4～5 页。

② 任仲平：《文化强国的“中国道路”——论推动社会主义文化大发展大繁荣》，载 2011 年 10 月 15 日《人民日报》。

幸福感。每一个公民都是国家的重要组成部分，因此每一个公民的行为都展现了国家的形象。但是，这里说的并不是财富、地位或者职场、竞技的成功所带来的狭隘的爱国主义，而是公民发自内心的幸福感。幸福源于稳定的生活、满意的工作，能够实现梦想、拥有想要的生活的人才会幸福。正如《礼记·礼运》所描述的："大道之行也，天下为公。选贤与能，讲信修睦。故人不独亲其亲，不独子其子。使老有所终，壮有所用，幼有所长。矜寡孤独废疾者，皆有所养。男有分，女有归。货恶其弃于地也，不必藏于己。力恶其不出于身也，不必为己。是故谋闭而不兴，盗窃乱贼而不作。故外户而不闭。是谓大同。"这种大同，就是社会主义和谐社会。

第六章
传统审美意识和审美模式的现代演绎

传统审美意识和审美模式在当代社会不可避免地要发生新的变化，新变化的外在动力主要来自外来文化的介入。在新的时代背景下，以现代、后现代的艺术样式融入和表现传统审美观念和意识，既表明了传统审美文化的生命力之所在，也说明了人类一直面临的问题之所在。

第一节 传统审美意识和审美模式的总体特征和美学意义

中华审美文化的“中和”精神贯穿于中华审美文化的各个层次、各种要素的关系之中，形成了中华审美文化的一些基本特征。李泽厚先生曾把中国传统文化界定为“乐感文化”[①]，并认为“乐感文化”的核心是“一个世界（人生）”观念，是整个中国文化（儒家、道家、法家、阴阳家等）所积淀而成的情理深层结构的主要特征，即不管意识到或没意识到，自觉或非自觉，这种“一个世界”观始终是作为基础的心理结构性的存在。也就是说，中国传统文化始终把眼光停留在人生的现实世界，建构人与人之间的准则，处理人与人之间的关系，以实现和谐的大同世界为目标，从不把过多的眼光移向并不存在的鬼神虚幻世界，始终把双脚牢牢地踏在人间的世俗世界中。自从孔子提出“未知生，焉知死”（《论语·先进》）、“未能事人，焉能事鬼”（《论语·先进》）、“子不语怪力乱神”（《论语·述而》）开始，以儒学为主流（道家也如此）的中国传统文化逐渐形成了一种对待人生、生活的积极进取精神，服从理性的清醒态度，重实用，轻思辨；重人事，轻鬼神；善于协

① 李泽厚：《论语今读》，第28页。

调群体，在人事日用中保持情欲的满足与平衡，避开反理性的炽热迷狂和盲目服从。它最终成为汉民族的一种无意识的集体原型现象，构成一种民族性的文化-心理结构。中国传统文化既然着力于建构一个人生的现实世界，那么制定人与人之间行为、关系的准则就成了最重要的首选目标，在这方面以孔子、孟子为代表的儒学起了奠基性和开拓性的作用。因此，认识和研究孔子、孟子，探索他们两千年来对中国人的思想、行为、意识、风俗、习惯影响深远的学说，看看他们给中国人留下了什么样的痕迹，给我们中国的传统文化心理结构带来了什么样的长处和弱点，也是一件很有意思的事。

一、传统审美意识的伦理性与审美性

中国传统文化是一个伦理性很强的文化，它偏于反映人与人、人与社会的关系，常常以善为美，"美善相乐"为其根本内涵。而在偏重于表现人与自然关系的变化中，则往往把自然与人的关系看作是人性的、情感的、道德人格的。莲花"出污泥而不染"，象征着人品的高洁；苍松"岁寒，然后知松柏之后凋也"，象征着人的坚贞不屈的精神；梅、兰、竹、菊称为"四君子"，都寓示着人品的高洁，所以"比德"说就成为中华传统文化的一个典型概念。

中国传统文化重视人的内心道德修养的完善以及人与人、人与社会之间的伦理关系。孔子在建构一个人的现实世界中起到了继承性和开拓性的作用，其继承性是继承了周礼的社会秩序和规范以及血缘关系优先原则，开拓性是其以仁释礼，为外在的礼法约束找到了一个心理情感的基础。"周礼"是在原始巫术礼仪基础上的晚期氏族统治体系的规范化和系统化，它一方面具有上下等级、尊卑长幼等明确而严格的秩序规定；另一方面它建立在血缘关系之上而具有原始人道主义和人情味。孔子就是周礼的维护者，他一再强调自己"述而不作""吾从周""梦见周公"等，这就反映了他对周礼的态度。孔子的开拓性贡献就是"以仁释礼"，为这种上下有等、尊卑长幼的等级秩序找到一种心理情感基础，因为"仁者，爱人""亲亲，仁也"，就是说"仁"的基础含义应该是一种人与人之间的血缘纽带；而"孝悌"是"仁"的根本，"孝"是父母和子女之间的血缘关系，所谓的"父慈子孝"就是如此；"悌"是兄弟之间的血缘关系，就是"兄友弟恭"。那么"孝悌"就从纵、横两个方面把这种等级关系建立起来，"孝"必须是"父慈子孝"而不能反过来，父母在子女面前保持了一种绝对的权威，也就是父为子纲，两者是不平等的；同样"兄友弟恭"也不能反过来，兄也保持着对弟的绝对权威，同样夫为妻纲，丈夫保持着对妻子的绝对权威。这样，就建立了严格的等级秩序，这些关系之间又以血缘关系为纽带，由血缘而产生的亲情又使得这种绝对权威带有一种温情脉脉的面纱，降低了其威严性、恐怖性，增加了亲和感。这就建立了一种爱有差等的和睦的家庭关系，这种关系就是儒家所谓的“修身、齐家、治国、平天下”。也就是说，整个社会的和谐秩序，首先必须从人的自身道德修养和完善开始，只有“文质彬彬的君子”才能“治国、平天下”，这也是孟子所说的“天下之本在国，国之本在家，家之本在身”。所以孔子强调“其身正，不令而行；其身不正，虽令不行”。儒家强调“修身”作为“齐家、治国、平天下”的根本，强调一种道德的完善，强调“爱人之心”，强调“己所不欲，勿施于人”，认为只有这样的人，才能成为“文质彬彬的君子”，这是“齐家、治国、平天下”的根本。儒家把这种家的爱有差等的和谐关系推及到治国，把父子、夫妻、兄弟之间的关系推及到国家层面的君臣关系。君臣之间就是一种父子关系，两者既保持一种严格的等级关系“君为臣纲”，但又要以君贤臣忠来中和这种等级关系，这样整个社会就建立了一个上下左右、尊卑长幼之间的有序、团结、互助、协调的和谐关系。在这种关系中，个人没有独立性，个人的存在必须以遵守集体的秩序为标准，否则个人就会被集体所抛弃。可以看出，无论是个人的道德修养还是以德治家、以德治国、以德平天下，都必须是一种伦理道德的“善”，而这种“善”就是一种美。中国传统文化就是一种“美善相乐”的文化，是一种伦理性与审美性相结合的文化。

中国古代以儒家思想（包括道家、禅宗）为主流、主干的传统审美文化塑造了人格的道德完善，建构了人与人、人与社会、人与自然之间的伦理关系准则，从而从正面担当了中国历史的伦理、政治责任。但如果只着眼于儒家文化的伦理性，而注意不到儒家文化的精神性，即审美性（当然这种审美性主要被道家所发挥），就不能全面了解儒家文化，从而也不能全面了解中国传统审美文化。以孔子为代表的儒家很注重仁心、政治、美学的统一，也就是说儒家很重视伦理性、政治性与审美性的统一，伦理的也就是政治的、审美的，审美的也是伦理的、政治的，三者是统一的。

儒家很重视“乐”，认为只有“乐”才能达到“神人以和”而产生最高的快乐，反过来，做任何事情，只有达到了最高的快乐，才算是达到了最高的境界。孔子说“知之者不如好之者，好之者不如乐之者”（《论语·雍也》），“兴于诗，立于礼，成于乐”（《论语·泰伯》），讲的都是这个道理。“乐”在孔子的思想里就与最高的境界相连而具有审美的意义，正所谓“一箪食，一瓢饮，在陋巷，人不堪其忧，回也不改其乐”（《论语·雍也》）和“饭疏食，饮水，曲肱而枕之，乐亦在其中也。不义而富且贵，于我如浮云”（《论语·述而》）。这种被宋明理学所大力提倡的“孔颜乐处”的“乐”才具有审美的意义。这一点在《论述·述而》中《子路、曾晳、冉有、公西华侍坐》这一篇里有较充分的发挥：孔子让他的四个学生随便谈谈自己的理想抱负，但孔子所赞同的不是子路的治理千乘之国的政治功业，不是冉有的让人民都知晓文明礼貌的教化伟业，也不是公西华的把宗庙仪式搞得尽善尽美的专业之功，而是曾皙的暮春之游的自由境界。这种自由境界不表现为具体的做事，也不固执于要做什么事，而是一种“游玩”的境界。有意思的是，孔子的着眼点应该是士人的“修身、齐家、治国、平天下”的伦理政治风范，而不是这种“游玩”的自由境界，但事实上孔子认同“游玩”的审美境界，却并不赞同功名富贵的世俗功业。究其原因，大概孔子在周游列国、四处碰壁之后理解了建立和谐的伦理政治秩序的不易，认为只有融入自然，涤除各种诱惑和功名利禄之心，放飞自己的梦想，才能实现真正的人的快乐。这是以孔子为代表的儒家人格理想的最高境界，也是体现仁者的宇宙胸怀、实现“天人合一”的最高理想。孔子“游玩”的自由境界是一种审美的境界，这种境界不是靠崇拜鬼神在彼岸世界中获得，而是在现实的世俗世界中通过超越一切的世俗羁绊，放松自己的身心，与大自然融为一体，实现生活的审美化而获得的。

老庄道家文化也是一种现实人生的文化，只不过这种人生不是儒家的伦理人生、政治人生，而是一种道的人生、虚静的人生、艺术的人生。老庄对“道”进行了虚无缥缈的、形而上的非科学的描述，认为“道”是人生的最高境界，道的人生也就是最高境界的人生。从大的方面而言，这种人生就是宇宙的各安其位、各遵其序的和谐宇宙；从政治层面来讲，就是“无为而无不为”的和谐政治；从社会层面而言，就是“鸡犬之声相闻，老死不相往来”的小国寡民状态；从自然层面而言，就是“处物而不伤于物”的和谐自然；等等。不过，这种道的人生不能像儒家那样建构让现实中的人民能够可以遵守和施行的一整套伦理政治制度，而只能通过“体道”的方式在生活中加以体认感悟来把握，以便在精神上与“道”一致，形成“道的人生观”，抱着“道”的生活态度来安顿现实的生活。老子对道的人生的把握是通过思辨的方式展开的，具有理论的、形而上的意义；庄子却紧紧抓住“技”的锻炼，在现实人生中去体认道、发现道的精神则是一种最高的艺术精神。

当然，我们现在说以老庄为代表的道家的人生是一种艺术的人生、审美的人生，只是后人对其理论的概括和情感的体认，老庄可没有这个概念，说不定他们知道这个名称之后还会笑话我们。但是他们首次提出了“道”的概念以及体认道的方式，因此对“道”的概念，道家既有形而上的思辨，还有形而下的陈述。他们认为“道”是创造宇宙的基本动力，人是“道”所创造的，所以“道”便是人的根源性的本质。就人自身而言，他们先称为“德”，后称为“性”。从这方面来说，“道”和“艺术”没有任何的关联。但是如果不随着他们形而上的思辨，而是从他们由修养的功夫所到达的人生境界来看，他们所用的功夫则是一个伟大的艺术家的修养功夫；他们由功夫所达到的人生境界本无心于艺术，却不期然地回归于今日之所谓艺术精神之上。也可以这样说，当庄子从观念上去描述他之所谓道，而我们也只从观念上去加以把握时，这“道”便是思辨的形而上的性格。但当庄子把它当作人生的体验而加以陈述，我们应对于这种人生体验而得到了悟时，便是彻头彻尾的艺术精神了，而且其于不识不知之中对中国艺术的发展产生了某种程度的影响。[①] 也就是说，庄子的“道”并不一定专门指向艺术，但从修养功夫所达到的人生境界却契合了“道”的精神，而修养功夫活动的本身也契合了艺术活动。《庄子》一书中举了很多这方面的例子，如庖丁解牛、梓庆造鐻、佝偻承蜩等，这些例子有一个共同的特点，那就是由“技”的锻炼到“道”的升华的转变。如庖丁经过三年的解牛（技的锻炼），终于在三年之后游刃有余地解牛并获得了艺术的享受。那么，如何在“技”的锻炼过程中升华为“道”？从庖丁解牛来看，经过三年艰苦的解牛锻炼，庖丁再解牛的时候“未尝见全牛”，说明此时他与牛的对立消失了，即实现了心与物对立的消解。不仅如此，此时的庖丁“以身遇而不以目视，官知止而神欲行”，说明他的手与心的距离也消失了，技术对心的制约也消解了，于是解牛就成了他无所羁绊的纯粹的精神性游戏，他的精神由此也得到了由技术的解放而来的自由感与充实感。可见，庖丁解牛的例子是庄子把“道”的精神落实到现实人生，在人生中实现的一个情境，也是艺术精神在人生中具体呈现的情境。

如何把握庄子的艺术人生呢？庄子认为只能靠“心斋”与“坐忘”的精神自由活动。所谓“心斋”就是“无听之以耳，而听之以心。无听之以心，而听之以气。听止于耳，心止于符。气也者，虚而待物者也。唯道集虚。虚也者，心斋也”（《庄子·人间世》）。所谓“坐忘”就是“堕肢体，黜聪明，离形去知，同于大通，此谓坐忘”（《庄子·人间世》）。也就是说“心斋”与“坐忘”就是“无己”和“丧我”，就是要排除一切生理所带来的欲望，使心不受欲望的奴役，使心从欲望的要挟中解放出来，达到一种精神上的逍遥游。因此，体认“道”的精神自由活动实际上就是一种美的历程的观照，这种“道”的人生也是一种审美的人生、艺术的人生。

谈到儒家，我们很自然地看到儒家很重视道德的伦理教化，很重视善，认为善就是美，大善就是大美，所以伦理性和审美性是统一的。也就是说，儒家重视感性与理性的和谐统一，在这种统一中又侧重于以理性约束和控制感性，理性为本，感性为辅，感性中和理性，感性活动中又积淀着理性。理性不是抽象的、思辨的理性，而是沉浸在经验、具体、感性之中的理性。在儒家眼里，文学艺术只不过是其伦理教化的一种意识形态工具，文学艺术为塑造人的和谐人性起到了极为重要的作用，但文学艺术也必须符合儒家的文艺标准，如“温柔敦厚”“乐而不淫、哀而不伤”，讲究“大团圆”结局等。另外，儒家把修身养性上升到一种制度性建设的层面，即“内圣外王”，因此，儒家成为和平时期的主导意识形态也在情理之

① 参见徐复观：《中国艺术精神》，华东师范大学出版社2001年版，第30页。

中。道家作为儒家的对立面坚决反对儒家的理性对感性的控制和约束，它主张感性的解放和自由，反对任何人为的约束和限制，主张生命的体验和实践性的“技”的锻炼，从生命体验感悟宇宙精神，使得“技”的锻炼上升到“道”的境界，从而达到心灵的逍遥游。可以说道家的生命体验和“技”到“道”的转化比儒家更能有利于文学艺术审美性的发展。道家在感性与理性的和谐统一中侧重的是感性，从另一个层面弥补了儒家对理性的过度强调，张扬了感性，所以说“儒道互补”就成为中华传统审美文化的一个突出特征。

儒家、道家和禅宗都以“治心”为出发点，儒家把心和合于人与人之和、人与社会之和、人与自然之和；人心之和只是逻辑的起点，人与社会之和和天下之和才是最终目标，所以审美性的文学艺术只是达到伦理性的一个工具。但是伦理性是分层次的，一个人的善不如邦国的人人都善，一个人的和不如邦国中的人人都和，邦国中的人人都善、都和不如天下的人人都善、都和，所以在儒家看来，天下的人人都善才是一种至善，达到至善也就达到了至美。与此相对应，文学艺术也是分层次的，音乐才是一种至美的艺术。道家和禅宗以治心为本，道家把心放到自然之中，以人心之和合于天道，人合于天，合于自然，以天和天，天乐才是最高的理想；同样认为，人籁不如地籁，地籁不如天籁。这种放飞心灵自由的天乐就是一种自然美、一种至美。因此，道家反对人为造作的艺术，而追求一种“天然去雕饰”的自然艺术。禅宗从心理本体出发，把心与物的关系放在突出的位置，追求心、物绝对和谐的超然世界，把超脱外物世界的羁绊作为自己的主旨，讲求物归于心，以心理为依归，以心为本。

二、传统审美模式的世间性与超越性

中国传统文化不光具有伦理性和审美性，还具有世间性和超越性。我们上面论述的中国传统文化始终把眼光停留在一个人间的世界上，建构人与人、人与社会、人与自然之间的关系准则，具有极强的世间性。它更重视人际关系和人世情感，极力以此际人生为目标，不力求来世的幸福，不希求神灵的拯救。而所谓“此际人生”不是指一个人的人生，而是一个群体——家庭、国家、天下的人类。对于相信神灵世界的平民百姓来说，那个鬼神世界、虚幻空间也是属于人生世界的一部分，它是为了人类的生存而存在的，人们为了生活安宁、消灾祛病、求子祈福而求神拜佛，请神占卜。

由于人们关注于人间现实，所以人们重视人际关系、人世情感，感伤于生死无常，把生的意义寄托和归宿在人间，“于有限中见无限”“既入世而求超脱”，所以人们就更加强调自强不息、韧性奋斗，“知其不可为而为之”“岁寒，然后知松柏之后凋也”。也赋予了自然以更强的情感肯定色彩：“天地之大德曰生”“生生之谓易”“天行健”“厚德载物”……目的都是用这种积极的情感肯定色彩来支持人生生存。由于强调世间性，所以中国文化很注重实际效用而轻遐思、幻想；重兼容并包（有用、有理便接受），轻情感狂热（不执著于某一情绪、信仰或理念）。因此中国人很重视现实的实际效用，一切兼容并包都以满足自己的实际效用为目的。例如，中国人也信仰鬼神，但只是在自己大难临头、灾祸频频出现时才不得已求神拜佛；等到灾祸过去，大难消失，神、佛又被弃置一边，不闻不问。中国人也有宗教信仰，但是中国人的宗教信仰必须始终和现实人生紧密联系，一方面佛教、道教、基督教、伊斯兰教都能在中国存在，但这些宗教的生存必须以不危及传统的王权为前提，否则便会遭到王权的禁锢和压迫，历史上出现过的“三武灭佛”事件就是一个明显的例证。另外，这些宗教要在中国的现实土壤中生根、发芽、开花、结果，除了不危及王权、受王权约束之外，还要适应中国传统文化的现实精神，以满足中国人的现实需要。

中国传统文化不仅固守现实的伦理政治，注重世间性的现实功用，还具有超越性，具有宗教的功能。李泽厚先生认为：“儒学不重奇迹、神秘，却并不排斥宗教信仰；……它本身原来就远不止是‘处世格言’‘普通常识’，而具有‘终极关怀’的宗教品格。它执著地追求人生意义，有对超道德、伦理的‘天地境界’的体认、追求和启悟。从而在现实生活中，儒学的这种品德和功能，可以成为人们（个体）安身立命、精神皈依的归宿。它是没有人格神，没有魔法、奇迹的‘半宗教’。”① 李泽厚先生对中国传统文化的超越性把握得很到位，他认为以儒学为主流的中国传统文化的超越性不在虚幻的彼岸世界，而在现实的世间性。儒学的这种宗教性不是以人格性的上帝来管辖人的心灵，而主要通过以伦理-自然秩序为根本支柱构成意识形态和政教体制，来管辖人的身心活动。其特征之一便是将宗教性道德与社会性道德融成一体，形成中国式的“政教合一”，并提高到宇宙论（阴阳五行）或本体论（心性）的哲理高度来作为信仰。

儒学的这种信仰不是让现实世界的人们信奉彼岸世界的人格性的上帝，而是以伦理道德作为个人内心的信仰、修养和情感，与作为社会外在行为、准则和制度融合为一体的“人”作为人们的崇拜对象和榜样来影响整个社会人们的信仰、关系和行为准则，因此“自天子以至庶人，一是修身为本”和“其身正，不令而行，其身不正，虽令不从”一直是中国人信仰和遵从的标准。因此，儒家崇拜的不是彼岸世界的人格性的上帝，而是现实世界的祖先，祖先的品德、功业等为后辈子孙所崇拜、所敬仰，而这些品德、功业是在现实的世间性中获得的，不是在彼岸的世界靠人们的幻想的人格神来获得。因此，中国人没有人格神，没有魔法，而

① 李泽厚：《论语今读》，第5页。

只有现实中过世的祖先,或者是圣人先王的神秘化。就算是有些靠人们幻想的神秘化的奇迹发生,那也是为了现实的实用目的。

儒学的个人内心的修养(即“内圣”)可以在山水优游之中、林中漫步之时成为个体对生活意义和人生境界的追求,从而成为宗教、哲学、艺术的创造,在此之中实现“天人合一”的境界,实现对现实的超越。儒学的社会性的外在行为(即“外王”)重视人际关系、群体和谐、社会理想以及情理统一,强调用教育感化、协商解决等方法来开辟某种未来性的途径,以实现和谐大同的未来社会愿景,从而给人一种前进的动力及对现实的不满的超越。

中国传统审美文化是一种很重视现实性的文化,也可以说是一种世俗文化。它的着眼点在于正确处理人与人之间、人与社会之间、人与自然之间的关系,而不是处理人与神之间的关系,就算是处理人与神之间的关系也是采用实用的、现实的、功利的态度来进行的,因此,中国传统审美文化的现实性特点突出。但如果认为中国传统审美文化没有超越性的特点,那就不能正确理解中国传统审美文化。实际上,中国传统审美文化是一个现实性与超越性和谐统一的文化,在现实中实现超越,在超越中离不开现实。人们说儒学是人学,就是说儒学的出发点是从人本身的现实修养出发来处理人与人之间、人与社会之间的关系。就个人来说,对内侧重于用文学艺术来治心,培养人内心情感的和谐、平衡;对外用严格而又繁琐的礼仪来规范人的行为,培养人外在行为的中规中矩,最终养成文质兼备的谦谦君子。对社会来说,礼乐教化起着非常重要的作用,其目的在于使人人都成为内心充满仁爱之心、行为符合礼仪的君子。这样社会和谐的大同局面才能实现,从而实现天和、地和、人和的和谐统一。因此,儒家不重视形而上的理论思索,不重视神秘的“怪力乱神”,不重视彼岸世界的建立,但它却能在现实的人生中给人以形而上的关怀和安慰。这是李泽厚对儒家的现实性与超越性的界定。

不光儒学是这样,道学和禅宗也同样是现实性与超越性的统一,有时还显得更加明显。老庄的道学非常重视“道”的形而上学性,充满了理性的深刻内涵,如“道可道,非常道,名可名,非常名”。但“道”又离不开感性而独立存在,“道之为物,惟惶惟惚。惚兮惶兮,其中有象;恍兮惚兮,其中有物”。可以说达到“道”的境界就是实现了自身的超越,而要达到“道”的境界,自身就必须养生,就要“心斋”“坐忘”,还要重视“技”的锻炼和培养。实际上,道家体道、悟道的过程就是现实性与超越性的统一。佛家重视以心为本,认为只有脱离尘世才能成佛,可谓超越,但佛家的超越也必须通过现世的修行和现实的积德行善来完成,而中国化的禅宗更是现实性与超越性融为一体,区分不清,因为它主张佛我一体,我心即佛。可见,构成中华传统审美文化的儒、释、道都从现实性中实现了超越性,而超越性的实现又以现实性为出发点,两者彼此交融,不可分割,共同形成了中华传统审美文化的又一个特点。

从上述传统审美意识和审美模式的基本特征中我们可以发掘出三个极具美学意义的范畴,即天人合一、和而不同和气韵生动。这三个中国古典审美范畴与当代审美观念相结合,分别在建筑艺术、装饰艺术和舞蹈艺术中得到了充分体现,我们将在以下各节中一一作出说明。

第二节 当代建筑艺术的审美观念:"天人合一"的现代阐释

建筑是一种文化的表现,中西建筑造型的不同从根本上来说就是中西文化的不同,是中西文化的不同特点造成了中西建筑造型的不同特色。中国传统文化的特色就是"中和文化",这种文化表现在建筑上就是"天人合一"。关于天地万物与人一体的思想,古代哲人已有所表述,其中比较有代表性的人物是王阳明。他在《传习录》中说:"盖天地万物与人原是一体,其发窍之最精处,是人心一点灵明。风雨露雷,日、月、星、辰、禽、兽、草、木、山、川、土、石,与人原是只体。故五谷禽兽之类;皆可以养人;药石之类,皆可以疗疾:只为同此一气,故能相通耳。"[①]王阳明提出了天地万物与人原是一体的观点,并从人的生存需要说明人不能离开自然万物而生存,自然万物与人"一气"相通。

在传统的中国,建筑与人和自然万物融为一体,是天人合一的一部分。中国人把建筑看成一种宇宙观,这可以从宇宙的引申义和本义中看出来。《管子·宙合》较早触及了"宇宙"这一哲学命题,并将"宇宙"称为"宙合",其文曰:"天地,万物之橐;宙合,又橐天地。""橐"有两种含义:一指冶炼鼓风吹火之器,犹今之风箱。《墨子·备穴》所谓"居炉橐,橐以牛皮",《淮南子·本经训》所谓"鼓橐吹埵,以销钢铁",以及《老子》所谓"天地之间,其犹橐龠乎,虚而不屈,动而愈出"均为此解。此等宇宙能够囊括万物,包罗万象。《管子·宙合》说:"宙合之意,上通于天之上,下泉于地之下,外出于四海之外,合纳天地以为一橐。"可见,宇宙、天地、万物三者并非同一范畴:万物包含于天地之中,天地又包含于"宙合"之内。而所谓"合",本指盛物之盒。《正韵》曰:"合,盛物器,其形方正。"因其方正,故必居六面,于是"四方上下曰六合","合"就是"六合"。李白有诗曰:"秦王扫六合,雄视何壮哉!"此"六合"就是天下之意。"六合"就是"宇"。而所谓"宙"通"久",为时间概念。因此,《淮南子》亦说:"况受光於宇宙乎。"高诱注曰:"四方上下曰宇,往

① (明)王守仁撰,吴光等编校:《王阳明全集》卷三《语录三》,上海古籍出版社2011年版,第122页。

古来今曰宙。”可见，人们把“宇”看成一个“空间”概念，把“宙”看成一个“时间”概念。“宇宙”的含义主要有两点：一是“大”。《广韵》就说：“宇者，大也。”即“宇”弥漫于一切，包容一切，能容天地万物，其大就可想而知了。二是“久”，即时间长久的意思。这样看来，“宇宙”就是时空。实际上，“宇”是指“宙”（时间）的空间存在方式；“宙”是指“宇”（空间）存在的运动过程。“宇”具有空间之广延性，“宙”具有时间之连续性，时空并存，不可分离。

宇宙的这种时空意识和建筑联系紧密。《周易》之“大壮”卦有“上栋下宇，以待风雨”之说，这里的“宇”按许慎《说文解字》的解释是：“宇，屋边也。”即所谓的“宇”就是“屋檐”之谓也。“宙”也是一个具有建筑文化含义的汉字。《淮南子》说：“凤凰之翔，至德也。雷霆不作，风雨不兴，山谷不言詹，草木不摇，而燕雀佼之，以为不能与之争於宇宙之间。”高诱注曰：“宇，屋檐也；宙，栋梁也。”“宙”何以成为房屋的“栋梁”？这与“宙，通久”相关联，因为中国传统建筑构架是木构架而非古希腊的石构架，木结构栋梁具有举足轻重的撑持的物理功效。假如抽取了房屋的“宙”即栋梁，房屋就会倒塌，对中国传统的木构架建筑而言，也就“屋将不屋了”。故支撑屋顶重载的栋梁（宙），实际就是中国传统木构架建筑的生命。建筑物是否能够持久，全凭栋梁的支撑，于是“久”就成了建筑物得以存在的栋梁的一种特性。这种特性本来是物质的一种物理特性，却被中国古代先哲抽象为富于哲学意味和建筑美学意味的一个范畴了，这就是：时间。故“宙”通“久”，两者意义相连。

可以说，在古代中国，人们把天地宇宙感知、想象为一所似乎以“宇”（屋顶）、“宙”（栋梁）为主要结构的“大房子”，千秋万代，人们就生活在这个“大房子”的庇护之下。同时，人们也习惯于将所居之所，即建筑及其周围环境，看作他们赖以生存的宇宙，这是狭隘的原始初民的宇宙眼光与农业文明的宇宙观点所留下的烙印。《墨子·经说》云：“久，合古今旦暮。”莫者，暮也。《墨子·经上》又说：“久，弥异时也。”久即宙，包含一切时间，这均与建筑空间及人在建筑环境中的活动过程有关。正如王夫之在《思问录·内篇》所言：“上天下地曰宇，往古来今曰宙，虽然，莫为之郛郭也。惟有郛郭者，则旁有质而中无实，谓之空洞可矣，宇宙其如是哉！宇宙者，积而成乎久大者也。”这里的“郛郭”即为建筑，建筑就是宇宙。宇宙就是“旁有质而中无实”的“空洞”，即“空间”，此建筑空间同时还有赖于栋梁撑持天穹的一种存在，故所谓“积而成乎久大”。

中国古代有关“天宫”的神话传说就是一种建筑的天国形象。所谓“天柱”者，乃是古代神话传说中真正顶天立地之大柱也。正如《神异经·中荒经》所言：“昆仑之山有铜柱焉，其高入天。所谓天柱也，围三千里，周圆如削。”而共工怒触不周山使天柱变折，这是何等壮观的景象？房屋倒塌就是宇宙倒塌之象。《淮南子·览冥训》曰:“往古之时,四极废,九州裂,天不兼覆,地不周载……女娲炼五色石以补苍天,断鳌足以立四极。”在这里,人们把泥瓦匠修补房子想象为女娲炼五色石以补苍天的神话传说,虽说有点荒诞不经,但其实是中国传统建筑文化的一种空间意识的再现。

中国传统建筑文化的这种把建筑看成宇宙的观念,即时空一体观念,也是天人合一的观念。这种观念最主要的特点就是建筑的人本主义精神和建筑与自然环境和谐统一的环境观。这种人本主义精神主要表现在中国以“礼”为代表的伦理秩序社会的建立,这种秩序的目的是和谐。儒家为人世用君臣、父子、夫妇、兄弟、朋友的关系设定了行为道德标准,就是有名的“五伦”。这种秩序反映在建筑的空间上,形成了中国所特有的空间观。

第一个特色是均衡、对称。这是就个体来说所表现的和谐。上天赋予人体的造型基本上是对称的,因此对称的空间与人之环境感受是相配合的。也可以说,中国建筑自始至终都在建立符合自我的空间秩序。在西方,这一点是到了文艺复兴之后才发展出来的。

第二个特色是建筑配置的井然有序。中国的个体建筑都是极简单的长方形匣子,因此凡建筑皆成组。四合院几乎是最小的组合;每一个组合都反映了天命的观念,都是一个小宇宙。在北方,建筑都要坐北朝南,左右厢房围护。如果是大型建筑,则有数进、重复合院的组合。在成组的建筑中,从个体建筑的高低大小,可以看出何者为主、何者为从,建筑群因此可视为人间礼制的反映。在住宅建筑中,按身份分配居住空间,有前后之分、左右之分,秩序井然。

人本的精神除了表现在空间秩序与人间和谐上之外,还表现为明确的感官享受,这可从建筑的审美观上看出来。中国是一个讲究“食色,性也”的国度,也就是说从不过分地约束自己的感官享受,因此我们视感官享受为追求美感的一部分,没有像西方那么严格的逻辑美学、哲学美学。就建筑来说,我们没有专门的建筑学家写出关于建筑的理论著作,而只有大量文人描述的帝王宫室和苑囿的壮丽、华美而已,这在相当程度上是在追求一种如何满足声色之欲的美学。自汉代以来,中国建筑就是极为华丽的,汉赋中描写的宫殿富丽堂皇,极尽雕琢之能事;唐宋以来的建筑有出土的建筑画为证,梁、柱都画了多彩的图案;明清的建筑遗存较多,色彩之艳丽是大家都看得到的。在我国,往往是民间建筑显示出朴实无华之美,这与封建时代对建筑的等级和色彩的严格限制有很大的关联,民间只能用灰、白、黑色。但在较为富庶的地区,尤其是距离首都较远的地区,民宅中也不乏雕梁画栋之美。中国人喜欢幸福、喜欢亮丽、喜欢圆满、喜欢长寿,因此建筑上布满了这些象征,这与西方的悲剧性格是大相径庭的。在中国富人的建筑里,陈设的艺术品也充满了幸福与圆满。

当然，人本主义精神也体现在宗教建筑上。因为中国人的观念是神、人不分的，也可以这样说，神与人是很接近的，很多神是我们所尊敬的人，因此宗教建筑是非常亲切的。严格地说，中国并没有宗教建筑。虽然自南朝以来，舍宅为寺记载颇多，但寺庙只不过是些大型住宅而已。

中国建筑文化中的“天人合一”的环境观念主要反映在以下几点：

第一，强调人为营造与所处自然环境相协调适应。人居环境不仅指建筑本身，而且还包括这个建筑的内外空间及其周围环境。建筑应成为这个大环境的有机组成部分并纳入其中，与之和谐而统一，与之适应而共存。这一环境观念早在三千多年前的周代就十分明确，魏晋南北朝时期的山水画里面点染的山水景物、村居人家也莫不如此。

第二，风水学说的广泛运用。风水学说故称“风水术”，从建筑选址相地、建筑环境配置，到与周围山川环境协调的宏观把握，以至家具陈设等局部关系，所有建筑空间环境要素无所不包，互有对应，构成一个庞大的“天人合一”的人居环境观照体系。从现代科学观分析，不少学者认为“风水理论实际上是地理学、气象学、景观学、生态学、城市建筑学等等一种综合性的自然科学”[①]，同时也是一门包括心理学、行为学、社会关系学等内容的人文社会科学。从大建筑学的观点来看，风水学说就是古代城市规划学，它同中国营造学、园林学一起构成了中国古代的三大建筑理论。遗留至今的许多寺庙、陵墓、民居等古建筑多是在古代风水理论的指导下选址建成的，还有历史文化名城与村镇聚落等众多实例都给我们展示了一幅幅“天人合一”的风水宝地营建佳作，其建筑环境与自然环境的结合、其人文环境的自然化、自然环境的人文化等大手笔营建都给我们留下了深刻的影响。

第三，山水城市的创造与发展。中国的山水城市是具有中国特色的，这种特色就是无论是城市还是乡村聚落都与山水紧密相连，人居与自然环境的关系也就是建筑与自然环境的关系。人们在城市中生活，就如同生活在自然山水之中，因为人们赋予了自然山水更多的人文意蕴，在山水中寄托了人们的人生理想，所以中国的山水城市也就是人们最理想的人居环境之所。

第四，崇尚自然的环境美学观。在中国传统审美文化和审美心理结构中，在崇尚天道自然的思维模式影响下，中国人很早就把自然山水风景作为审美观照的对象，中国建筑环境的自然观也因山水美学的发达而积累了深厚的文化底蕴。这种环境美学观的本质特征就在于“中和美”的协调。在大地的自然景观中，山

---

① 冯建逵等“关于风水理论的探索与研究”，转引自王蔚：《不同自然观下的建筑场所艺术：中西传统建筑文化比较》，天津大学出版社2004年版，第113页。

是形形色色的，水是千变万化的，其美也是多姿多彩的，可以有各种不同的选择和观赏评价的角度，这在宋代郭熙的《林泉高致》中有充分的阐释。在中国传统文化中，美是礼乐的和谐统一。《论语》中说："礼之用，和为贵，先王之道斯为美。"因此，只有礼乐适度、相互制约，才能成为中和之美。这样的环境美学观念集中体现在中国的园林艺术中。中国古典园林最高的美学境界就是对"意境美"的追求，给人的是只可意会不可言传的审美情趣，从对自然的意境美的欣赏达到对人生境界的提升，从中得到最大的精神享受。

当然，中国传统建筑文化的"天人合一"思想在建筑中的体现也存在困境。在现代人看来，那就是重人道，轻天道；重天人和谐，轻天人冲突；重伦理本位，轻生态关切；重经验体悟，轻科学理性，等等。随着时代的发展，建筑的形式、材料、功能、价值、审美等发生了很大的变化，但天人合一的审美观念仍然没有改变，只是人们对"天人合一"观念进行了重新阐释。中国传统的"天人合一"观念经常以神秘主义的天人观而告终，它实际上是一种天人感应论，不是现代人所理解的人与自然的和谐相处。从消极的意义上来理解，它重内在的精神体悟，而轻视了对外在自然的认识与改造，始终难以摆脱自身固有的神秘性。从积极的意义上来看，它把外在的必然性与人的主动性统一起来，具有很高的精神价值和审美意义，也正是这种思想熔铸了中华民族自强不息的奋斗精神，渗入了传统文化的各个方面。我们上面所阐释的"天人合一"就融入了建筑文化之中，对中国传统建筑的塑造具有决定性的影响。

在私人居住空间的营造上，中国的当代建筑已经摆脱了中国传统建筑一贯追求的伦理性，在商业化的大潮中，更加强调建筑三要素当中的"实用"与"坚固"，而把"审美"放在了一个不重要的位置上。这是受政治和商业两个方面的影响所致：中国当代建筑把审美边缘化主要是与人口众多和居住面积有限的矛盾有关，中国的整个社会结构是不均衡的，中下层人口众多，占了中国人口的绝大部分。新中国成立之后，由于两次大规模的人口由农村迁往城市（"文革"后期的知青返城和改革开放之后的农民工进城），使得城市的住房压力倍增，城市建筑土地使用面积的狭小导致了中国城市在短期内高楼林立。在有限的土地上，为了保证最大的居住面积，必然把实用放在第一位，这似乎又回到了人类初期社会对建筑的要求上，但是建筑材料与以前相比已有天壤之别。虽然不能忽视坚固原则，但审美要求在这里自然就退后了。钢筋和水泥堆砌起来的建筑形式变化不大，导致审美疲劳甚至反感，当代建筑把审美边缘化就在情理之中了。但是，当代建筑审美的边缘化不等于不重视对建筑的审美，当代中国建筑把这种对外部造型的审美变为对建筑内部的装饰审美，即审美内化。这种审美内化是业主对自己所拥有的房子空间面积所进行的装饰美化。当然，个人对美的认识和理解不同，对空间的装饰审美也千差万别，但不管怎样，这种审美内化主要是为了满足个人及其家人生活舒适和美感的需要。在这里，装饰的美化程度要以满足居住空间里面的人的需要为前提。从人与自然协调一致的角度来审视，当代私人居住建筑的审美内化就是人与自然的和谐相处：人一方面尊重大自然，另一方面又合理地利用大自然。季羡林先生说："东方人对大自然的态度是同大自然交朋友，了解自然，认识自然；在这个基础上，再向大自然有所索取。"但是，这种天人和谐相处必须以对天与人的理性认识为前提，而不是建立在对天的神秘崇拜上，否则就不能正确地认识和评价现在的环境危机。

在公共服务型空间的营造上，中国很多当代建筑则有意保留了中国传统建筑的造型、结构及其天人合一的风格和传统。这类建筑可以再细分为两类，一类是立足于古建筑模型的修复和重建，另一类是为了满足新的公共活动需求而建造的标志性建筑。

首先看第一类建筑。在当代，保留下来的古建筑几乎完全失去了其实用功能，转而行使历史职能。对遭到破坏但仍然存在的古建筑，我们一般采取古代与现代建筑技术相结合的方法修复，使其恢复往日的风采；对主体框架已经不存在，或者只存在地基和建筑痕迹的古建筑遗址，我们一般采取就地保护的方法，有条件的地方还会在其他地方模拟复建，努力还原真实的古代建筑。我们知道，建筑本身能够营造出具体的空间感，而古老的建筑则又赋予这具体空间感以具体的时间感，古老的时间和古老的空间交织在一起，很容易重现古人那种真切的天人合一的情怀，因此，古建筑的修复和重建不仅有很大的历史价值，还有着极强的美学意义。

其次来看第二类建筑。梁思成在《中国建筑史》中说："建筑之始，产生于实际需要，受制于自然物理，非着意创制形式，更无所谓派别。其结构之系统，及形式之派别，乃其材料环境所形成。"[①]这两句话言简意赅地概括了建筑的起源及其风格和流派的形成，同时也对我们解读当代建筑提供了最基本的概念依据。当代建筑一般也都有其实际需要，但其受制于自然地理的意味减轻，着意创制形式的倾向较强，各种形式派别纷呈，这些新特征的出现都与前文反复提到的经济、文化全球化的趋势有很大的关系。但从另一个层面上来讲，"中国建筑之个性乃即我民族之性格，即我艺术及思想特殊之一部，非但在其结构本身之材质方法而已"[②]。尽管当代建筑的营造都会借鉴外来的材质和方法，但在建造一些标志性建筑时，古典建筑思想之贯彻也十分重要，具体来讲就是天人合一的美学思

---

① 梁思成：《中国建筑史》，百花文艺出版社 2005 年版，第 3 页。

② 梁思成：《中国建筑史》，第 3 页。

想之贯彻非常重要，因为这事关我们能否在全球化的浪潮中保存“我民族之性格”的问题。以2010年上海世界博览会的中国馆这一标志性建筑为例：从该建筑的设计背景来看，世界博览会的重要功能就是展览和展示，在这个国际性的舞台上，中国要向世界展示的不仅仅是经济产品，还需要有高度代表性的文化内涵。这个名为“东方之冠”的巨大建筑从整体上看像是一个上宽下窄的头冠，但仔细看来，托起这个“巨冠”的是一层层形似斗拱的结构，梁思成在概括中国古代建筑的特点时说，中国古代建筑是“以斗栱为结构之关键并为度量单位”的，“在木构架之横梁及立柱间过渡处，施横材方木相互垒叠，前后伸出作‘斗栱’，与屋顶结构有密切关系，其功用在以伸出之栱承受上部结构之荷载，转纳于下部之立柱上，故为大建筑物所必用。后世斗栱之制日趋标准化，全部建筑物之权衡比例遂以横栱之‘材’为度量单位，犹罗马建筑之柱式order，以柱径为度量单位，治建筑学者必习焉”①。可以毫不夸张地说，斗拱是最能代表中国传统建筑的意象，用它托起的“东方之冠”将中国古代建筑中所寄予的“天人合一”、和谐并生的文化思想全面地展示了出来，再加上鲜艳夺目的“中国红”和内容丰富的“中国展”，它向世界完美地展示了一个传统与现代交织融合、蓬勃发展的中国。提及现代，我们也可以在这座中国馆中找到很多当代建筑设计的元素，“外墙材料为无放射、无污染的绿色产品，比如所有的门窗都采LOM-E玻璃，不仅反射热量，降低能耗，还喷涂了一种涂料，将阳光转化为电能并储存起来，为建筑外墙照明提供能量。地区馆平台上厚达1.5米的覆土层，可为展馆节省10%以上的能耗。国家馆顶上的观景台也可能引进最先进的太阳能薄膜，储藏阳光并转化为电能。顶层还有雨水收集系统，雨水净化用于冲洗卫生间和车辆。主体建筑的挑出层，构成了自遮阳体型，已经为下层空间遮阴节能了。所有管线甚至地铁通风口都被巧妙地隐藏在建筑体内”②。这里体现出的健康、环保、绿色、低碳、循环发展等元素既符合当代中国和世界的发展理念，也是对“天人合一”、人与自然和谐相处思想的新诠释。

时代在变，但有些客观规律不会改变，“建筑之规模，形体，工程，艺术之嬗递演变，乃其民族特殊文化兴衰潮汐之映影；一国一族之建筑适反鉴其物质精神，继往开来之面貌。今日之治古史者，常赖其建筑之遗迹或记载以测其文化，其故因此。盖建筑活动与民族文化之动向实相牵连，互为因果者也”③。从中国当代建筑的发展中，我们清晰地看到了中国当代文化（包括中国当代审美文化）的发展，也看到了传统的“天人合一”思想在当代中国的新变化和生命力。

---

① 梁思成：《中国建筑史》，第9页。

② 龚静、林涛主编：《建筑初步》，中国水利水电出版社2012年版，第220页。

③ 梁思成：《中国建筑史》，第3页。

第三节　当代装饰艺术的审美观念：和而不同的现代阐释

"装饰"这个词最早出现于《后汉书·梁鸿传》中："女求作布衣麻履，织作筐绩之具。乃嫁，始装饰入门。"可见，在中国古代，"装饰"是社会生活中不可缺少的部分。在西方，"装饰艺术"的英文是"decoration"，最早出现于17～18世纪，意思是装饰打扮。现代人对"装饰艺术"的理解就比较宽泛了。装饰艺术在人们的生活中具有不可或缺的作用，它存在于生活的各个方面，建筑、服装、绘画、雕塑、工艺品等都存在着装饰。当代装饰艺术可分为三类：一是装饰品，主要指经过加工供人们使用或观赏的陈设品，如绚丽多彩的织染工艺品、陶瓷工艺、家具工艺等；二是对建筑、用具、服饰等加以装饰的纹样；三是绘画或雕塑，指的是对绘画和雕塑的装饰。装饰艺术一般要求具备多样统一、对比协调、平衡对称等特点，即形式美。只要对事物的形象进行变形与加工，使之具有形式美的图案、纹饰、色彩和形体，从而产生一种装饰效果的艺术，都可称之为"装饰艺术"。

装饰艺术所具有的"和而不同"的文化特征主要表现在两个方面：第一个方面是，与其他很多艺术形式都拥有独立的存在性不同，"装饰作品，其功能，主要从属于某种客观对象，适应客观环境，要和工艺制作相结合，要受工艺材料和制作条件的制约。……一般地说，装饰作品总是根据不同的装饰要求来选择适当的题材、构图、造型、色彩及表现技法，配合工艺制作条件来装饰某一环境或物体"[①]。也就是说，装饰艺术很少自成一体，而是经常与一个现有的人或物为依托，因此，装饰艺术与它所装饰的对象是一种隶属关系，它既不完全属于所装饰的对象，又无法离开装饰对象而独立存在——这就是装饰艺术与其所装饰对象的和而不同。除此之外，我们还需要认识到："历史文化中的装饰，并非仅是填补空间的附加物，其本身往往与所在空间及环境形成一定的结构关系(除纯粹的形式的关系外，也包括文化的、宗教的、政治的或社会的关系)，并形成既定语义及价值意义上约定俗成的文化符号。在这种联系中，装饰把物质形态的结构与人的认知及情感结构有机地结合并展现出来，以至蕴涵了不同民族及地域文化中异常丰富和辉煌的文化意蕴。它们的产生及其发展的历程所揭示的文化与审美经验，对于后来者无异于丰厚的历史宝藏和多纬度的创作参照体系。"[②]历数中国传统的装饰艺术，花样层出，种类繁多，如果一一加以论述，则非本书之篇幅所

① 孟梅林、盛容：《装饰艺术》，合肥工业大学出版社2004年版，第2页。

② 翁剑青：《形式与意蕴——中国传统装饰艺术八讲》，北京大学出版社2006年版，第13～14页。

能承受,因此在这里仅择其一代之中的一种进行说明。以商周时期青铜器上的饕餮纹饰为例,饕餮纹饰在商周青铜器上非常常见,后世研究者可以将这些纹饰类型分为12类。关于饕餮为何物,《左传》有如下记载:“缙云氏有不才子,贪于饮食,冒于货贿,侵欲崇侈,不可盈厌,聚敛积实,不知纪极,不分孤寡,不恤穷匮。天下之民以比三凶,谓之饕餮。”[①]后注云:“贪财为饕……贪食为餮……饕餮是坏名恶目。”[②]在这里,“饕餮”一词是用来形容人的,而且此人是一个贪财好食的不义之人。这两点信息与青铜器上的纹饰颇不对称,这主要表现在:第一,不管青铜器上的纹饰外形如何变化,它们看起来都不太像人形,而更接近于兽形;第二,商周时期青铜器是礼器、祭器,是在庄重、严肃的场合使用的,是国家权力和国家地位的象征,为什么要将一个贪财贪食的形象刻于其上呢?将“饕餮”一词与青铜器联系在一起的是《吕氏春秋·先识览》:“周鼎著饕餮,有首无身,食人未咽,害及其身,以言报更也。”这里的饕餮是食人之兽,与《左传》中所记载的“坏名恶目”不甚相同。由此可见,呈现于青铜器上的纹饰所得饕餮之名,与文献中所记载之饕餮并无绝对的对应关系。在明确了饕餮纹饰与文献记载的不同之处后,我们再来看其文化上的内涵。由上文的各种文献我们可以看出,关于饕餮,不管是哪种记载,不管说其是人还是兽,都没有和好、善、美联系在一起。尽管如此,李泽厚还是对其作出了如下评价:“它们呈现给你的感受是一种神秘的威力和狞厉的美。它们之所以具有威吓神秘的力量,不在于这些怪异动物形象本身有如何的威力,而在于以这些怪异形象为象征符号,指向了某种似乎是超世间的权威神力的观念;它们之所以美,不在于这些形象如何具有装饰风味等等(如时下某种美术史所认为),而在于以这些怪异形象的雄健线条,深沉凸出的铸造刻饰,恰到好处地体现了一种无限的、原始的、还不能用概念语言来表达的原始宗教的情感、观念和理想,配上那沉着、坚实、稳定的器物造型,极为成功地反映了‘有虔秉钺,如火烈烈’(《诗·商颂》)进入文明时代所必经的那个血与火的野蛮年代。”[③]关于“狞厉之美”在此不作过多的论述,但李泽厚所说的饕餮这一恶兽所代表的“神秘的威力”和“权威”的观念应该是比较确切的。在当时,青铜器是权力和地位的象征,当权者的象征性器物上出现一只世间未曾见过的恶兽形象,神秘感和权力感便油然而生了。

除了上述第一个方面之外,装饰艺术的描写对象同样使其拥有了“和而不同”的文化特征。“装饰艺术的描写对象,从人物到山水,从花鸟到静物无所不

① 李宗侗注译:《春秋左传今注今译》,(台北)商务印书馆1982年版,第516页。

② 李宗侗注译:《春秋左传今注今译》,第518页。

③ 李泽厚:《美的历程》,文物出版社1981年版,第37页。

有。既可海阔天空地抒发情感，也可长篇累牍地描绘故事；既可以表现现实当中看到的、听到的，也可以表现幻想的，它不受时间、空间的限制，将不同时间、不同场合，甚至把天上和人间组合在同一幅作品上。”①如此多的不同形式、不同类型、不同时间和空间的表现对象可以同时呈现在对一个人或事物的装饰当中，可见装饰艺术中各种装饰元素之间的和而不同。仔细想来，如此丰富却又不乏秩序的表现方式绝不是没有原因的。正如贡布里希所说的那样：“我相信，有机体在为生存而进行的斗争中发展了一种秩序感，这不仅因为它们的环境在总体上是有序的，而且因为知觉活动需要一个框架，以作为从规则中划分偏差的参照。先举一个这种关系中最简单的例子：正是秩序里的中断引起了人们的注意并产生了视觉或听觉显著点，而这些显著点常常是装饰形式和音乐形式的趣味所在。”②这种秩序感是与人的非凡想象力交织在一起的，“花卉纹样使生命短促的鲜花得以流传百世。要把有生命的东西做在石器或漆器上，想象力是必不可少的，很少有人只是一味直接地死板模仿。如果一位装饰师不能够使我们联想起鲜花、绿叶、花园、花环和花彩的话，那么他的装饰就会变得较为乏味，谁会怀疑这一点呢？”③生命力、想象力和秩序感的联手使装饰艺术有了独具一格的美学价值，与此同时，其实用性也是不容忽视的。例如，蝙蝠和葫芦在中国传统装饰艺术中是两个非常重要的元素，蝙蝠与“福”谐音，而葫芦与“禄”谐音，福禄双全是传统中国人对美好生活的向往，因此蝙蝠和葫芦就经常出现在建筑上、木刻中、年画里……这种具有极强象征性意味的装饰行为在世界各地都是非常常见的。“人类在造物设计与加工的过程中，并非简单地将其形式结构的实用性与观赏性（及观念意义）予以剥离，也不曾在修饰、寓意及美化物体的过程中绝对地摒弃对自然形态的模仿和借用，而是在创造物质形态的过程中发挥了装饰美的意识及对形式的自觉，又在装饰的介入中丰富和完善了造物的形式和内在意义。……任何艺术，包括装饰艺术都不会丢弃人们生活及生产中产生的直接和间接的经验，以及在此基础上的模仿、想象、综合和再创造的能力。”④由此看来，装饰艺术的实用价值和美学价值并非相互抵触，而是完美地融合在一起：各种吉祥元素的有序呈现，实用性与审美性的交织，都体现了“和而不同”的文化观念。

时至当代，装饰艺术在继承传统装饰艺术的基础上不断创新与改进，逐渐形成了具有当代特色的艺术风格，它实际上代表着当代人生活的实质以及各类艺

① 孟梅林、盛容：《装饰艺术》，第 3 页。

② ［英］E. H. 贡布里希：《秩序感——装饰艺术的心理学研究》，范景中、杨思梁、徐一维译，湖南科学技术出版社 1999 年版，第 10 页。

③ ［英］E. H. 贡布里希：《秩序感——装饰艺术的心理学研究》，第 193 页。

④ 翁剑青：《形式与意蕴——中国传统装饰艺术八讲》，第 9 页。

术发展的方向，并不断结合新的艺术形式和时代元素，逐渐形成了自己独特的风格。当代装饰艺术注重以人为本和化繁为简，不断吸取建筑界、艺术界、工艺界的精华，不只停留在对色彩和线条的运用上，还被赋予了更多的时代审美气息和文化内涵。

当代装饰艺术十分注重对自然元素的运用，很多植物的线条和造型经常成为当代装饰艺术的素材，是当代装饰艺术的基本元素。在此方面，人们既要求色彩与质感上的和谐，崇尚自然之美，也注重对自然线条的有机运用。伴随着照相技术和彩印工业的不断革新和发展，将自然界中的各类动植物逼真而唯美地展示在服饰、墙纸、包装外壳等载体上的可能性大大增强，比如利用自然界的生物或植物的一部分进行创作，像树叶、花草等。当代装饰艺术在展现自然纹理方面运用工业化的手段对装饰材料进行了立体展示，将自然肌理形象生动地展示在人们面前，使其更加具有生机和活力，打破了传统装饰的教条以及建筑工业的冰冷单调。此外，还在装饰中注入了自然的元素，将自然动感的线条和色彩尽情地展示，能够使当代人产生回归自然的生命体验。

当代装饰艺术非常重视装饰物体的形式美，即追求对称与均衡、重复与渐变、节奏与韵律、统一与变化等形式规律在物体装饰上的运用，实际上它同样还是采用的“和而不同”的审美理念，即各种不同的审美因素交织在一起组成一个和谐有序的统一体，给人以美的享受。但是，当代装饰艺术在形式美的追求上既继承了古代形式美的规则，又有时代的创新，具体表现在以下几个方面：

一是在对称与均衡中寻求一种自由空灵的装饰艺术。对称是中国传统装饰艺术的主要特征，这与中国传统的封建礼制文化所追求的尊卑有序、上下有等的观念相呼应。一味强调与封建礼制文化相适应，过于强调对称，就显得规则与呆板有余，自由和灵性不足。而“均衡”是一种不完全的对称形式，形态可以有一定的变化，遵循着大致的对称轴，在视觉上达到“量”的均衡就可以了。当代装饰艺术在装饰上大多运用均衡形式，并且把均衡形式发挥到了极致，展现了一种自由与空灵的审美境界。比如中国的太极图纹饰，其传统图案是一个标准的、圆润的圆形，中间用一条“S”形曲线把圆形分为相等的黑白两部分，同时在黑、白的较大部分处分别嵌有大小相等的白色和黑色的圆点，这样就形成了类似于左右、上下对称的阴阳鱼形状。虽说中间的“S”曲线让人们观赏时有一种动态的美感，但两边相等的黑白部分却永远改变不了固有的图形和突破不了那标准圆润的圆形。而当代装饰艺术的太极图则在继承传统的基础上稍微进行了改变与创新：首先是太极图的位置不再直面人的视线，而是稍微将其斜放，这样人们在观赏时就会把二维的平面太极图看成具有三维的立体的太极图；其次是太极图中间的“S”曲线不再像传统那样居于中间位置，而是偏离中间位置，同时这条曲线也不像传统太极图的曲线那样连贯成一条，而是在白色部分的大端用瘦小的月牙形的黑线加以围绕，这样看起来虽然也很对称，但画面整体给人以更大的自由感和灵性的空间。

二是在重复与渐变的衡量中喜好渐变而轻视重复。重复的纹饰手法是传统装饰艺术的一个主要手法，这主要是为了对称与均衡，是和谐形式美的主要构成因素，因此在传统的生活、文学、艺术等各方面都随处可见。但是，刻板的重复在当代装饰艺术中却难觅踪影。渐变是当代装饰艺术的主要手法，其形成的审美效果往往是活泼多变、富有新意和秩序美的，并可产生出纵深、神秘的视觉效果。在中国的传统装饰中，特别是在美轮美奂的藻井图案的处理上，无论是形式还是色彩，几乎都是采取渐变的艺术表现手法。渐变的形式特点决定了它的美感效果，也造成了人们对它的偏爱。首先，渐变是对自然界物质形态的模仿，植物的生长过程就是一个渐变的过程。用渐变的装饰手法塑造植物的纹饰，就体现出一种平和、宁静、规律的自然美，没有过于跳跃和喧哗的节奏。而且，从人的生理适应性上来看，渐变的装饰风格更加符合常人的视觉习惯，更容易给人带来身心的愉悦和感情的休歇。当然，装饰者刻意要营造出一种无序和凌乱的氛围，或者观赏者有意识地去寻求断裂感和碎片化等情况是排除在外的。其次，渐变能产生出一定的前后层次关系，在相对严谨的构图中给人以变化的美感。这一特征主要是与上文提到的重复的纹饰方法相比较后得出的。重复的方法的确给人以平静感和庄重感，但在很多生活化或者说非正式化的场合中，持续的重复难免会给观赏者以刻板和单调的印象。如果说在一个等级森严的社会中这种重复的方法是容易被接纳的，那么在当今这样一个文化多元的社会中重复的方法被冷落也是一个不难预料到的结果。最后，渐变加强了整体性的装饰效果。渐变的装饰手法能使单调的颜色产生丰富的变化，加强色彩的表现力，在朴素中显出华丽的装饰效果。当代装饰艺术在渐变的运用上更加大胆、夸张，渐变的层次变化更大，跳跃感更强，单元图形的相似感减弱，加上图形处理技术软件的运用，使得多种多样的渐变手法更容易实现。在当代装饰艺术纹饰中，常常对传统的重复纹饰形态进行或大或小及方位上的变化，使之变得更加有序而活泼。这些特点体现了当代装饰艺术对自然情绪流露效果的追求，不刻意表现，不局限于固定模式中。

三是注重轻柔的韵律与节奏，追求唯美的艺术效果。节奏与韵律是音乐中常常采用的艺术手法，节奏与韵律不同，音乐的艺术风格也不同。节奏舒缓，音乐的韵律就会轻柔缓和，乐调就会舒缓清新，呈现出一种平和宁静的优美；节奏快捷奔放，音乐的韵律就会急躁狂放，乐调就会激烈跃动，呈现出一种动荡狂躁的崇高。同样，在装饰艺术中，造型形态之间的变化越大，节奏感就越强，反之就越小。一旦装饰纹样有了较强的节奏感,那么随之而来的就是审美范畴中的崇高感。尽管崇高感在美学研究中是一个非常重要的概念,但是在人们的日常生活中,尤其是在私人的生存空间中,崇高感并不是特别地受欢迎。而且,短暂的崇高感能给人以情绪上的刺激和波动,形成一种独特的审美经验,但长期的崇高感则会给人以压抑和紧张的感觉。因此,在日常生活不断私密化、精致化的今天,装饰艺术所呈现出来的节奏与韵律大都是轻缓的、纤细的,它带给人的多是舒缓轻柔的感觉,是当代快节奏生活的一种补充,更是人们对唯美境界的一种追求。作为建筑界"田园学派"的代表人物,建筑师赖特说:"把那些在某种事物或任何事物中固有的协调采集起来,并把这种内在的和谐投入到一些实在的目标或人类使用或理解的外部形式中去,就会产生诗……任何被誉为美好的艺术总是富有诗意,我们只要是正常的人,自然都渴望诗,如同渴望阳光、新鲜空气和水果一样。"①可以肯定地说,无论是对建筑、装饰还是对音乐、诗歌而言,舒缓的、轻松的、愉快的、自由的感觉和节奏都是大多数人在大多数时候所青睐和向往的。

四是在统一和变化中追求个性化的表现。统一与个性是一个事物的两个方面,是共性与个性的和谐统一。统一就是将变化的因素统一为整体风格的一致与和谐的视觉效果。变化在装饰艺术中是指设计元素上的丰富多样性,是体现装饰美的语言与形体。实际上,统一与变化就是中国传统文化"和而不同"的审美观念,"和"就是统一,它是把多样的、不同的元素统一为一个有机整体,给人以整体的和谐美感,而"不同"是组成有机整体的不同元素,是变化的。我国古代的藻井、铜镜、漆器、建筑装饰等形式中的反复、连缀、排列、转换、对称、均衡等都体现了中国图案变化与统一的法则运用。对图案的明与暗、大与小、多与少、长与短、方与圆、近与远、曲与直、虚与实、动与静等形态相异的元素,只要我们运用设计手段让它们统一起来,就会产生千姿百态的装饰审美效果。统一与变化是装饰设计形式美得以完美体现的根本法则,是装饰设计艺术的最高宗旨,也是"和而不同"审美理念的最好体现。

当代装饰艺术在形式上基本继承了传统装饰艺术的形式美规则,即对称与均衡、重复与渐变、韵律与节奏等。在这些形式美的规则中,对称与重复在传统装饰艺术中是运用较多的,"对称"的形式更是传统装饰艺术最为显著的特征。对称显得有序、规则,但同时也显得刻板。在工业欠发达时期,手工业处于主导地位,无论是批量生产还是单个生产,要使所生产的物品达到"统一标准"是不大

---

①　转引自于伟建、赵建华主编:《建筑工程师从这里起程——华南建设学院2000届优秀毕业设计(论文)选集》,华南理工大学出版社2001年版,第158页。

可能的，于是人们对有序化的、相似形态的追求就成了一种形式上的补充。随着工业化的发展和人类现代化生活节奏的加快，机器制造的具有统一样式的物品达到了前所未有的规模，广泛普及于人们的社会生活之中。但是，标准化的对称、重复、统一使人们产生了对物品的审美疲劳，这样的物品形式逐渐失去了美感。同时，人们对变化的形态更加关注，对富于变化和个性化的手工艺产品及艺术形式产生了浓厚的兴趣。因此，当代装饰艺术更加强调形式的多样化，而丰富多变的手工装饰就成了新时代的装饰宠儿。

贡布里希在《秩序感——装饰艺术的心理学研究》一书中提到了 1964 年 5 月 16 日《纽约人》(*The New Yorker*)杂志的封面："索尔・斯坦伯格(Saul Steinberg)为《纽约人》杂志设计的封面画中有一幅离奇的画。画里有座花园，花园里呈现出的装饰纹样宝库里的那些传统花卉纹样像是种在了土地上，它们仿佛恢复到了自然的样子，一位严肃的猫园丁在看管它们。这些纹样中哪一种会生长繁盛，哪一种会成为那些常来这块园中的贪婪的装饰之鸟的牺牲品？在更严酷的历史事实面前提出这类问题是否也同样有意义呢？"[①]这段描述和发问体现出了作为艺术理论家的贡布里希对装饰艺术未来发展的思考甚至是忧虑。这种思考是难免的，但忧虑倒大可不必，因为装饰艺术是人类日常生活实践中必不可少的元素之一，无论单个的装饰纹样在将来会遭遇怎样的命运，作为一个艺术门类的装饰艺术还将会在"和而不同"这一理念的指导下继续发展和兴盛。

第四节　当代舞蹈艺术的审美观念：气韵生动的现代阐释

舞蹈是以人体为物质材料，以动作姿态为语言，在时间的流程中以占有空间的形式来表达思想和情感的独特艺术门类。《毛诗序》中写到："诗者，志之所之也，在心为志，发言为诗。情动于中，而形于言。言之不足，故嗟叹之，嗟叹之不足，故永歌之；永歌之不足，不如手之舞之，足之蹈之也。"这段话将人们情感表达的方式分为言语、永歌、舞蹈三个不同的层次，而舞蹈又被认为是表达情感的最高层次，这是因为不同于语言和歌唱等方式，舞蹈能够凭借它鲜明的动态视觉形象表达情感。舞蹈作为传情达意的一种特殊形式，早在古代就被人们所认识。汉代的傅毅在《舞赋》中说："歌以咏言，舞以尽意，是以论其诗不如听其声，听其声不如察其形。激楚结风，阳阿之舞，材人之穷观，天下之志妙。"可见，舞蹈是最理想的传情达意手段。

---

① ［英］E. H. 贡布里希：《秩序感——装饰艺术的心理学研究》，第 212 页。

舞蹈和音乐、绘画、雕塑等都是具有情感形式的艺术形式，但舞蹈不同于其他艺术形式的最大特点在于它以人体的动作姿态语言来展示人的心灵与情感世界。舞蹈家以自己的形体为艺术材料和表达工具，直观而又形象地反映社会生活，表达人的思想感情，直接与观赏者沟通，激起共鸣，这与其他艺术门类的艺术媒介取材于自然或人造的身外之物相比，是极其独特的。人的形体动作和姿态既是舞蹈艺术展示给观众的具体可感的外部形象，也是审美情感的载体，是与内容随行，将作品内容形之于外的部分，或者说人体动作本身也是舞蹈的内容。内外形式的统一，构成了可供欣赏的舞蹈艺术美的形式。

从本质上来说，舞蹈是靠人的肢体语言来表现和传达人的情感活动的，情感是舞蹈的核心，舞蹈是情感的载体。无论是舞蹈的创作者还是欣赏者的审美情感，都必须寄寓在舞蹈作品这一特定的审美对象之中。钟嵘在《诗品·序》中写道："气之动物，物之感人，故摇荡性情，形诸舞咏。"这就从本质上抓住了舞蹈表情的核心问题，即流动性极强的情感是如何转化为具体、鲜明、生动的舞蹈形象的。舞蹈艺术充分运用了表演者优美的人体动作来"以情概貌"，融之以情，从而给人以强烈的审美感受。实际上，舞蹈艺术给人的审美感受就是"气韵生动"。

"气韵生动"这个词最早出现于南朝画家谢赫的《古画品录》中，是谢赫提出的绘画六法之一。他说："六法者何？一气韵生动是也；二骨法用笔是也；三应物象形是也；四随类赋彩是也；五经营位置是也；六传移模写是也。"在这里，谢赫把"气韵生动"作为绘画六法之首，是从总体上界定绘画艺术应当给人以怎样的审美感受。那么，何谓"气韵生动"？"气韵生动"是以"气"为主，气包括以下含义：第一，宇宙之气，最初指云气、山川之气；第二，进而泛指一切自然生命之气；第三，特指人的生命之气；第四，又进一步指体现着内在生命的精神之气，如"神气""气质"和"气势"以及孟子所说的"浩然之气"等，这就有了形而上学的意味。而笔者在此处所讲的作为中国古典审美类型之一的气韵，指的是一个人生理的生命力所给予文学艺术上的艺术性影响，以及由此所形成的形象，这些都包含在一个"气"字的观念之内。这个"气"常常是由作者的品格、气概、所给予作品中的力的、刚性的感觉。"气"又常用"骨"字加以象征，如钟嵘《诗品》评价曹植的诗是"骨气奇高"，说刘桢的诗是"真骨凌云"等，这里所谓的"骨"都同于"气韵生动"的"气"。谢赫所谓的"观其风骨"的"风骨"、"颇得壮气"的"壮气"、"神韵气力"的"气力"等也都说的是"气韵"的"气"。可见，气韵生动是具有力量的。表现在艺术上，它是构成体物的基本条件，是线条的紧劲而予人以力感，但这种力感是技巧性的、局部性的。总之，作为一种审美形态，"气韵生动"就是指在审美活动中，审美对象洋溢着一股不可遏止的生命的活力，且源源不断地流出来，而且这种生命的波动又具有一定的节奏和规律性，形成美的形象和美的感受，并在文字、线条和声音等表现形式之外给人留下联想和回味的余地。

“气韵”是一种生命力，只有“气韵充实”才能让舞蹈动作的“实”转化为意象符号的虚，才能达到“生动之致”的境界。在舞蹈艺术中，“气”是舞蹈动作语言的有力塑造者。每一个舞蹈者，为了用想象力把握整个舞蹈，都要仔细关注自身的“气”。凭着身体感觉，“气”可以帮助他（她）体会到与舞蹈交织在一起的姿势性形式。所以一个人的个性，以及由个性所形成的艺术性都是由“气”决定的。舞蹈表演者的肢体动作富有力度，刚柔相济，就是由“气”决定的，因为“气”可以指引内心感觉，并通过感觉直接作用于动作，使动作富有生气。“韵”指的是一个人的情调、个性，是合乎自然的一种生命律动，在艺术上体现为形、神、气所形成的一种审美效果，一种神情风度之美，舞蹈艺术中的“韵”表现为“结构时间感”和“身体的节奏意识”，即舞蹈表演者的身体、生命特质。“气”和“韵”不可分，“气”决定“韵”，“气”是“韵”的本体与生命。无论“气”还是“韵”，都由舞蹈表演者的“内在”所决定，它们是组成舞蹈形象的决定性要素，是获得舞蹈形象的基础。有了“气韵”，舞蹈自然生动，否则，舞蹈就没有生气，也就缺乏表现力。“气韵”指引舞蹈表演者在舞蹈结构中把自身内在的形态，进行时间上的重新安排，同时连接内心世界与人文空间，使动作产生情感性和语言的意味性。舞蹈艺术要达到超出于“象外之象”“象外之意”的宇宙本体和生命存在，都必须在气韵中才能完成。传统舞蹈的这一特性无论是在庙堂之高还是在江湖之远都有所体现。比如三国时期吴国地区流行的《白纻舞》：“一个美丽的少女，穿着‘质如轻云，色如银’的长袖舞衣，装饰在头上和身上的珠翠闪闪发光，乐声渐起，歌声悠扬。她高举双袖，踏着轻盈的舞步，像白鹄飞翔，她的双袖时低时昂，婉转自若，如蛟龙漫游。在一瞬间的停倾中，那光彩有神的目光，照射着所有的观众。……她的身体在轻轻地移动，又好像不是在走动，而是被推引着行进（大概像戏曲舞中的‘云步’，或像上身平稳不动，脚下碎步急行的‘跑圆场’）。她倾斜着头，柔美地转身。时而慢转长袖轻拂面，时而急挥双袖如雪飞。教捷轻快的舞步，像急驰的流波。管急弦繁的乐声，掀起如轻云般飘浮的舞姿……”①。在这段优美的舞蹈描写中，所谓“白纻”是指用一种纻麻织成的白布，质地柔软细腻，颜色洁白明亮，再加上舞者婀娜的步态身姿和飘逸流动的舞袖，将绰约高洁之气与典雅灵动之韵完美地结合起来，使这种最先起源于民间后又传入宫廷的乐舞持久不衰。直到唐代，包括李白在内的很多诗人都对白纻舞进行过描写。如：“且吟白纻停绿水，长袖拂面为君起。”“吴刀剪彩缝舞衣，明妆丽服夺春晖。扬眉转袖若飞雪，倾城独立世所

① 王克芬编著：《中国古代舞蹈史话》，人民音乐出版社1980年版，第32页。

稀。”[①]再一个例子是在中国民间广泛流传的舞龙。舞龙是中国文化的一种习好，“龙意识”表现在生活的方方面面。舞龙是人民在模拟臆想中的龙的飞动形态，模拟它的驰骋空际、飞腾环宇，模拟它的翻江倒海、兴风作浪，通过这样的模仿，以求具有和龙一样的神力。事实上，龙舞如同《易经》的爻象和卦象一样，不只是“言物”，而且也“尽意”。龙舞本身就是以这种富有神秘化的形态和神奇的美传达着人们内心的愿望与希冀，表达着人们的情感。从古至今，龙舞的形态万变不离其宗：先是“圆舞”，舞者绕场一二周，勾勒出一个圆圈，然后才是要龙，舞者将龙头、龙身、龙尾依次先后从下而上、从上而下画“8”字，形成整个龙体的“S”形游动。随着人们越来越快的身姿的转动、脚步的快速移动，龙的身姿就会上下翻腾、左右盘绕，并且速度会越来越快，就像一条真龙在云中遨游，充满了生命活力的体动。在古代的中国社会，人们用舞龙这种舞蹈传达对“龙”所代表的一种神秘力量的敬畏。

我们知道，舞蹈所要表现的情感是通过对一个个具体的舞蹈形象的塑造来实现的，而舞蹈形象又产生于舞蹈动作的自由展开之中。舞蹈动作姿态在塑造舞蹈形象的连续运动过程中又包含着动态与静态的统一。在一定的时间、空间里，持续的舞蹈动作由单一到各种组合方式不断地变化着，舞者从一个姿态过渡到另一个姿态，展现出一种人体运动线条的自由流畅的动态美，这正是舞蹈艺术独特的魅力所在。这种动态美展现在观众眼前的是一种“力”的相互作用，“是那种仿佛推动着舞蹈本身纯粹外观的力”。美国学者苏珊·朗格曾举例指出：“在一组双人舞中，两个人似乎是接受了一种力的吸引而紧紧地连接成一体；在一组多人舞中，所有人似乎都受到同一个中心力量或同一种能量的激发。一个舞蹈的构成材料就是这个非物质的力，只有在这种力的收缩和放松、保持和成形中，舞才具有了生命。”“舞蹈演员所创造的却是一个力的世界，这个力的世界是通过一系列姿态的连续展现而显示出来的。这就是舞蹈艺术与其他艺术所不同的地方。”[②]她还说：“一种舞蹈越是完美，我们能从中看到的这些实物就越少，我们从一个完美的舞蹈中看到、听到或感觉到的，应该是一些虚的实体，是使舞蹈活跃起来的力，是从形象的中心向四周发射的力或从四周向这个中心积聚的力，是这些力的相互冲突和解决，是这些力的起落和节奏变化。所有这一切都是组成创造性形象的要素，它们本身不是天然的物质，而是有艺术家创造出来的。”[③]尽管东、西方舞蹈的发展历程有所不同，舞蹈语汇与表现形式也有较大差异，但舞蹈

---

① 李白：《白纻辞三首》，中华书局编辑部点校：《全唐诗》第3册，中华书局2013年版，第1698页。

② ［美］苏珊·朗格：《艺术问题》，第9～10页。

③ ［美］苏珊·朗格：《艺术问题》，第5～6页。

艺术运用人体的姿势动作构成图形，以便传情达意，即苏珊·朗格所说的这种“力”的相互作用却是相同的。可见，舞蹈艺术正是依赖于这种“非物质的力”才形成了具有生命形式的艺术语言，舞蹈艺术的肢体语言才被赋予了表现的意味。在当今的人们看来，艺术本身就是虚幻的，它要通过艺术本身的虚幻符号去创造一种超越现实、纯粹的情感世界、哲学世界。

当代舞蹈艺术盛行于20世纪50年代以后，它虽然注重已有形态和元素的重新运用，革故鼎新，过滤掉了以往舞蹈艺术在形式方面过于神秘化的展示，但气韵生动的审美观念仍然始终如一，舞蹈艺术还在不断追求舞蹈动作姿态的气韵生动，无论是人物、动物还是植物，有形的还是无形的，都是采用极大的夸张手法或浓缩来改变人体的自然动作和大自然的形态，让人产生一种若即若离的形象，使其达到亦假亦真、形似且神似的艺术效果。此外，人们还把其置于历史、地域的文化、习性等背景之下，通过它们在运动中的始终存在和不断游走，一个个地将它们引发出来，并构成意味深厚的舞蹈审美形态。它吸收了传统舞蹈艺术和西方现代舞蹈艺术的精华，出现了一些新潮的舞蹈样式，表现了一种相当强烈的民族精神，传达了一种丰润的感情状态。

我们先来看新潮的舞蹈样式。各种新潮舞蹈的出现是从20世纪80年代开始的，列举起来，也有一长串的名字，如迪斯科、探戈、街舞、恰恰、华尔兹、爵士舞、交谊舞等等。虽然这些从西方引进的舞蹈节奏紧凑、动感十足，很受大众的喜爱，但是，如果硬要将“气韵生动”的特征赋予它们，显然是非常不合适的。因此，在各种新潮的舞蹈样式中，排除掉那些过于西化和大众化的休闲社交性舞蹈，能够继续继承和发扬“气韵生动”这一审美特征的要算是“新古典舞”这一类了。中国新古典舞“在保持了中国戏曲舞蹈中沉淀下来的，积淀着中国历史文化传统精神在身体文化上的‘拧倾圆曲’形态特征和动作运行规律‘从反向做起’的逆向动作规律的运动时空观、得意忘形的人体审美观的同时，以科学和理性的观念、方法，吸取了包括中国武术，外来文化中的芭蕾舞、现代舞的方法和某些动作规律、方法，使得中国新古典舞更具有时代性。从形态上它更加挺拔，修长，升腾，并体现了努力向上，向外拓展的意识；在动的规律上，它或抑扬顿挫，或升腾盘旋，或行云流水，显得更加成熟与丰富和丰满，它极大地丰富了中国古典舞的舞蹈语汇系统，呈现出一个相对较为完善的舞种体系所具有的成熟感和魅力。”[①]例如，由王亚彬表演的舞蹈《扇舞丹青》以一幅水墨画为背景，舞者手执舞扇，身着轻盈飘逸的白色舞衣，再佐以墨竹、荷花、菊花、梅花、奇石的形象和飘摇的雾气，仿佛一幅气韵生动的古典水墨画。然而，画中之人却伴随着典雅的音乐

① 李炜、任芳编著：《中国现代、当代舞蹈发展概论》，四川大学出版社2006年版，第95页。

翩翩起舞，动作中不仅有传统舞蹈的俯、仰、冲、拧、扭、踢等动作，也有现代舞蹈的跳跃、旋转、蹲、屈伸等动作，可谓是人在画中舞，画衬舞中人。整个舞蹈传达出的不仅是干脆简练而又不失古典风范的中西舞蹈特征，还有音乐、舞蹈、绘画相协调的气韵生动之美。

其次来看强烈的民族精神。如果我们经常观看当代新古典舞就会发现，这些舞蹈虽然在肢体动作和舞蹈技巧上借鉴了西方现代甚至是后现代舞蹈的一些元素，但是，整个舞蹈的主题以及舞蹈所要表现的主要内容依然都和本民族的文化紧密相连，都不约而同地表现出了浓烈的民族意识和强烈的民族精神，也许这正是新古典舞能够在众多舞种中屹立不倒的重要原因。例如由当代中国著名舞蹈编剧家陈维亚和著名青年舞蹈表演家黄豆豆表演的《秦俑》中所塑造的“秦俑”的形象：在表演中，黄豆豆采用了横移空中转叉、旋子三百六、空中转子大蹦子、朝天蹬等技巧，把“俑”演绎得充满了生气和灵气。“天人合一”、变幻无常、苍凉悠远，他在舞蹈中的节奏、造型、身体语言的表现等方面表现出了超一流的技巧，达到了一种挥洒自如、物我两忘的境界。这个舞蹈充分体现了中国古典舞内在气韵的运动方向，一举一动、一开一阖、一上一下，讲究承上启下、气韵连贯，时时照顾到整个舞蹈整体的运动感。通过气韵，舞蹈表演者可以将自身内在的“形象”“图画”构成触觉，在肢体动作的构成过程中进行时间上的轻重缓急、起承转合的安排——发射、聚集、冲突、解决，以丰富身体姿势的感染力和表达状态。舞者将潜在生命中的潜在意识，在姿势结构和解构的变化中通过转换运动角度——上下、托举、前进、退缩——营造了人体与环境之间的艺术形式感，构成了舞蹈艺术特有的审美形态。同时，气韵还能帮助舞蹈完成“实体”与“虚象”的结合，给予艺术品形神兼备的境界。再如舞蹈《太极印象》，一方面，该舞蹈音乐的主体部分已经不是清心淡雅的古典音乐，而是节奏动感、庄重有力而又不乏沧桑感和历史感的现代音乐；同时，舞蹈的过渡性动作中也加入了大量现代舞蹈动作。另一方面，舞蹈音乐的辅助部分却传来一阵阵清脆悦耳的鸟鸣和悠扬缥缈的洞箫声，让人仿佛置身于一片寂静的深林；同时，舞者的主体定格动作则是以中国传统的太极拳动作为蓝本，有些就是太极拳动作的原型，舞者的着装和发型都是传统武术表演者的造型。整场舞蹈动中有静、静中有动、动静结合，快中有慢、慢中有快、快慢结合，刚中有柔、柔中有刚、刚柔结合。既有太极拳的气韵风骨，又有当代舞蹈的审美意识；既表现了自尊自觉的民族风貌，也展露了超越创新的时代精神。

最后来看丰润的感情状态。前文已经谈到，气韵之美是舞蹈的内在独特性和艺术魅力，舞蹈的过程就是舞蹈家的艺术创造和生命体验、生命感受，是舞蹈家以气韵生动的表现方式为中介所经历的一个循环，而贯穿整个循环的就是舞蹈家丰润的感情状态。“舞蹈是一种表情艺术，它的内在本质属性就是抒情性。它能最直接、最强烈、最细腻、最充分地倾泻内心情感，它是人的内在情感冲动所引发出的人体动作的外化。我们常说，舞蹈的一个重要特点就是长于抒情，拙于叙事。……人体动作的外化经过了人类文化历史的发展，经历了简单、粗糙的自发模拟形态，逐渐地向着复杂、细致的自觉表现形态的发展，至今已形成了具有表现人的丰富深刻的情感的能力。”[①]可见，舞蹈艺术的“气”和“韵”与舞者的情感有着很大的关系。有人将舞蹈称为“流动的雕塑”，雕塑艺术和舞蹈艺术都可以传达情感状态，但雕塑的动作和表情是不能改变的，因此其只能表达固定的情感，而舞蹈艺术则可以借助连贯、变换的动作表达出丰富、流动的情感。以当代一些以敦煌雕塑和壁画为题材的舞蹈为例：在盖一坤表演的舞蹈《敦煌彩塑》中，整个舞台的布景漆黑一片，只有舞者所站的位置周围有一片昏暗、泛红的灯光，舞蹈刚开始的数秒之内，舞者纹丝不动，宛如敦煌莫高窟里的一尊彩塑，一种清冷、孤寂却又悄然独立的感情在观众心中油然而生；忽然，这尊雕塑活了起来，翻转腾挪之间变化为另一尊彩塑的造型，接下来的舞蹈动作也都是以敦煌雕塑和壁画的人物动作为基准，一人之舞，千人之面，千人之情。而在2008年春节联欢晚会上表演的舞蹈《飞天》中，七名舞者身着金黄色的舞服，借助现代灯光技术营造的舞台，正面背景是浩瀚的星空，还不时有金色的流星划过；俯视她们，可以看到脚下的月亮，她们仿佛真的是站在月亮上起舞；舞蹈音乐庄严宏大，充满了深沉的底蕴和奔涌的气势；清风徐来，舞者定格，衣袂飘飘，宛若群仙；一组组飞天的造型摄人心魄、情感流畅。敦煌壁画的气韵、舞蹈者的情感和中华民族自强不息、奋发向上的时代节奏完美地结合在了一起，让人在惊叹和感动之中得到动力和希望。

苏珊·朗格说过：“一件艺术品总好像浸透着情感、心境或供它表现的其他具有生命力的经验，对于它所表现的东西，我们不是称它为‘意义’，而是称它为‘意味’。‘意味’是某种内在于作品之中并能够让我们知觉到的东西。它是由作品清晰地呈现出来的，因此在把握它时便不须要抽象的步骤，正如一个神话故事或某种真实的比喻离开它们那富有想象的表现就不存在一样。”[②]舞蹈艺术以生命活动作为舞蹈的意味，在追求生命的活力和律动的过程中达到生命的自由与解放的境界，实现终极意义的超越，而这个过程也是舞蹈艺术气韵生动之美的实现过程。作为艺术本体，气韵生动之美的生命形式在人类的生命体验和现实世界之间架起了一座桥梁。舞蹈表演者借助娴熟的动作技巧，在获得肢体表达上

---

① 平心主编：《舞蹈表演心理学》，上海音乐出版社2013年版，第253页

② ［美］苏珊·朗格：《艺术问题》，第129页。

的充分自由之后，通过对韵律、节奏、秩序、理性等方面的处理，将生命体验通过肢体动作的艺术传达外化为舞蹈作品——气韵生动的生命形式。这个转化过程将精神性的虚空存在变为物质性的真实存在，将所有的虚幻力量组成了一个意象的王国。显然，这种物质性存在充溢着精神性内涵，是精神存在的特殊方式，也是舞蹈这一艺术形式的魅力和价值所在。

第七章
当代审美文化的民族性与世界性

对内改革，对外开放，是20世纪80年代以来中国社会发展的主旋律。所谓“开放”，不仅包括市场的开放，还包括思想文化的开放。开放观念对中国当代审美文化的发展有着深刻的影响：一方面，外来思想文化的输入对我们固有的民族性审美特征造成了一定的遮蔽；另一方面，我们的民族性审美特征却有着强大的生命力，这种生命力在外来思想文化输入的过程中进一步得到了彰显。在遮蔽与彰显之间，当代审美文化需要在民族性与世界性之间作出选择。

第一节　建设当代审美文化语境中的民族性与世界性

民族性与世界性是一对经常被提及但又定义宽泛的概念，因此在讨论当代审美文化问题时，我们有必要先来界定所使用的“民族性”和“世界性”这两个词。

一、民族性

中国审美文化的发展以改革开放为界，前后呈现出显著差异，主要体现在民族性表达的自觉上。1840年鸦片战争爆发，中国被动地打开国门，中国人民的民族意识也随之萌发。从此，中国的民族性就在其他民族眼中产生了。在一个历史阶段里，世界范围内的交流越频繁，各个国家或地区的民族特质也越受到热议，比较突出的如美国的包容、德国的严谨、日本的武士道精神，等等。由于中国一直处于各方面大力发展的状态，因此中国的国际形象也处于不断的变化之中。1971年中国恢复联合国合法席位，1978年中国提出改革开放，2001年中国加入世贸组织，2008年北京承办第29届奥林匹克运动会……在此过程中，世界在认识中国，中国也在建立对自我的认识；世界在评论中国，中国也在评估自己。但是，处于变化中的中国，很难给予世界和自己一个稳定和一致的形象，这就需要世界给予中国一个宽容的话语环境，也需要中国不断作出全面的反思性认识。处于变化中的中国对于民族性的认识将逐渐形成，在既有认识中去伪存真对于建设先进审美文化具有重要意义。

民族性不是中国某个历史阶段的特征。20世纪80年代台湾作家柏杨的书《丑陋的中国人》就引起了对“中国人的劣根性”的热议。“不能团结”“脏、乱、吵”“死不认错”等“疾病”是柏杨所谓的“劣根性”。当时中国正处于经济、政治的恢复期和发展期，面对这样偏激的自我批判，一部分人的民族自尊心和自信心受到了冲击。其实，柏杨提到的内容并不属于“性”的范畴，这只是中国历史进程中的阶段性特征。近代中国在历史上历经苦难，这确实给中华民族带来了苦涩的记忆，在民族心理上留下了阴影。但是，向更远的过去追溯，中国农耕社会所孕育的勤劳、沉默的人民是经历这些苦难的前身，若再往前追溯，黄河流域滋养的拥有古老灿烂文明的中国祖先也是经历这些苦难的前身。这样看来，这个名字叫做“中国人”的民族曾经是个健康的民族，是个有才华的民族，他们现在只是生病了，他们将会痊愈。

中国的苦难史过于刻骨铭心，以至于进入新时代后的艺术仍离不开反封建礼教、打倒土豪劣绅等陈旧题材。部分艺术工作者的视野囿于专业艺术领域，无暇顾及或无意识接纳新动向、新思想，造成了艺术思想的落后性。反对封建礼教等思想是中国在20世纪初兴起的新思想，并一直延续到建国时期，可见这是一场艰苦卓绝的斗争，亦可见思想上的枷锁更难解除。在这场持久的革命中，可窥见中国人民对苦难的钝感和觉醒后的决绝。农耕文明造就了中华民族的钝感，中国人民需要奋起，这在中国历史上是有规律性的。从历史中寻找规律，才能从规律中找到性质。民族性就是要这样去发现，而非简单地将历史的阶段性特征误当做性质。

民族性也不是民俗演绎和少数民族的非物质文化遗产。现代化进程销蚀了很多古老的文化，让现代人惋惜，保护非物质文化遗产就是为了保存古老的文化。丰富多彩的民俗与少数民族各不相同的生活、礼仪共同构成了中华民族的多样性，我国设立自治区、自治州，让少数民族掌握地域的领导权，始终提倡团结全国各族人民，这些政策是具有中国特色的，也是从一千四百年前的唐朝继承下来的“有容乃大”的民族心态。如果忽视对民族性的提炼，简单地认为民俗风情就是民族性，那么“东方奇观”的现象将挥之不去，中国将无法树立当代中国的新形象。

综上所述，民族性指的是中国人民在历史进程中形成的稳定特质。那么，如何在审美文化中保存和表达民族性呢？笔者认为：一是要在国际上建立平等的交流环境；二是要以自信的态度创造民族的文化；三是要扎根本土反映现实。郭沫若是历史剧创作的代表作家，他强调艺术要“发展历史的精神。”[①]“郭沫若抗战史剧中的英雄人物身上几乎都有一种‘杀身成仁、舍生取义’的传统的优秀品格，这是中华民族一条汩汩不息的精神血脉，郭沫若用现代意识观照这种品格，为其注入了新的血液，因而强有力地发展了这种历史的精神，使其显示了新的朝气与活力。”[②]现在媒体传播纷繁复杂，不良舆论很容易引导大众走上错误的方向，因此建设社会主义先进审美文化对弘扬民族精神、增强民族凝聚力意义重大。另外，审美文化具备了民族性才会成为强势的生产力，才会具有竞争力。但是，这并非审美文化的终极目标。审美文化也是软实力，是一种“吸引力”，具有民族性的审美文化才会让本民族的人产生归属感，同时让域外人产生关注的欲望。

二、世界性

中国当代审美文化中对世界性的表达是世界各国共同推进全球化进程的需要。全球化的背景下，许多问题需要各国共同解决，许多话题被全人类关注。全球化进程需要世界各国对共同的问题有着同样的关注度，需要各国人民积极回应。此番景象非一日可成，需要审美文化这个“软角色”起到陶冶作用。从另一方面说，审美文化要关注世界性的话题。除此之外，“人类的进化过程同时也是异化过程。只有当人离开自然的怀抱，并且挣脱了社会束缚之后，才能以一个独立的个体的身份成为真正意义上的人。于是，一个真正意义上的人，使不得不感受到生命的短暂和孤独。因而，文明的人不仅需要肉体的温饱，而且需要精神的慰藉，其慰藉的最终指向便是一种终极关怀”[③]。可见，全球化中的审美文化既可以慰藉人类心灵，又能指引人类顺应全球化，从而使人类有一个光明的未来。

世界性并不以走出国门的艺术演出的多少为衡量标准。艺术表演走出国门得益于全球化，也可以说，在全球化背景下，走出国门并非难事。但是，并不是走出国门的艺术表演都具有世界性，或者说被世界接受。“以什么样的理念、什么样的姿态、拿什么样的作品走向世界和所谓‘走向世界’的实况又是怎样的，人们有理由了解更多的情况。《音乐信息报》2003 年 8 月 15 日第 6 版，披露了一则《中国民乐走向世界——金色大厅不是“金钥匙”》的内幕，文章称：‘近几年中国

---

① 吴玉杰：《新历史主义与历史剧的艺术构建》，中国社会科学出版社 2005 年版，第 222 页。

② 吴玉杰：《新历史主义与历史剧的艺术构建》，第 225 页。

③ 陈炎主编：《当代中国审美文化》，第 4～6 页。

民乐频频走进维也纳金色大厅，当人们翻阅众多报道的时候，会发现“巨大成功”四个字使用率最高。’而实际情况是如何呢？驻奥地利文化参赞孙参赞说：‘这几年中国民族音乐各种形式的演出过于频繁在金色大厅登台，使得大量送票工作成了大使馆的一个沉重负担。第一次送票给朋友，他认为是友好；而第二次送，他就会认为你的演出不值钱（德国有句名言：‘不要钱的东西就是不值钱的东西’）。不送票就不会有满场的观众，电视画面就不好看，就不会有“巨大成功”的热烈场面。’‘在这里演出并不说明演出水准就有多高’，‘只要艺术家付出了劳动，每个节目都会获得掌声。所以靠获得热烈掌声的次数来判断演出水平的高低是不准确的。’”[①]可见，媒体的过度宣传为民族艺术走向世界营造了一种虚假繁荣的现象，因此判断艺术品的世界性的标准需要重新确立。张艺谋的《红高粱》在1988年获得柏林国际电影节金熊奖，莫言在2012年获得诺贝尔文学奖，2013年中国第十届艺术节青岛歌舞剧院推出的舞剧《红高粱》获得文华奖——一部《红高粱》，为何能获得国内外的一致肯定？因为其中有对人类生命的人文关怀。小说、电影、舞蹈均成功地抓住了这一点，而这一点是具有世界性的。相反，张艺谋在执导了电影《大红灯笼高高挂》后时隔十年操刀舞剧版《大红灯笼高高挂》却没有赢得一致的好评；电影版《大红灯笼高高挂》虽然也获得过国际奖项，但是国内电影人对其评价也不高，这是因为这个故事本身过于冷酷，人物异化，缺乏人文关怀的高度，电影尚且可以以情节吸引眼球，抽象的舞蹈则很难演绎出精彩。通过两者的对比可以发现，世界性的主题通常具有终极关怀和人文关怀的高度，是审美中不可缺少的“正能量”。

世界性并不能完全由西方发达国家的“世界”来定义。诺贝尔奖、国际电影节均是在欧洲举办的文化盛会，这是由历史决定的，但是在全球化的今天，中国应当忽略地域差异，将其看作是世界的盛会。中国是世界的重要组成部分，中国虽然在经济上还与发达国家存在差距，但是在文化上与发达国家并没有高低之分，各民族和地区的文化都应受到尊重。西方的电影常常会在世界性灾难的假设下展开，这说明西方国家自觉地具有世界性的眼光。中国也应当具备这种视野，具备这种“世界公民”的意识，全面地认识世界，从中国的视角解读全球性的话题。“世界公民”的思想已有2500年的历史，早在古希腊时期就有智者提出过此种设想，而全球化正在将这一设想变为现实，“世界公民”的概念日渐清晰。英国学者德里克·希特在《何谓公民身份》一书中为“公民身份”这一概念描绘出了一个含义光谱：“从模糊的一端说起吧，对整个人类存在认同感的人们可以贯以‘世界公民’的名号。接下来是更不那么模糊的含义，指接受下述道德原则的世

---

① 唐朴林：《解读谭盾“中国音乐走向世界，只有靠民乐”之说》，载《中国音乐》2008年03期。

界公民：个体对整个地球及其上面的居民——当然是指人类，但也指非人类——存在某些责任意识。往较为精确的一端移动，存在的是这样一些个体，他遵守超国家和跨国家层次的法律，有时甚至是普世性法律。最后，最切合于世界公民这一头衔的是这样一些人，他们相信必须有超国家的政治权威和行动，最虔诚者对这类活动甚至还会身体力行。”[①]在文化领域，世界公民的意识到达模糊领域即可发挥作用，即对普世感情的认同以及对普世道德的接受。

综上所述，先进审美文化的世界性指的是反映具有世界意义的话题，同时对普世感情与普世道德进行表达。如何在作为生产力的审美文化中正确地展现和表达世界性？这首先需要对世界性有一个正确的认识，不能只简单地把占据世界市场当作世界性的目标，而要将世界性作为与民族性共存的艺术事业的灵魂，使中国先进审美文化的先进性凸显出来。

第二节　当代电影艺术的民族性与世界性

不管是在当代中国还是在当今世界，电影艺术无疑是时代的“宠儿”。从艺术形式上来看，电影是地地道道的舶来品；但从表现内容上看，民族性与世界性的交织又是当代中国电影最基本的特征。

一、“使劲儿”的第五代导演

第五代导演的影片是最具民族味儿的作品。第五代导演的领军人物张军钊、陈凯歌、张艺谋、田壮壮等均是拥有改革开放前的记忆的一代人，因此他们有机会体味完整的“中国味儿”。在他们成长的年代，中国还没有加快城市化的进程，农村还保存着原始的风貌，他们的视听享受是广播与红色电影，这一段完整的体验也成了他们日后拍摄影片的宝贵资源。这也是为什么时至今日，张艺谋仍推出《归来》这部反映中国20世纪六七十年代社会的电影。民族性由历史事件和历史人物来体现，对于第五代导演来说，中国农村、封建礼教、抗日战争都不是过时的主题，而是十分重要的主题。他们的影片围绕这些事件，塑造的人物也是产生于这些环境中的。就像第五代导演评价自己时所说的那样，他们拍片的年代流行“使劲儿”，影片里一个转身、一个眼神都寓意深刻，一个老头往炕边儿一蹲就是中国农民的典型。这样的电影是浓缩的中国，像一块古董，它的历史价值高于艺术价值。对此，张艺谋本人有着清醒的认识：“‘文以载道’是中国几千

---

① ［英］德里克·希特：《何谓公民身份》，郭忠华译，吉林出版集团有限责任公司2007年版，第140页。

年沉淀下来的文艺创作的思维习惯，这使大陆的作品人文气较重，常以人文内涵为艺术的主要目标。大陆第五代导演的名作，也基本是大人文背景下的文化反思和文化意识的觉醒。"①

张艺谋的《红高粱》《大红灯笼高高挂》《菊豆》《我的父亲母亲》《山楂树之恋》《金陵十三钗》《归来》等影片均取材于1919～1979年间的中国：《大红灯笼高高挂》和《菊豆》取材于封建制度土崩瓦解的近代末期，《红高粱》和《金陵十三钗》取材于抗日战争时期，《我的父亲母亲》《山楂树之恋》和《归来》则取材于20世纪六七十年代。这是中国近现代史上最值得反思的几个时代，也是各种政治力量活跃于历史舞台的时候。这些影片借助故事情节和人物个性对民族性均有不同程度的表现。中华民族的民族性由散落于各个时代的人物体现出来，如果影片中的人物个性符合中国大众的普遍心理，那么这部影片就是契合民族性的：《红高粱》与《金陵十三钗》是人物群像式的描绘，其中有许多有个性的人物，他们共同彰显了中国人在灾难中的勇敢和决绝；《大红灯笼高高挂》与《菊豆》描写的是压抑中的人性，颂莲与菊豆虽然生长于中国式的环境，但是她们的情感似乎不具有本土性，至少在影片中缺乏存在的合理性；《我的父亲母亲》和《山楂树之恋》故事大于人物，人物相对扁平，故事则充满理想性；《归来》充满"伤痕文学"的伤感气氛，从一对暮年团聚的老夫妻身上反映了中国知识分子历经磨难后依旧丰满的感情。

对民族性的正确理解有助于发掘电影的思想深度，而错误的理解则会使电影沦为民俗展演的载体。张艺谋的电影里有一些仪式性的表演，如《红高粱》里祭酒神的部分，另如《大红灯笼高高挂》里的锤脚，有些人批评这是"造假民俗"②。对此杨远婴有不同的看法："张艺谋喜欢在影片里把生活中的东西仪式化，我认为这正是艺术需要做的事。比如日本小津安二郎的影片，就是把生活仪式化，把日本普通人的生活表现得那么优雅，那么有魅力。普通又普通的生活场景，在他的片子里获得了深刻的文化意味，从而使他的影片成为能够被各国人民所接受的世界性的东西。为什么我们不能这样做呢？"③即便仪式性的表演是现实生活中不曾发生的，可如果它在影片中具有存在的合理性，那么就应该得到认可，因为这起码说明它符合中国本土的民族情结。《红高粱》的祭酒神仪式符合中国的民族性，因为我们的祭祀活动一般都会有上香、敬酒这些程序，尤其是祭祖这样的祭祀活动，而在一些手工艺行业中，一般也会有类似祭祖的仪式，应该

---

① 杨远婴、潘桦、张专主编：《90年代的"第五代"》，北京广播学院出版社2000年版，第99页。

② 杨远婴、潘桦、张专主编：《90年代的"第五代"》，第110页。

③ 杨远婴、潘桦、张专主编：《90年代的"第五代"》，第110页。

也都是严肃的，虔诚的，所以这里的祭祀仪式是合理的。更何况还有莫言《红高粱》的魔幻现实主义作铺垫，因此张艺谋的影片再“魔幻”一些也未尝不可。相对而言，《大红灯笼高高挂》中的锤脚和挂灯则具有存在的合理性。封建主义吃人的本质早就被鲁迅先生一语道破，《大红灯笼高高挂》用极为矫情和尊贵的形式烘托了宅院中得宠女人的待遇：这种仪式一次次地在影片中上演，人物的悲欢似乎都退位给这个尊贵的待遇，一切人的悲欢都为着得到这个待遇，即使是受过教育的颂莲也不例外。锤脚与挂灯并非为了享受这待遇的女人，而是为了这宅院的男主人，为了这家族的香火。旧时代与新时代最大的区别就是人的地位。影片中用极为隆重的仪式烘托了女人的尊贵，却从反面表现了她们的工具性，悲剧意义由此产生。然而，《大红灯笼高高挂》的民俗演绎虽然合理，但却是生造出来的，没有普遍性。不过，这部影片最失败的地方在于人物的异化。电影展示的是中国封建家族中最阴暗的权力斗争、最病态的族人心理和最冷酷的家庭关系。人物看似个性鲜明，其实只不过是权力游戏的棋子，毫无尊严可言。导演仿佛醉心于表现这一方面，并未对此发出自己的声音，所以这部影片只不过是讲述了一个戏剧性的故事而已。

民族性关乎人性。在西方话语权主导的国际电影节中，第五代导演擅长的大人文背景叙事得到了认可。在这些影片中，有些获得了国际大奖，如《霸王别姬》获得了第46届法国戛纳影展金棕榈奖，《红高粱》荣获了第38届柏林国际电影节金熊奖，《大红灯笼高高挂》获得了第48届威尼斯国际电影节最佳导演银狮奖，《菊豆》《金陵十三钗》则多次被国际奖项提名。但是，这其中有些影片却是不符合中国本土性的。可见，民族性的表达只能由中国导演自己来把握，走向世界的不一定是最好的。

电影的世界性包含两种含义：一种是作为文化产业的世界性，另一种是作为艺术作品的世界性。张艺谋说：“我们通常所说的走向世界，一是将发行权卖到世界各地，二是在参加国际电影节的过程中通过媒体将你的电影介绍给观众。国际电影节实际上就是文化媒体的汇集地，你的电影可以通过媒体进行传播。在我看来，中国的大陆、香港在世界电影市场上都处于很小的地位。我觉得我们的导演在未来十年以内仍旧要靠参加电影节来推销自己。”[①]对于文化产业来说，世界就是一个大市场；而对于艺术来说，世界相当于一个圆桌会议。正如张艺谋所说，国际电影节既是一个推广优秀电影的权威发声器，又是一个电影制作人寻求商业合作的平台，参与到世界电影市场中是中国电影作为文化产业实现更大利润和更高声誉的途径。从另一方面看，这也体现了交流与对话的力量，是

---

① 李尔葳：《张艺谋说》，春风文艺出版社1998年版，第139页。

全球化大势所趋的召唤。然而，作为商品的电影加剧了创作者对接受情况的关注，中国电影制作人开始向美国大片学习，对"明星脸"的依赖更多地不是进步性的选择，而是对以好莱坞培养起来的消费者趣味为标准的模仿，这对电影的艺术性会造成一些损害。那么，电影艺术的世界性该怎么理解呢？电影产业以消费为目的，电影艺术则以表达为目的。这也是为什么许多电影被学者从哲学角度进行解读的原因。艺术不追求答案，而昭示思考的方向。在全球化进程中，有很多话题是世界性的，如人权、人类命运、生态问题、战争与和平等终极关怀，还有一些永恒的主题，如爱情、亲情、友谊、自由等人文关怀。如果电影中能多一些人文关怀，少一些无谓的噱头，电影的世界性意义将从商业的一端向文化的一端倾斜。

世界性来自电影艺术对世界主潮的呼应。《2012》为什么引来了全世界人的观看和议论？因为它触碰了一个人人关注的话题：人类命运。当下，科技、经济、社会制度、文化水平似乎都发展到了极致，甚至开始倒退，人们不禁扪心自问：我们人类还能存活多久？地球还能运转多久？玛雅预言是真的吗？人们期待一个权威的答案，电影却以艺术的方式向人们呈现了一个可怕的设想，它的意义在于引起了人们的惊醒和反思。2013 年公映的电影《雪国列车》与《2012》属于同类影片，但给人的感觉却是"人类灭亡事小，表现阶级斗争事大"这样一种颠倒的情形。然而，阶级斗争在今天已经不像过去那样是世界各国的主要矛盾了，作为一部展望未来的科幻电影，《雪国列车》这样大肆宣扬对权力阶层的控诉显然有些不合时宜。换言之，《雪国列车》从寻求世界性的出发点走到了一个虚无的争端里。

上述一类是涉及终极关怀的影片，中国电影在这方面似乎还不太擅长。不过，谈到人文关怀则有许多可列举的成功事例，这也许与我国千百年来的儒家道德尽然而成的气质有关。张艺谋的影片《千里走单骑》与《金陵十三钗》中都有一个在中国的异乡人，而且语言不通造成的交流困难都被强调出来了。但是，这个异乡人却最终与中国人融为一体，他们的交集就是"人性"，或说"人之常情"。方言在这两部影片中也是一大亮点：《千里走单骑》中的云南方言和《金陵十三钗》中的南京话，以原始的形态呈现给观众，在粗糙感中散发着新鲜感。可以说，张艺谋是想用感官的刺激来对观影人形成潜意识的陶冶，让观众进入一个有据可依又略显虚幻的"乡土情"当中。这类影片最肤浅的世界性就是中外演员齐聚一堂，而最深层的世界性仍旧是对人性的解读，还有一层启示意义便是说明地域的差异并不能构成情感沟通的阻隔。

民族性和世界性的共同话语是人性，人性是世界性的文化表达的通用语言，人性也是民族性文化表达的基调。人类的心理和愿景基本上是一致的，这是文化交流与融合的基础，而民族性的形象表达则是带有地域性和历史性的生活方式和价值观念，这是各个民族独立的个性语言，所以将民族特征神秘化和将世界认可标准一元化都是不可取的。

二、关注"小人物"的第六代导演

在第五代导演中，张艺谋在1992年以一部纪实影片《秋菊打官司》给人以耳目一新的感觉，1998年他又拍摄了电影《一个都不能少》。这两部电影先后获得了第49届和第56届威尼斯电影节的金狮奖。这两部电影分别塑造了两位性格倔强的女性：村妇秋菊和乡村教师魏敏芝。这是张艺谋塑造的两个"小人物"，但是她们的个性与之前的九儿、菊豆甚至颂莲都有相近之处。"倔强"是不是我们中华民族的特点呢？这个问题还没有答案，值得思考。但是，从影片中可以看到，"倔强"是张艺谋欣赏的一种个性，也是一种使人勇往直前的个性。这两部影片得到威尼斯国际电影节的最高荣誉，在某种程度上也是因为影片中的人物具有大众普遍赞赏的个性。刘恒是《秋菊打官司》的编剧，他分析说这个故事可有形而上与形而下两个层次的意义："一、最外在的最肤浅同时又是具有一定社会性层面：一个民告官的故事，或者说是一个普通老百姓与基层官僚主义作斗争的故事。二、人物命运和性格的层面：一个受到损害的弱者维护自身尊严的故事。三、存在主义层面：人在维护自身尊严的同时，很有可能以损害对方为代价。这就上升到人类的自我折磨。完成这个形而上的思索之后，再回到形而下，从最具体的人物、最朴素的故事写起。"①这个题材完全可以拍成一个体制内中规中矩的教育影片，赞扬农村女性法治意识的觉醒，但是影片中秋菊最后定格的困惑表情说明，电影无意弘扬法治意识，正如刘恒所解读的，它是想探讨关于"尊严"的问题。法律关乎社会治安，尊严则关乎人本身。正是这个立意使得影片具有了走向世界的可能。

第六代导演以贾樟柯为代表，他们是将电影镜头对准小人物的主力军。同样是描写"小人物"，他们的叙事方式与第五代导演存在很大的差异。最为明显的一点就是张艺谋十分着力刻画的人物个性在第六代电影那里被消解了。《一个都不能少》虽然启用了来自群众的魏敏芝，但是影片中仍可以感受到导演对人物个性塑造的痕迹；而第六代导演贾樟柯的电影却明显地呈现出无中心的特点，通常是几个故事连缀而成，共同体现一个主题。2006年，贾樟柯以影片《三峡好人》获得威尼斯国际电影节金狮奖。《三峡好人》的英文名是*Still Life*，对此贾樟柯的解释是："静物在美术馆里就是被忽略的现实，它有时间的痕迹，有主人生

① 杨远婴、潘桦、张专主编：《90年代的"第五代"》，第105页。

活的痕迹，所有的信息都在里面。拍摄这样的地方，这样的人群，也是想让各种生活之外的人能够相信还有另外一种生活存在，而不是那么自我，觉得自己的现实就是唯一的现实。”[①]的确，影片中韩三明和沈红并不是主角，而且这两人之间没有直接的关系，他们更像是两双眼睛。他们看到即使是最底层的人也有享受生活、憧憬美好的念头：“小马哥”用报纸点烟模仿电视里的周润发；少年游走在颓圮的房屋里，在破旧的客船上旁若无人地唱着《老鼠爱大米》和《两只蝴蝶》；打工人拿出微薄的薪水去看草根表演而露出迷惘的微笑；“少妇”摇着团扇、纳着鞋底等待为穷人提供有偿的性服务……他们看到，贫穷并不能吞噬人的思想与情感，富有反倒使人放弃情感屈就于金钱。打工人拿出十元人民币告诉韩三明“夔门”是他的家乡，韩三明也拿出五十元人民币给大家展示山西的壶口瀑布，打工人纷纷感叹“他的家乡也很不错啊”，他们心中对家乡的自信和自豪让观众认识到他们是有血有肉的人，是社会的一分子，是历史长城的铸造者。由于导演气质上的差异，《秋菊打官司》以小人物为主而具有鲜明的个性描写痕迹，《三峡好人》也以小人物为主却具有人物群像的素描痕迹。与第五代导演是同时代人的北京电影学院教授郑洞天说：“导演必须有自己的人生态度。”[②]贾樟柯对电影与导演的认识却完全不同：“导演不是一个诗人，不是一个无所不知的天才，是一个弱者。一个新电影给我们的感觉，是信任观众的艺术，不再给观众施加任何武断，不强加任何理论。”[③]这种拍摄理念接近于文学上的“自然主义”。但是，导演只是用自然主义的手法拍摄而已，将哪些事件放入摄像机却也是需要观念先行的。作为身处社会变革中的电影人，在无法拥有既定的价值标准，或者对既有价值观产生怀疑的时候，自然主义不失为一种明智的选择。虽然《三峡好人》在国内票房业绩平平——无法与一起上映的《满城尽带黄金甲》抗衡，但是它的出现对中国的电影界来说是一剂良药。因为21世纪初期在电影国际化和利益的驱使下，中国电影界开始大量复制“东方奇观”式的电影：2000年《卧虎藏龙》上映，2002年《英雄》上映，2004年《十面埋伏》上映，2005年《无极》上映，2006年《满城尽带黄金甲》上映……看似是英雄主义的复出和民族自豪感的展示，其实不过是古装与功夫、英雄与美人的游戏。因此，《三峡好人》的出现冷却了中国电影界浮躁的气氛。

2013年贾樟柯推出新片《天注定》，叙事方式延续《三峡好人》看似无关却串联为一个整体的手法，讲述了四个边缘人物的悲与欢。这部影片反映社会现实

---

① 丁亚平、吴江主编：《跨文化语境的中国电影：当代电影艺术回顾与展望》，中国电影出版社2009年版，第59页。

② 杨远婴、潘桦、张专主编：《90年代的“第五代”》，第107页。

③ 李刚：《论中国第五代导演的文化精神》，中国社会科学出版社2008年版，第168页。

和新闻事件的意识十分明显,四个故事取材自胡文海、周克华、邓玉娇三起刑事案件,还涉及富士康跳楼事件以及东莞色情服务现象。正如贾樟柯所说,导演是一个弱者,他是在替"边缘人"申诉,引起社会的关注。他让电影脱掉了艺术渲染的外衣,将赤裸裸的现实呈现给观众,使人战栗。但是,这部影片就如同张艺谋的《大红灯笼高高挂》,导演对故事的思想深度处理得过于简单,只是醉心于影片中故事结构的编排。故事中的四个主人公身上存在让人同情的一面,也存在使人厌恶的一面。对于他们的行为该如何评价?或者说,有没有评价的意义呢?他们的遭遇是否引人深思?《天注定》中出现的极端行为来源于当时发生的新闻事件。新闻事件自然区别于日常生活中普通人的行为,那么,导演应该如何过滤掉媒体制造的舆论热度,从一个冷静理性的角度解读这些刑事案件呢?《天注定》似乎没有处理媒体制造的舆论热度,反而是在利用这个热度复制新闻事件,这就阻碍了该影片走向世界,因为它缺乏成功电影应该具备的人文关怀。因此,《天注定》只获得了第66届戛纳电影节金棕榈奖的提名。

三、丰富电影文化的80后导演

近年来,"微电影"日渐成为热门话题。中央电视台电影频道甚至一度还开设了"爱拍电影"栏目,搜集民间原创电影短片,以满足普通民众当导演、演员的愿望。80后导演就是在这样的氛围中成长起来的新一代电影制作人。由于受到"微电影"的影响,他们的作品有一些也是微型短片,这些影片中有的在网上流传,没有升级院线。目前,80后导演拍摄的影片中创造了票房并形成了一定影响力的有杨庆的《夜店》、徐超的《芳香之城传奇》、梁超的《一个留神》、孙达的《房不剩防》、徐捷的《古宝奇缘》、卢正雨的《一只狗的大学时光》等。这些影片多为现代喜剧和魔幻爱情题材,娱乐性大于思想性。

2013年6月27日,郭敬明推出了电影《小时代》,接着在2013年8月8日推出了《小时代:青木时代》;2014年7月17日,《小时代:刺金时代》上映。这一系列电影根据郭敬明的同名小说改编,受众主要集中在"90后"人群。

笔者在某网站检索观众对《小时代》系列电影的评价时发现,在33位被调查者中,有1位认为其是"意料之中的烂片,毒害青少年的价值观,应该禁播",占2.86%,有24位认为其"纯属娱乐,可看可不看",占69.57%;有6位认为其"比想象中好看多了",占17.14%;有4位认为其"小四拍的,男神女神演的,当然好看啦",占11.43%。[①] 由此可知,人们多是抱着娱乐的心态观影的,拍摄者也将

---

① 《电影〈小时代〉观影情况与受众分析》,http://www.sojump.com/report/2653658.aspx,2015年8月10日。

影片自觉归为娱乐类，在明星、服装上做足功夫，给观众以极其令人满足的视觉盛宴。虽然影片因为过于浮夸而受到诟病，但是不可否认它确实是对严肃的第五代、第六代电影作品的一个补充。

如果以统一的标准衡量所有电影会有失公平，将导演无意发力的部分拿来批评是没有意义的。严肃"使劲儿"的第五代和关注"小人物"的第六代培养了同样严肃的和有使命感的电影批评者。因此，对于极其不严肃的《小时代》，电影批评者们便习惯性地予以否定。民族性与世界性的表达是否是每一部中国电影的责任？如果从民族性与世界性的角度分析，《小时代》确实没有任何深刻的内涵。但是，它本身却是中国电影事业多样化发展的例证，它反映了城市化进程中年轻一代的"白日梦"，是一剂麻醉针，给观影人带来片刻的欢愉。《小时代》及其影评共同构成了中国电影事业的阶段性特征。

2014 年 7 月 24 日，同样为 80 后作家的韩寒也将推出自己的电影处女作《后会无期》。显然，与郭敬明的《小时代》相比，大众评论均向韩寒一方倾斜，对《后会无期》的期望值更高一些。但是我们应该看到，80 后作家跨行拍电影的念头却是郭敬明点燃的，韩寒紧随其后并无多少新意，至于二人的作品究竟会有多大的不同还存在疑问。如果将此二人放在电影艺术的世界中以大刻度来衡量的话，他们其实是处于同一区域的。

这一阶段的电影在题材和表达方式上的商业化倾向日益突出，市场成为一切选择的标准，民族性和世界性不再是导演关注的问题和话题。除了经济这一主导因素外，这也在一定程度上说明了现在中国国家地位的提升和文化自信的增强，而张艺谋擅长的标签式民族性的表达和急于获得世界认可的心理，事实上是一种民族文化焦虑的体现。

第三节　当代舞蹈艺术的民族化道路

源远流长的舞蹈艺术在当代经历了一个复苏、发展、繁荣的过程，本节着重考察一些具有阶段性特征和民族代表性的舞蹈形态、剧目和人物，以便从整体上把握当代舞蹈艺术在新时代的民族化道路。

一、题材陈旧的舞剧

20 世纪初，中国舞剧普遍存在的问题是题材陈旧。2001 年 5 月，张艺谋跨界指导了芭蕾舞剧《大红灯笼高高挂》，在此之前，他的同名电影于 1991 年在国内上映，并获得第 48 届威尼斯国际电影节最佳导演银狮奖。时隔十年，张艺谋再次拾起这个剧本,对情节进行了简化,对舞台道具、舞美给予了大量关注。这部舞剧中芭蕾舞演员身着旗袍表演,改变了以往芭蕾舞剧的服装观念;京剧元素加入芭蕾舞剧中,增加了民族韵味。李惠子指出:"在革命的《红色娘子军》和《白毛女》之后,中央芭蕾舞团与导演张艺谋合作的《大红灯笼高高挂》是迄今最受海外关注的中国芭蕾舞剧。这部源自同名电影的芭蕾作品,自 2003 年改编后,已成为中芭演出的保留节目。该剧精致豪华的舞台设计与京剧等中国元素的出现,引起了国际舞蹈评论界关于芭蕾语言如何与其他艺术形式相结合的热烈讨论。"①

不过,芭蕾舞剧界对此剧评价不高,认为该剧在编舞上肢体语言的表述不够清楚和到位,高潮完全靠外在的道具和舞美去渲染,商业意味大于艺术意味。可见,专业人士的着眼点在于该舞剧的导演是否真的用舞蹈表达了情感和思想,他们质疑张艺谋在舞蹈领域的艺术敏感,质疑这个看似强强联手的主创团队的合作默契程度,他们甚至厌恶"张艺谋效应"在这部舞剧上形成的宣传效应,他们坚信这是一部华而不实的舞剧。

其实,张艺谋的创作理念在电影与舞剧中是一以贯之的。删减情节是张艺谋在电影拍摄中的常见行为,《红高粱》《妻妾成群》《山楂树之恋》,包括最新影片据以改编的小说《陆犯焉识》,他都对其进行了大量删减,以腾出精力表现人物个性、厘清以"情"为主的线索。色彩也是张艺谋关注的方面,他甚至在影片《菊豆》中设置了大染坊的生活背景,以实现他对色彩的追求。从这些方面来看,他似乎更适合在舞台艺术上发展。但是,芭蕾舞对他来说是陌生的,他可以将自己新鲜的想法带入舞剧中,却无法对具体的舞蹈艺术作出指导。中央芭蕾舞团邀请张艺谋做导演,是希望已经具有国际知名度的张艺谋给中国芭蕾舞剧带来适应国际交流的审美理念。可以这么说,张艺谋抓住了民族性和国际性的脉搏,他的影视作品扎根于中国本土故事,他的电影故事情节简单,人物个性鲜明,主线以情为主,讲究色彩艺术感。那么,这些宝贵的经验怎样融入芭蕾舞剧中呢?能让张艺谋游刃有余的只有外在形式上的渲染了。舞蹈如何表现情,表现人物性格,这是很专业的问题,张艺谋无力给以建设性的意见,而这两方面恰恰是舞剧的核心。

另外,作为电影,《大红灯笼高高挂》在题材上和人物关系上就受到过批评。郑洞天曾就其中的人物形象提出过自己的看法:"《大红灯笼高高挂》中对人的看法似乎太冷、太狠了点。……原作的精神可以是写人的恶,但把它搬上银幕时,

① 李惠子:《足尖上的政治与欲望》,载 2008 年 2 月 13 日《中国青年报》。

导演必须有自己的人生态度。”①影片将人的敌对关系刻画到极致，仿佛导演醉心于这种病态的敌对关系而大肆渲染以吸引眼球，这使得影片的人文价值降低了不少，缺少内涵。将这样一个冷酷的故事搬上舞台，可挖掘到的地方只有故事中女性的心理和命运，那么它所要表现的女性心理与命运是否具有时代意义呢？该故事中的女性只反映了中国历史上某个历史阶段里女性的生存特征，甚至是夸张的表现，与现代女性并不能形成对话；它带给观众的反思很少，更多的是舞台本身的审美享受。所以，与其说是外行的张艺谋执导舞剧失利，不如说这部舞剧的根本问题在于选材的陈旧。张艺谋执导的这部舞剧与他的电影理念一样，期望在视觉上给观众以震撼，这决定了他在兼顾舞蹈艺术与舞台效果两个因素时向哪一方倾斜。不论如何，张艺谋给中国芭蕾舞剧注入了新鲜的血液，带来了启示，但芭蕾舞剧进一步的发展还要依靠芭蕾舞剧专业工作者的努力。

2008 年，创新修排后的大型民族舞剧《丝路花雨》在北京参加了奥运会文化活动，一连演出五场，获得了巨大成功。早在 1979 年《丝路花雨》就被搬上了舞台，并为庆祝建国 30 周年而于当年 10 月赴京演出，此后该剧先后在朝鲜、意大利巡演，让世界的观众欣赏了具有中国民族特色的敦煌舞剧。时隔 29 年后重新登台，该剧无疑在诸多方面做了改进才得以获得观众的认可。它以中国歌舞伎英娘与波斯商人伊努斯的爱情故事为线索，展现了丝绸之路上的悲欢离合与中外交流产生的纯洁友谊。这部舞剧情节较为复杂，从故事情节设置中可以看出还有一些 20 世纪 70 年代的烙印，如故事中对官吏的恶毒、人民的被压迫状态、人物命运的悲惨等元素的保留，使题材略显陈旧，与舞剧《大红灯笼高高挂》一样都在一定程度上批判了封建主义的压迫。但是，《丝路花雨》同时具备的海外交流的主题却是契合时代主潮的，凭借这一点它得以在奥运会文化活动中重新登台。

2012 年，中国江苏民族舞剧院推出了民族舞剧《绣娘》，有评论认为该剧有些老调新唱之嫌。舞剧讲述的是绣娘为爱情而反对封建礼教的故事，该舞剧的服装、舞艺、舞美、道具都堪称上乘，2013 年还赴美演出获得成功。然而，反对封建礼教是中国历史上高唱了将近一百年的主题，对于 21 世纪的艺术界而言它已经是一个过时的话题，如果艺术表演还以此为依托，那么在思想上它就已经是落后的了。思想的落后是舞技和道具所无法弥补的。“反封建”并不是一个具有民族性的主题，而是一个历史性的主题，如果将其上升为民族性的，那么中国在世界眼中的落后苦难和充满斗争性的形象便很难改变。在期待中国舞剧走出国门的同时，对中国的民族性树立正确的认识十分重要。“反对封建礼教”是中国某

① 杨远婴、潘桦、张专主编：《90 年代的“第五代”》，第 107 页。

个历史阶段的主要矛盾，是人民斗争的主要任务，从中升华出来的是中国人民的斗争性、抛弃糟粕的坚决性甚至过度否定产生的偏激性。这其中有正面的特性也有负面的特性，但都是民族性的一部分。但是，“反对封建礼教”不是民族性，不是持久的矛盾，更不是民族的特性，它只是表象，而非本质。《绣娘》作为21世纪的作品仍旧以此为题材确实显得陈旧落伍，也说明艺术创作者没有将精力放在思想和精神的挖掘上，亦没有捕捉到当代文化中的亮点，只是对既有题材拿来就用，这样做并不利于舞蹈艺术与时俱进获得长足发展。中国改革开放近四十年了，难道没有新的故事、新的观念可以融入舞剧中进行演绎？中华民族传统文化的宝库中琳琅满目的珍宝难道没有可采撷的元素？为什么在21世纪的新时代还花费人力物力财力去歌颂反封建的陈词旧调呢？无独有偶，中国的舞剧仍旧对反封建这样的主题缺乏淘汰之的敏感，舞剧导演的素质有待提高。对舞剧故事的现代性的选择关系到中国舞剧以怎样的成果培养中国观众的审美趣味，也关系到它以怎样的姿态走向世界。

二、寻求新发展的舞剧

步入21世纪的第二个十年以来，舞剧在题材上有了新突破，在思想上具有了现代或后现代的阐释意识。舞剧创作者能够突破对中国历史上旧时代题材的依赖，越过阶级斗争的主题向中国的古典文化汲取力量，选取一些具有世界意义的题材。这证明，中国的艺术要走向世界离不开对民族性的解读，只不过是面临解读对象处于哪一个阶段的问题。中国古代传统文化是中华审美文化的原动力，将其以艺术的新面目呈现给世界，也有助于改变中国贫穷落后、充满斗争的既有形象。

2011年，由张继刚编排的大型舞剧《千手观音》上演，该剧集优秀演员、设计师、技术于一身，向观众呈现了一场极具震撼力的人文礼赞。2005年张继刚就执导过春晚舞蹈《千手观音》，舞蹈集合了21位聋人演员，为中国观众展现了“大爱无言”的温情演绎。与舞蹈相比，舞剧版《千手观音》加入了故事情节，借助科技手段丰富了舞台效果，展现了更为宏大的场面。全剧共分12幕，分别以“请命寻莲”“长路漫漫”“蜻蜓引路”“慧心妙悟”“逼迫蜻蜓”“寻找莲花”“童子归善”“天地之爱”“降魔去病”“人莲合一”“苦海慈航”“千手千眼”为题，为观众呈现了三公主从人到神的涅槃。该舞剧弘扬了大爱无疆、大爱无终、大爱无痕的真谛，已经超越了佛家一教而具有了普世性，使观众在享受美的同时也得到了心灵的慰藉。佛教并不是中国的本土宗教，但早自东汉时期便传入中国，并逐渐演化为禅宗思想与儒家思想和道家思想并驾齐驱。禅宗宣扬明心见性之说，认为人皆有佛性，不需向外寻求，佛性就在人的内心。因此，舞剧版《千手观音》讲述的是三公主由人变为神的故事,这是中国人对佛教的本土化解读,体现了中国传统思想中的务实观念和对外来思想的有机消化。张继刚将《千手观音》从一个舞蹈发展为一台舞剧,想必他一定是看准了其中可以发挥的元素:首先舞蹈版《千手观音》就是群舞,符合舞剧需要的宏大场面;其次舞蹈版本身已具有技巧性的表演,如手部动作、队形变换等,如果加入科技效果会更加美轮美奂;最后,佛教题材具有普世性,容易推广。这部舞剧的故事编排体现出了明显的中国传统思维模式,情感基调呈逐步上升状,表现冲突的部分较短,高潮与结局重合,结尾气势恢弘,这也恰恰体现了中国舞剧的情节特色,与国外舞剧注重表现冲突的理念形成了鲜明对比。舞剧版《千手观音》正是带着浓厚的民族特色和美轮美奂的舞台效果赢得了世界观众的掌声。它之所以可以走向世界,是因为它的立意基于全人类,基于普世性的"大爱"。

在弘扬传统文化与文化创新双重使命的促使下,新古典主义日益受到关注。新古典主义在文学领域最先萌芽,大约在 20 世纪 30 年代,表现较为突出的一个流派就是京派文学。"'和谐'一方面作为京派同人推崇的艺术态度和美学理想,另一方面更是体现其新古典主义精神的理性旗帜。……'和谐'的追求使他们获得对艺术和人生的整体观照方式,同时又表现了对现代文明前瞻性的忧虑。京派作家面对物质文明的进步与道德伦理的退化作出反向思考,试图以文学、审美、传统的力量来改写、抗拒现代化的无情铁律,为现代化进程注入人性化的内容,由此使中国新文学从另一维度获得现代性品格。"①新古典主义是在保存中国古典审美理念的基础上对其作出现代性的解读,它反映了现代人对传统的认识、接受以及运用水平。新古典主义的创作理念是对传统文化思想上的继承,是以传统观念解读现代人的情感,或者作现代性的思考。新古典主义在舞蹈领域不仅作为一个流派存在,而且作为一种观念渗透到了舞蹈的各个领域。2012 年,北京当代芭蕾舞团推出了新古典主义舞剧《镜花昙》。该剧将中国传统戏曲的身法、招式与舞蹈有机融合在一起,将戏曲中的"幽美"延宕到极致,用夸张的肢体语言表达了人物丰富的内心活动。舞剧着重表现男女之间的情爱,颇有明代"三言二拍"的情节,但是却旨归于禅意,意在阐释物是物、我是我、欲是欲和"看似一体,实则无关"的禅学境界,也即"空"的境界,由此从中国古代世界折射人类的普遍情感世界。《镜花昙》还有一个独特之处是现场人声演唱伴奏乐。门巴族女歌手央吉玛的声音缥缈,忽而凄厉,忽而有抽泣声,制造了一种鬼魅、幽暗的听觉效果。这类表演文艺性过强,又在形式上存在一些明显的视觉诱惑,因此它更深一层的含义很难被观众体会到,只有创作者出面解读才行。这种接受上

① 杨经建:《新古典主义与二十世纪中国文学》,载《文艺研究》2006 年第 4 期。

的困难，一方面的原因来自观众，另一方面则来自舞剧自身——它对民族特色的继承更多地表现在外在形式上，内在的继承如禅宗思想则需要附加在宣传中。由此可见，舞蹈领域对新古典主义的运用还有待进一步改进。

2013 年，中国第十届艺术节在山东济南举办。艺术节举办期间，青岛歌舞剧院推出了根据莫言的同名小说编排的舞剧《红高粱》。2012 年 12 月 10 日，莫言凭借《红高粱》等一系列展现高密东北乡生活的小说荣获诺贝尔文学奖。评审委员会说莫言"将魔幻现实主义与民间故事、历史与当代社会融合在一起"。委员会的评价体现了文学界对作家作品的民族性特色的重视，但是使世界接受它的原因更是缘于它的普世价值。舞剧《红高粱》以舞蹈这一艺术形式抓住了小说《红高粱》的精髓，即生命力。情感与劳动是人类生命力的核心，如果只有劳动而忽略情感，那是鲁迅笔下压抑的、麻木的中国人；如果只讲情感没有劳动，那是无产阶级批判的资产阶级情调。《红高粱》是中国人民完满形象的缩影，他们勤劳勇敢、敢爱敢恨，是有血有肉的人，这在舞剧中则主要通过情节的选取、主色调的选择、演员的演绎、舞蹈的姿态来共同表达。舞剧《红高粱》荣获第十届艺术节文华奖是对莫言《红高粱》获得 2012 年诺贝尔文学奖的一个追加注解，彰显了艺术关注人本身的使命。

三、与时俱进的舞蹈

正如张艺谋所说，中国大陆在"人文内涵"方面的努力是显而易见的。但是，在很大程度上，艺术创作者关注"文"大于"人"。张艺谋在电影创作的过程中曾对台湾电影的着眼点赞叹有加："这两年我与台湾导演侯孝贤接触，挺受启发。台湾新导演与我们大陆第五代导演岁数差不多，艺术起步的时间也大致相仿。但把两地导演的早期成名作相比较，却有很大不同。'文以载道'是中国几千年积淀下来的文艺创作的思维习惯，这使大陆的作品人文气较重，常以人文内涵为艺术的主要目标。……而侯孝贤等人的作品，则是从刻画人的基本的东西开始的。或许是台湾的地域和社会历史条件，造成了他们的思维习惯——更加关注人本身，关注一个人或一个家庭的命运，而很少在作品中展开大的人文背景。"[①]"关注人本身"是台湾诸多团体奉行的宗旨。以台湾云门舞集为例，它成立于 1973 年，由林怀民创办，是一个现代舞蹈表演团体。据《吕氏春秋》记载，"云门"是古代舞蹈名，"舞集"则是舞蹈团体之意。云门舞集的成员大都为国内舞蹈科系毕业生，他们的训练包括现代舞、芭蕾、京剧动作、太极、静坐与拳术。从这些基本功的门类可知，云门舞集是想借助中华传统文化进行现代的表达。同时，这

① 杨远婴、潘桦、张专主编：《90 年代的"第五代"》，第 99 页。

些训练体现出了养生、健康意识对舞蹈的渗透。云门舞集的作品有《九歌》《白蛇传》《行草》《水月》《稻禾》《松烟》等，从名称即可看出云门舞集的审美取向：他们的舞蹈皆为中国古典意象，代表着行云流水的美感；他们的舞剧皆选择具有神幻色彩的题材，展现了自然的神秘性。1993年，云门舞集推出舞剧《九歌》，以屈原的同名诗歌为底本，共分为八段，分别是迎神、东君、司命、湘夫人、云中君、山鬼、国殇、礼魂。舞剧以爱情、国家、民众为三大主线，主题宏大，取材新颖，不落窠臼。该舞剧在舞台上努力营造诗歌原作的气氛，整部舞剧汇聚了亚洲音乐之大成，采用了從鄒族颂歌、日本雅乐、西藏梵唱、印度笛声和爪哇甘美朗的乐音，跨越地域而具有了东方神韵。舞台设计者李明觉为《九歌》构建了“楚地”：灯河、湿地、荷花。在这个祭祀的舞台上，舞者以融合东、西的肢体语言描绘情欲、抗争、死亡与复活，他们在充满原始气息的诗歌中展现了有所信仰、有所敬畏的生民的状态。那个身着西装、时隐时现的现代人形象与迷狂的原始生民形成了强烈对比，整部舞剧似乎在追问人类社会发展的意义何在。舞剧《九歌》以展现奇幻舞台开始，以追问生命意义结束，这种构思给了艺术创作者一个启示：艺术之民族性的发掘存在层次性。单纯追求形式上的民族特色，容易落入民俗演绎的窠臼，思想上的民族性才是艺术的灵魂。那么，这样一部作品是否能够在世界范围内被理解和接受呢？德国的艺术史家和社会学家格罗塞在1894年撰写的《艺术的起源》一书考察了原始居民的舞蹈、诗歌、音乐、装束、生活用具等，企图在他们身上找到审美意识的起点。法国民族学家和社会学家列维·布留尔在1922年出版了著作《原始思维》，探索了原始人不同于文明人的思维方式，并将其命名为“前逻辑”。原始思维如何理解自然和社会对于现代人寻找精神的归宿有一定的意义。由此看来，《九歌》以浪漫主义诗歌解读原始思维其实是对学术思想的丰富。

2003年，大陆舞蹈艺术家杨丽萍推出了她亲自执导的歌舞集《云南映象》。云南地区有25个少数民族，《云南映象》就集结了十多个少数民族的同胞。舞蹈分为七部分，分别是：序，混沌初开；第一场，太阳；第二场，土地；第三场，家园；第四场，火祭；第五场，朝圣；尾声，雀之灵。第二场“土地”中有“女儿国”一节，由杨丽萍领说领舞，其中三句台词是“太阳歇歇歇的呢，月亮歇歇歇的呢，女人歇歇歇不得”，此一节舞蹈用诗歌与舞姿赞颂了女性维系家族、孕育生命的伟大奉献，使观众感动。歌谣由杨丽萍用方言缓缓道出，舞蹈由她带领六位演员共同表演，朴实的诉说与富有张力的肢体语言实现了完美结合。舞台上的云南少数民族演员时而热情奔放，时而温情脉脉，时而载歌载舞，时而静如处子。舞蹈的感染力极强，其意义已经超出了宣传云南地域特色的范围，而是具有了赞颂生命的意义。杨丽萍在这场舞蹈中表现出了她天才般的艺术构思，再次展现了她美妙绝伦的舞姿。在她的身上少有女性的诱惑之美，取而代之的是令人感叹的生命律动。与《九歌》相比，《云南映象》更加具有感染力，它传达了一种令人兴奋和热泪盈眶的情绪。《九歌》以屈原的文学作品为基础，不仅表达了对生命、自然的认识，还有对国家与民众关系的体现；没有文学底本的《云南映象》以展现云南人的生命力为主题，进而扩大到展现人类生生不息的原始动力。前者侧重于人文演绎，后者则完全是生命的赞歌。从世界性的角度来看，两部作品都突破了时空的限制而具有普遍性意义。

除去像《九歌》和《云南映象》这类宏大作品外，近年来还涌现出了许多精美的小型舞蹈。自2000年举办CCTV电视舞蹈大赛以来，迄今为止已举办了七届。该赛事设中国古典舞、民间舞、芭蕾舞、当代舞、国际标准舞五个舞种，作为唯一的全国性电视舞蹈大赛，以其权威性、丰富性而闻名，并凭借其舞蹈的电视化呈现优势而获得了很多舞蹈演员和编导的青睐，在舞蹈界和观众中颇受好评。回顾往届舞蹈大赛作品，我们可以深刻地感受到中国舞蹈事业的进步。最初三届大赛的古典舞通常以标志性的中国风出现，如《扇舞丹青》《书韵》《竹梦》《阮玲玉》等，其余如民族舞、国标舞均囿于表演舞技，缺乏主题性和思想性。从第四届开始，参赛作品呈现出了对舞技之外的追求，在题材选择、舞种融合等方面时有创新，现代舞、街舞、民间舞、群舞异军突起，极大地丰富了比赛舞台。2013年10月举办的第七届舞蹈大赛共评出了六项金奖：现当代舞《步调一致》、芭蕾舞《那里》、古典舞《满江红》、民间舞《盅·碗·筷》、群文群舞《阿谐》以及少儿舞《小小冠军》。《步调一致》由北京军区政治部文工团参赛并选送；《那里》由中央芭蕾舞团参赛并选送；《满江红》由吉林市歌舞团参赛并选送，《盅·碗·筷》由内蒙古舞蹈家协会选送，参赛单位是内蒙古民族歌舞剧院；《阿谐》由西藏舞蹈家协会选送，参赛单位是拉萨市林周县农民阿谐队；《小小冠军》由广东省东莞市长安镇人民政府宣传文体局选送，参赛单位是广东省东莞市长安镇中心幼儿园。这些被评为金奖的舞蹈都是一改往常观众对某舞种的印象、有创新元素的作品。

陈凯歌曾拍摄过影片《大阅兵》，他自己在谈到创作初衷时说："这部影片涉及个体和群体、个性与共性的关系，但很多人并没有看出我真实的倾向性，我实际上是不赞成笼统地提倡大群体的所谓集体主义精神的，就广义的生活而言，世界上每个人都处在阅兵的序列中，阅兵的训练要求消灭个性，这在每个国家都一样，可是中国目前恰恰是要求个性发展的时代，在这部影片里，我希望我们每一个战士都是有个性的，他们为祖国、为民族而战，同时也是为自身的信念而战。"①然而，这部影片由于驶入了主流意识的轨道，因此导演的上述愿望几乎被

① 转引自尹鸿：《当代电影艺术导论》，高等教育出版社2007年版，第551页。

淹没。相比之下,现当代舞蹈《整齐划一》反而完成了陈凯歌的愿望——突出主体性。作品虽取名为"整齐划一",但是表现手法却极为特别:它采用动画制作的理念,将一个完整的动作由几位演员依次的运动来完成,突出了每一位演员的地位;中间还以"炫技"的方式为身怀绝技的演员提供了展示的空间。整部作品虽属军旅题材,但是别出心裁,体现了当代重视个性的观念在群舞中的影响。

古典舞《满江红》全部用男演员,在外形上突出"怒发冲冠"的形象,舞姿仍保留古典舞中的戏曲元素,舞蹈饱含悲愤与豪情,表现了战士们在沙场上英勇杀敌、不畏牺牲的精神,脸妆、舞步、呐喊都表现了"怒"的情绪。"中国的古典舞创立于五十年代,曾一度被一些人称作'戏曲舞蹈'。它本身就是介于戏曲与舞蹈之间的混合物,也就是说还未完全从戏曲中蜕变出来,称它为戏曲,它已去掉了戏曲中最重要的唱与念;说它是舞蹈,它还大量保持着戏曲的原态。流传下来的舞蹈动作,大多保存在戏曲舞蹈中;一些舞蹈姿态和造型,保存在中国的石窟壁画、雕塑、画像石、画像砖、陶俑,以及各种出土文物上的绘画、纹饰舞蹈形象的造型中;中国文史资料也有大量的对过去舞蹈形象的具体描述。"①《满江红》在形式上延续了古典舞的特征,在题材上选择了南宋岳飞的著名诗词,具有历史价值。这个作品最成功之处是舞蹈对"怒"这一情绪的肢体表达。以往古典舞以优美轻柔著称,大多以女演员为主,长袖曼舞,选材也局限于对历史上一些女性形象的演绎,思想上缺乏深刻的挖掘和表现。《满江红》抓住了审美的核心——情感,契合了"美学即感性学"的观念。"感性学"(Aesthetics)是西方重要的美学概念,由德国哲学家鲍姆加登提出,由此定下了美学研究人类情感的基调。中国古典美学以形式美为主,如司空图的《二十四诗品》提到的"雄浑""冲淡""高古""典雅""绮丽""含蓄""飘逸""旷达"等,既可说是美的神韵所在,又可说是美的外在表现,即使涉及情感,也是隐逸而含蓄的情感。这种审美观影响了中国古典舞的定位,因此《满江红》着重表现"怒"则可看作是对古典舞的创新。在具有现代感的美学理念指导下,传统的舞姿、历史的题材均被重新整合,古典舞在保存传统的同时也具有了现代性。

芭蕾舞《那里》并没有传统芭蕾的立足尖动作,而是融入了现代舞的元素,同时又保持着传统芭蕾"开、绷、直"的基本要求,展现了芭蕾舞在现代的新发展。芭蕾舞是从欧洲传入中国的,在 20 世纪 60 年代中国推出了舞剧《红色娘子军》和《白毛女》,为本土的芭蕾舞扎下了坚实的根基。芭蕾舞以其优美的长线条、轻盈的舞姿吸引着一代代的观众,经久不衰。但是对于舞蹈编排者来说,创新是艺

① 《第七届全国电视舞蹈大赛》,央视网,http://ent.cntv.cn/2013/09/27/ARTI1380259033621994.shtml,2014 年 8 月 18 日。

术前进的必备条件，因此现代芭蕾的诞生及获得肯定是芭蕾舞与时俱进的标志。《那里》讲述的是现代人的故事，表达的是现代人的情感，这对于芭蕾舞的发展而言是一次有益的尝试。不仅古典舞、芭蕾舞在寻求创新与发展，民间舞蹈也在变革。

《盅·碗·筷》一改蒙古族顶碗舞展现杂技的噱头，代之以表现蒙古族女性的温柔和男子的朝气蓬勃，以及男女之间的情意。由此可见，舞蹈也在向人文关怀的方向迈进，这是人类自我意识的觉醒，是人类思想进步的强音，无法阻挡。

舞蹈理念的更新为舞蹈注入了新鲜血液，增加了艺术家突破旧程式、旧题材、旧分类的约束的勇气，使中国舞蹈的现代感迅速提升。追求现代感与保留民族性并不矛盾，民族性是中华民族积淀的结果，不会轻易改变或消失，处于改革中的中国有时甚至需要艺术担负起弘扬民族特性的使命，从而时刻提醒中国人民根在何处。舞蹈艺术的发展给予我们的启示是：获得世界性的认可并不需要刻意地去迎合，而是要返回自身，发展自己的民族艺术。当艺术发展符合艺术自身的规律时，当艺术发展有了适宜的环境时，艺术自然而然地就会焕发出活力和创造力，而活力和创造力的源泉就是民族性文化的资源。

第四节　当代美术的民族性根基和世界性选择

谈及当代美术，我们首先想到的是一批生长于中国文化环境、学成于改革开放之际、深受西方艺术思想影响、有些甚至还具有海外经历的美术家。他们的成长过程历经文化观念的碰撞、文化情感的归属和文化视角的转变，在他们所创造的多样、复杂、敏感的艺术语汇中，我们可以看到民族性与世界性的紧密关联。

一、充满激情的艺术突击

中国的美术自20世纪80年代随改革开放进行“中西合璧”以来，很快便融入到了世界绘画的大潮中。现代绘画艺术区别于之前的一个不同点是艺术作品与艺术创作者成了一个密不可分的整体，甚至诸多艺术创作者以“群体”的身份存在，以创造新观念、制造艺术事件为主要活动，很多艺术家不能自已地融入了历史的大潮中，成为现代、后现代艺术的“弄潮儿”。与中国传统绘画技艺相比，西方兴起的现代、后现代艺术似乎更容易入手，而且更符合当下艺术创作者的心境。于是，中国出现了大批出国深造的艺术学者，世界在他们心中就是“现代感”的代名词，寻找现代感就是要走出国门向西方学习，向世界学习。同时，中国的文化已深深扎根在他们心中，因此他们作品的民族性也十分强烈，而且与国内画家相比，这种民族性是经过反思和再认识的艺术自觉催生的。

1985年，在绘画领域兴起了所谓的“85新潮”，集中体现为1985年4月在北京举办的“国际和平青年美展”。此次参展作品以“理性之潮”与“生命之流”为主题，意在用艺术表现逻辑分析能力，也包括通过艺术表达人本思想。为何关乎人性的人文热情以理性思考和逻辑分析为基础？这是因为当时由国外传入的新鲜学术思想影响到了艺术青年。作为85新潮主将之一的舒群回忆说：“我们风风火火地为了一个构想的彼岸，日以继夜奋斗，在一个不足20平方米的小地方里，弟兄们日夜加班，就像‘加里森敢死队’似的。回想那段时光非常愉快，等到今天有些艺术家房子已经非常大了，而且经济条件非常殷实，足以买下多间画室，但却没那么愉快了。”[①]可见，此时青年们艺术创作的热情十分高涨，同时也可以推测这支“加里森敢死队”日夜加班赶制的作品历史意义大于艺术价值。正是从这时起，艺术作品的价值与艺术家的解读再也分不开了，离开了艺术家解读的附加值，作品是否能被奉为经典就要打一个问号。通过这些美术作品我们可以发现，创作者受到的西方现代主义（立体主义、抽象主义、超现实主义）的影响不仅有表现手法上的，还有素材上的，比如《亚当和夏娃的启示》中的人物来自《圣经》，《走向信仰系列·安息》的故事情节与耶稣受难极为相似，《祭坛2号》中那个变形的钟表与西班牙超现实主义画家达利的《记忆的永恒》中的钟表一样，等等。作者想要表达的观念或情感是模糊的，选材也是来自国外的。此时，世界性的命题已经主宰了这群青年艺术家的头脑，民族性则被暂时搁置起来。当然，站在今天的角度来看，对于恢复期的艺术界来说，这几乎是必经的阶段。

与此同时，“出国”在中国成为一个时髦而新奇的话题，一部分青年艺术家开始旅居海外，另一部分则留在国内继续探索。那么，二者的创作究竟有何不同呢？从书法艺术家的诸多参展作品中也许可管窥一二。在这个创作群体里，只有徐冰和谷文达是长期旅居美国的华人艺术家，二人的作品也确实表现出了一种突破国界的世界视野，同时又流露出对中国文化的采撷。此一阶段，徐冰的作品有《析世鉴——天书》《文化动物》和《新英文书法》，谷文达的作品有《联合国》。《文化动物》是徐冰在国内创作的一部作品，作品以动物交配比喻了西方文化对中国文化的入侵，一度被认为是呼应了“东方主义”中对殖民地文化身份的探讨。《析世鉴——天书》和《新英文书法》是徐冰在国外的创作成果，在这两幅作品中，徐冰很明显地将《文化动物》中嘲讽或愤怒的反思情绪隐藏，代之以华人的文化自豪感——他将中国汉字的结构作为创作的起源，表达了全球化交流中语言障

① 刘莉芳、王娅蕾：《他们为什么怀念'85》，http://www.bundpic.com/2008/01/2807.shtml，2014年3月26日。

碍的虚无性。与徐冰相反，谷文达一直对世界范围内的语言交流障碍深有体会，所以他诉诸人体本身的相通性来构建自己的交流信心。他从世界各地收集人的头发，用它们组成汉字，以此来探索汉字中存在的人类共同性。旅居海外的华人艺术家对中国的民族性的认识一部分来自出国前的记忆，另一部分来自国外对中国作为"文化他者"的思想的熏陶。中国在他们脑中的概念，从环绕其身边的故土，缩小为东方，再缩小为中国。文学与文化批评家爱德华·W.萨义德在《知识分子论》中对流亡他乡的知识分子在思想上的先进性有着深刻的解读，虽然身处他乡的华人艺术家并非流亡者，但是两者却都享有跨越国界带来的优势："边缘状态也许看起来不负责或轻率，却能使人解放出来，不再小心翼翼，害怕搅乱计划，担心使同一集团的成员不悦。……流亡的知识分子回应的不是惯常逻辑，而是大胆无畏；代表着改变、前进，而不是故步自封。"[①]这样一来，艺术家就可以将中国对象化了。相比来说，土生土长的本土艺术家对民族性的东西是一种不自觉的运用，而海外华人艺术家是一种自觉的陌生化的运用。

邹建平的《中国灯笼》《中国狮》不仅成功地运用了象征手法，而且很符合现代艺术蕴含思考与批判的特点。"创作者的作品意在给世俗生活披上神圣外衣。"[②]西方波普主义代表人物安迪·沃霍尔这样说意在通过重复揭示当代消费文化的虚伪性，而邹建平则通过对现成品的挪用揭示了类似的主题。日常消费品的附加值很多都体现在增加的神圣性上：狮子、灯笼、菜谱、麻将、招聘广告，原本庄重的形象——狮子和灯笼被附上了活色生香的生活元素，不和谐的感觉则反映了作者对消费文化中过度包装的敏感。邹建平反映的是当下中国城市的社会现象，是将过去的中国与现在的中国重叠，从而凸显出改革开放中中国的激变给城市生活带来的杂乱感和带给市民的交错感。这两部艺术作品的影响是扩大了艺术界对于民族性的认知。民族性不仅指历史久远的文化，不仅指汉字，不仅指中国受到殖民统治的历史，更是中华民族在任何一场战争与激变中的一贯态度。这种艺术的尝试是对现代艺术的有益补充。如果探究其世界意义，那就是中国艺术家忘却了文化焦虑并站在与全世界艺术家一样的平台上，以冷静的态度重新思考了。这是一种可贵的自信。与此相比，旅居海外的华人艺术家则时刻生活在思想的碰撞中，生活在文化认同的考验中。由于脱离了母体，他们对祖国的记忆将越来越模糊和片段化，他们对中国的印象则将回归到远离现实的遥远的古代和近代，他们保存着集中体现民族性的历史时期的记忆，并凭借这些记忆展开创作的联想。对于他们来说，民族性就止于此。而他们在世界性的获得

---

① [美]爱德华·W.萨义德：《知识分子论》，单德兴译，三联书店2002年版，第57页。

② 张渝、沈珉：《书法主义》，湖南美术出版社2003年版，第134页。

上，更多地则是以西方国家为中心的认识，因为他们不清楚中国的现状。可见，扎根中国现实，对于世界性与民族性的获得有多么重要。

二、关注城市化的艺术表达

2014年6月，在美国纽约大学WSE美术馆举办了题为“现代3.0——东西方当代艺术家群展”的画展。对于“现代性3.0”，“艺术中国”网站给出了如下阐释：“‘现代性3.0’旨在回应当今西方现代性危机以及城市化进程所夹带的全球性观点的渐变。在此变化过程中，‘现代性1.0’是指以传统国家概念为界的‘现代性’，已经被全球化无界限地取代。然而，‘现代性2.0’所描绘的全球化一体的世界貌似同质，实则缺少距离和层次的区分，已不再能贴切描述其文化身份和经济发展。新的‘现代性’是植根于城市化及其混杂的和多向性的世界，而非全球化同质化的统一世界。‘现代性3.0’的语境中，新自由主义的资本主义，大众化的民主化，新娱乐的消费主义，及生态环境毁灭危机等等重复性话题已经失灵。取而代之的是对于‘如何生活’的追问，对新道德的探索，对在城市化进程中个人与社会秩序矛盾的相互缓解。对于‘现代性’的叙述应该强调这一世界文化与城市化的同步转变。新思考与新实践势必为‘现代性’的定义和价值作出贡献，进而‘再定义’社会，政治，经济与文化的‘全球化’。当今亚洲的社会思想不断自觉与独立，文化视野和艺术实践也随之日新月异，因此而联结起来的西方与亚洲视角的艺术是其中最重要的一部分，本次展览的艺术思考有助于拓展重新评估‘现代性’这一概念的新途径。”[①]其实，由2.0时代到3.0时代，世界本身的变化小于人们眼中的世界的变化，人们对全球化的认识从“地球村”变成了“地球联邦”，这说明人们认识到了全球化的复杂性。这种复杂性集中凸显在城市中的人身上，“如何生活”成了一个没有答案的追问。这是一个极富有意味的思考：绘画艺术能否承担起这个宏大的话题呢？艺术家又该从何处切入呢？

“在《现代性3.0》中，林延将展出《回布鲁克林》和《回北京》两幅作品，亦是林延在布鲁克林多年居住经验的投射。《回布鲁克林》创作于2011年，林延在画布上将不规则的宣纸重叠，用拓印的手法模拟铜钉与皮影戏，后工业时代的粗糙感与宣纸的轻盈构成看似矛盾的平衡，同时，布鲁克林的工业背景与皮影戏人物形成中国传统与西方话语的对照。而在为此次展览专门创作的《回北京》立体画面中，林延使用水墨与宣纸重现她儿时生活过的北京旧城，对照之下，北京城的传统建筑、东方文化与童年记忆融合呈现。在林延作品中，水墨宣纸层叠的肌理

---

① 《“现代性3.0”展在纽约大学美术馆开幕》，http://art.china.cn/haiwai/2014/06/05/content_6958420.htm，2014年11月29日。

与不同城市的烙印正呼应了现代性 3.0 这一主题——艺术家的创作土壤与生活体验的正在日益国际化，新的审美疆域不断被开拓。”[①]

从新闻的解读可以发现，单凭画作本身是无法表达如此深刻的含义的。所以说，艺术作品与艺术家已经密不可分。而且，一位画家并不能承担一个如此宏大的话题，因此群体展出成为了现代流行的展览方式。每位画家有自己的着眼点，有自己的工具，有自己的话语体系，同时他们又合力撑起了一把人伞。这种现象淡化了中国画家与国外画家的差异性，但是中国画家的着眼点又无时无刻不表达着中国的民族情结。这得以成为可能，得益于中国面临的问题也是世界的问题，所不同的是，画家以富有中国特色的手法和视角展示了这个问题。艺术的民族性与世界性在 21 世纪发生了微妙的变化。与上世纪的艺术家相比，中国艺术家放下了“文化他者”的焦虑、愤怒与自卑，与世界的艺术家站在了一个宽广的平台上共同发声。

第五节　民族性与世界性交织的当代音乐艺术

与美术家一样，旅居海外的音乐家同样对民族性的身份和世界性的艺术问题最为敏感。对他们而言，一边是魂牵梦绕的民族艺术血脉，一边是展现自我与梦想的世界舞台。虽然这种双重选择给他们带来了不少的彷徨和困惑，但是，从旁观者的角度来看，恰恰是最原始、最民族的艺术资源给了他们最个性、最传奇的世界舞台。

一、传统乐曲与乐器的现代化

我们说，现代艺术各类型都进入了一个试验的氛围中。对中国来说，还多了一个特点，那就是中西融合的问题。中国音乐在当代的尝试性发展主要体现在三个方面：一是保存中国古乐曲或民间乐曲，并用西方乐器演奏；二是用传统乐器演奏现代乐曲；三是乐器的创新和音乐理念的创新。

现在，许多学院派称赞中国古曲如《百鸟朝凤》《阳关三叠》等在钢琴演奏中获得了新生。古曲的钢琴改编曲需要协调古乐的线性思维与西方音乐的立体思维之间的差异，还要在保存古乐特殊音色的基础上结合钢琴的多声性做出改编。不仅是古曲，就连民间乐曲也被艺术创作者用西方乐器演绎过。1978 年，当谭盾还是中央音乐学院一名刚入校的学生时，他便创作了钢琴音乐《八幅水彩画的

---

① 《现代性 3.0——东西方当代艺术家群战》，http://art.china.cn/tongzhi/2014/06/03/content_6952191.htm，2014 年 11 月 29 日。

回忆》。这部组曲以他的家乡湖南长沙的民歌和地方戏曲为基础，“以古朴的楚湘文化为题材，表现作者对童年时期民间曲调、地方戏曲(花鼓戏)、哭嫁、哭丧等一系列红白喜事及祭祀活动的印象”[①]。他在钢琴组曲中保存了湖南当地音乐的素材和风格，还模仿民间乐器的音色以及湖南地方戏曲中的特征音，“将旋律特性音级纵合为和弦，由此凸显旋律中的特征音，从而使乐曲更富有地方特色”[②]。同时，他在技法上借鉴了西方的音乐理念，“以音乐整体的音响结构与心理活动的内在联系为依据，从音乐的表现功能出发，侧重对内心情感的抒发，音乐具有一定的造型性、哲理性”[③]。乐器是音乐演奏的工具，因文化和地域的差异而呈现出多种多样的类型，因此存在着丰富多彩的音色和音域。用钢琴、提琴等乐器演奏中国传统乐曲并非意味着抛弃中国传统乐器，而是在全球化提供的良好条件下做一些尝试。这样，乐曲与乐器分离，乐器形成的附加特色才会凸现出来。同时，乐曲由新的乐器演绎，给本土听众以全新的视听享受，也会使听众感受到改革开放中“交流”的作用。但是，由于并非所有的音乐都适合改编，所以将其定义为试验性的。

西方乐器可以演奏中国传统乐曲，中国传统乐器可否演奏西方乐曲呢？2013 年 11 月 23 日，山东大学艺术学院举行了名为“动感弹拨”的扬琴重奏音乐会。以下是山大新闻网对本场音乐会的新闻报道：“音乐会以一首极具动感的《动感弹拨》七重奏拉开序幕，随后是旋律十分优美的《阿斯达卡和姗》四重奏，《园》三重奏。紧接着是一首生动表现大黄蜂振翅飞疾情景的《野蜂飞舞》四重奏。《美丽爵士》二重奏则是一首钢琴改编的休闲音乐作品，《葡萄熟了》三重奏是梅靖根据二胡独奏作品改编而成的极具民族特色的音乐作品，《云雀》二重奏中模仿鸟鸣的技巧更是让观众直呼精彩。《灰色空间》四重奏根据一首同名流行歌曲改编而成，《多姆拉琴歌》二重奏给人一种积极乐观的精神风貌。《魔力圆舞曲》三重奏和《别港》二重奏由梅靖与学生共同演奏，旋律优美，琴艺出众，给观众留下了深刻的印象。最后一曲《绽放》由全体师生一起同台演奏，节奏欢快，旋律活泼动听，赢得全场喝彩，整场音乐会在欢乐的气氛中结束。”[④]这场扬琴重奏音乐会最多时由 14 个人同台演绎。扬琴是明朝末期由波斯传入中国，在越剧、粤剧、闽剧、潮剧中作伴奏的乐器。可见，扬琴通常是配合其他乐器共同演奏的，像

---

① 张彩云：《谭盾钢琴组曲〈八幅水彩画的回忆〉创作研究》，西南大学硕士学位论文，2009 年，第 1 页。

② 张彩云：《谭盾钢琴组曲〈八幅水彩画的回忆〉创作研究》，第 37 页。

③ 张彩云：《谭盾钢琴组曲〈八幅水彩画的回忆〉创作研究》，第 1 页。

④ 艺轩：《艺术学院举行动感弹拨扬琴重奏音乐会》，http://www.view.sdu.edu.cn/new/2013/11/25/58819.html，2014 年 12 月 3 日。

上文所述这样的所有曲调全部由扬琴演奏的演出实属创举，这也是中国自20世纪50年代以来兴起的中国民乐乐队化、交响化的衍生行为。扬琴表现大黄蜂振翅疾飞和云雀鸣叫这些自然题材可谓惟妙惟肖、清新脱俗，但是在表演《美丽爵士》和《魔力圆舞曲》时，在西方既有成就的对比之下，则有些力不从心。或者说，此次演奏试验说明有些曲子不适合由扬琴来演奏。西方宏大的交响乐对中国民乐形成了强烈冲击，中国民族管弦乐也开始寻求走向宏大交响乐的出路。笙、笛、二胡、扬琴、铙等中国乐器齐聚一堂共奏时，带给观众的感受很复杂。因为这样做的初衷就是模仿，底本便是西洋交响乐。观众会挑剔二胡的声音不如小提琴，笙的声音不如号，观众的评价也是以西洋交响乐为底本的。杨远婴在《〈秋菊打官司〉访谈录》中说张艺谋的几部电影都是张季平作曲，他个人不太喜欢，觉得曲子总是小过门，过于简单。张艺谋对此有着清醒的认识："中国大管弦乐队演奏的水准和录制方法，在外国人那里跌份儿。在使用非常丰富的音乐(包括多音阶多声部的曲子编排和技术控制)方面，中国还缺乏底子。"[①]西方由于编写交响曲谱的历史久远，所以在编曲方面经验丰富游刃有余，而中国的乐曲更为抒情，主旋律非常明显，相比之下单纯一些。这是因为，中国最初以宫、商、角、徵、羽五音为主，也就是现在所说的do、ra、mi、so、la这五个音，它们比fa、xi更加准确和稳定，这是我们民族音乐的特点。

因此，谭盾给出了最机智的策略："中国音乐走向世界，只有靠民乐。"何谓"民乐"？天津音乐学院教授唐朴林针对谭盾这句话作出了解释："谭盾所称之'民乐'何指？大约不是'以西方交响乐队为模式的民族乐团'；大约也不是模仿'辣妹提琴组合'的形式，因为它失去了中华音乐的特质。那种既继承传统而又不囿于传统，既能发挥中华乐器的特质，而又不为传统音色、技法所囿；以多色彩的随机编制的乐队，以中华人特有的音乐思维和不断开拓新的理念而构成的民乐作品，或许是谭盾先生所称之'民乐'。"[②]从谭盾个人创作的音乐来看，他所谓的民乐主要指的是具有中国民间特色的音乐，而且主要指他的家乡湖南地区的民间音乐。但是，唐朴林教授所给出的这个更为宽广的界说适用于中国古典音乐和民间音乐。古典音乐和民间音乐共同构成了中华音乐。中华音乐的特质综合体现在中国人特有的音乐思维和中华乐器的特质上。中国人特有的音乐思维从现存的古乐中可略知一二，如《广陵散》《高山流水》《汉宫秋月》《平沙落雁》《阳春白雪》《渔樵问答》等，多为独奏乐曲，像诗歌一样，抒情、写景、叙事题材均有涉

---

① 杨远婴、潘桦、张专主编：《90年代的"第五代"》，第110页。

② 唐朴林：《解读谭盾——中国音乐走向世界，"只有靠民乐"》，http://www.xici.net/d212870471.htm，2015年3月12日。

及，整体格调优美。其中也有表现悲怆或崇高的感情的段落，但是不像当代西方交响乐那样淋漓尽致，这也可看作是中国乐器表现力的一个局限性。这种认识是在音乐艺术的世界性比较中产生的。

二、寻根热潮中的华人乐师

谭盾是一位不仅努力在音乐题材上寻求创新的当代音乐人，也是一位在乐器上寻求创新的行为艺术家。他所创作的著名的水乐、纸乐、陶乐为音乐界所津津乐道。1999年他创作了"水乐"，乐队前放置两个透明的盛满水的圆形水缸，由一位乐队成员以近似于打击乐的手法进行水乐表演，他身后的乐队则用大提琴等乐器为"水乐"协奏，谭盾自己担任这场表演的指挥。表演的主旋律仍来自提琴等传统乐器，而敲击水面发出的声音，以及将中国湖南传统打击乐器浸入水中敲击发出的声音则以"主角"的地位出现。这场表演首先具有行为艺术的性质，其次更像是一场试验——发明者将试验搬上舞台给听众以全新的体验，听众带着习惯交响乐的耳朵、怀着好奇的心情尝试倾听水的音乐。表演者的严肃性和观众的新鲜感共同提升了音乐试验的级别，把看似"胡闹"的行为变成了具有创新性意义的历史事件。"水乐"之所以被载入史册，是因为谭盾赋予它深刻的意义。2010年，谭盾在《东方艺术》上发表了题为《〈水乐〉带我回家了》的文章。他说："我儿时在湖南乡下和外婆一起长大，那时我是个赤着脚的野孩子，常听着浏阳河畔的堂客们洗衣、洗菜、洗澡和拨水的声音。外婆是个菜农，我也常帮她浇水、种菜。儿时有机的生活环境为我埋下了后来创作'有机音乐'的种子。我的记忆里，湖南乡下的村子总是山清水秀，雨后的空气总是沁甜沁甜的。《水乐》中有我心里的那份回归感，更有水的音色和节奏带来的生命歌赞。"[①]他的回忆是甜美的，但是《水乐》的格调却与《八幅水彩画的回忆》更为相似，不似一个孩童的戏水回忆而更接近一个成年人对故乡神秘性的回忆，2003年的"纸乐"表演和2007年的"陶乐"表演也继承了上述特点。谭盾的这些音乐创作是世界性的文化寻根热潮的产物。"近300年来，由于工业革命、市场经济、消费主义的发展，人类无限制地追求利润的最大化和争夺世界资源，就像孙悟空被唐僧解除了'紧箍咒'一样，在科学的大旗下消解了一切神圣，人与自然之间、人与人之间的正常和谐关系被彻底打破，导致民族流血冲突、生态环境恶化、自然灾害频繁，地球已被人类弄得百孔千疮。……如果人类还像现在这样无所节制，那么所谓的'可持续发展'就只能是一厢情愿的政治梦呓和自欺欺人的胡话。正是因为如此，西方许多有识之士早已看到了人类生存的危机与困境，都在寻找人类的新的生存之

① 谭盾：《〈水乐〉带我回家了》，载《东方艺术》2010年第5期。

道。他们将目光转向东方，转向原始，转向生态，希望能从形形色色的‘文化他者’(the cultural other)中寻找到反思与反叛现代性的镜子，寻找到拯救与解除现代文明病症的药方，从而在全世界范围内掀起了一场以恢复自然神性为本真的文化寻根运动。”[1]西方将东方现存的少数民族的风俗文化当作与现代文明对立的原生态，将神话“复魅”作为反向追求的对象。为什么文化寻根会追溯到自然乃至自然的神性呢？这是音乐人对寻根的一种解释，当然只可作为寻根的可能之一。如果说现代文明中的人异化了，那么生长在鬼神观念里的少数民族人群同样也是异化的——他们也是不幸福的，因为他们更容易受到疾病的折磨，他们缺乏男女平等的观念，他们生活在对自然的恐怖想象中，如果有值得称道的就是他们对自然的敬畏。如果说“水乐”是想表达这一点，那么它确实做到了。但是，对于已经征服自然的人来说，这音乐不足以唤醒其敬畏之心。谭盾对民间音乐的采撷从游子的情结入手，又以文化寻根、召唤自然神性的宗旨传播。在音乐之中，他是替湖南民间音乐代言，是回归故乡的角色，在音乐之上，他想传达有关自然崇拜的思想。然而，他的失败之处在于他无法跳出音乐素材的魅力而将这个思想表达出来。如果某个画家喜爱一棵树，那么他会用线条、色彩、构图、光影的多方配合绘出一棵期待他人同等喜爱的树。谭盾热爱自己的家乡，热爱给予他原生态回忆的家乡，可是他没有把自己的热爱之情幻化到音乐中。他的音乐更多的是操作性的、试验性的、缺乏感情的。所以，他的音乐够不上他的思想。但无论怎样，这还是一次有益的尝试。我们说，其实中国的“现代感”是西方带来的，是曾经主宰世界的西方带来的。而现在，我们中华民族的一位音乐家从他的故乡湖南取材，在乐器和乐曲上均实现了创新，给了全世界音乐界一个来自中国的声音。这正如塞尚将小便池放入博物馆参展，并命名其为“泉”一样，谭盾将两口水缸放在音乐厅以及他严肃地指挥“水乐”，这两者都会引起文艺界的议论。即使这只是一个艺术事件，那它也是历史的推动者，甚至是思想进步的推动者，相当于一颗石子激起涟漪。这意义是世界性的，而谭盾的灵感恰巧来自养育他的中国湖南丝茅冲。这正回应了谭盾“我要为学院出力，为祖国服务”[2]的承诺。因为他，中国的音乐人参与到了前沿性的音乐试验中，参与到了20世纪以来世界性的文化寻根热潮中。

上述三方面的尝试性发展，均得益于全球化提供的交流环境。原汁原味的中国古典音乐和民间音乐并未绝迹，这三部分只是在此基础上的试验。由于媒体虚假宣传的影响，似乎所有的试验性行为都是成功的、反响强烈的，其实不然。

---

① 石峥嵘：《谭盾〈地图〉的音乐人类学解读》，载《中国音乐》2006年第3期。

② 谭盾：《我要为学院出力，为祖国服务》，载《中央音乐学院学报》1986年第2期。

谭盾是一位常年居住在美国的音乐人，他对创新的强调来自于他异乡人的身份的焦虑和自豪相混杂的冲动。有些时候，他的理念是西方音乐理念的复制，他来自“文化他者”的国度，又向“他者”汲取资源。他像西方的格罗塞写作《艺术的起源》一样，将湖南山区中少数民族的神秘情结如实地用音乐记录下来，这其中有几分游子归来的亲切感，但更多的是掘墓人挖出宝藏的激动和喜悦。这种试验性的特色是否将是今后音乐发展的方向、是否会普及成为主流我们不得而知，但就目前的情况来看，创新似乎已不是问题，问题在于情感。“创新”似乎成了一个魔咒，导致艺术创作者产生了无力感和焦虑感。艺术创作者给自己披上了皮毛，成了马戏团的动物，各个领域的艺术家都用行为艺术来吸引眼球，以证明自己的存在。证明艺术家的存在成了艺术的目的。在社会舆论和媒体宣传的双重挤压下，他们将自己遮蔽，失去感知的能力，传达出的错误信息就是：艺术家喜欢胡闹，谁都可以成为所谓的“艺术家”。缺乏情感的艺术是否可以引起人们的愉悦之情？是否可以成为永恒的经典？是否可以洗去铅华而仅以一张曲谱得到后人的珍惜？这值得我们深思。笔者希望，艺术家在创新之路上保存真情，使自己的艺术是活的艺术，是诉诸情感的艺术。

杂志《东方艺术》曾刊载过一篇采访音乐家谭盾与美术家徐冰的文章，名为《鸟和当代艺术》[①]。谭盾和徐冰都是长期旅居美国的华人艺术家，他们都深刻感受到了不同地域之间交流的语言障碍，都在寻找一种无国界的交流方式。徐冰继发明了“天书”之后，又投入到了“地书”的创作中。“天书”表达了他对语言障碍的虚无性的认识，“地书”则是他试图通过实践找到一套世界通用的“语言”或“文字”。谭盾则在鸟身上发现了原始音乐无旋律的特点，打破了传统认识对音乐的要求，创造了无调的《鸟乐》，这其实与他的《水乐》《纸乐》《陶乐》的创作理念一脉相承。谭盾说：“中国的国乐与自然、动物、天地有很紧密的联系。”[②]在世界性的寻根热潮中，华人艺术家还是诉诸中国传统文化，找到了心理距离最近的艺术素材。

如果艺术同哲学一样，追求一个简练的归旨，那么中国古代思想便可以提供参考；如果艺术同社会学或心理学一样，抓住现实，那么中国的传统思想便会被悬置，艺术家们就只能借助西方的思想成果，而西方国家与中国的社会发展程度存在差异，这就会造成艺术家“不接地气”。从前述四节来看，音乐与舞蹈中属于前者的更多一些，电影与美术中属于后者的更多一些。这个差异决定了两类艺术对民族性的理解与表达。民族性在这种现状的启示下，似乎可以分为两种表

① 潘晴：《鸟和当代艺术》，载《东方艺术》2007年第3期。

② 潘晴：《鸟和当代艺术》，载《东方艺术》2007年第3期。

达方式：一种是对中国传统文化的继承，另一种是对现实社会的反思和总结。从这两条脉络中，人们似乎将会总结出不大相同的关于中华民族的品质与个性。这是因为，我们的国家正处于改革开放带来的变化之中，身处其中的人也会产生暂时性的混乱，但是正如徐冰和谭盾找到了“鸟”一样，中华民族最终也会找到适合自己民族心理的生存方式。民族性的回归是社会稳定和谐的前提，是中华民族屹立于世界民族之林的前提，是中国艺术家登上国际艺术交流对话平台的前提，也是艺术获得世界性认可的前提。

第八章
文化产业的发展与创新

在对中国当代审美文化进行全面把握时，文化产业是一个无法回避也无法绕开的话题。文化产业化的过程是一个文化消费化、大众化、市场化的过程，同时也是一个将文化发展的外在压力(尤其是文化全球化的压力)转化为内在动力的过程。受外在压力的影响，当代文化产业的发展存在一定的问题，并表现出了焦虑的特征；受内在动力的支配，当代文化产业正在不断增强自身的创新能力，力争走出一条健康发展的文化产业化之路。

第一节　文化产业的特殊性

文化是多元化的人类创造，不同地域、不同民族、不同时代都有自己的文化精神和产品。前文已经提到，文化没有高低之分，但我们可以从文化传播技术的提高和传播领域的扩张这一角度，对文化作出其是否“进步”的价值判断。新的传播方式和技术的兴起在文化史的每一个阶段都会引起文化变革。近代文化的突出特点是与传播媒介密切相关，文化产业的诞生在这个意义上讲是具有“进步”意义的。与此同时，文化产业在中国发展的时间还不是太长，各种问题和弊端依然存在。因此，我们一方面要融入文化产业发展的历史进程，另一方面也要直面问题以便更好地发展。在当今世界范围内，文化不仅是一种资源，还是一种核心竞争力，文化以产业化的形式进行发展有着多重的意义。

一、文化产业发展是不可逆转的历史进程

马克思和恩格斯指出：“物质生活的生产方式制约着整个社会生活、政治生

活和精神生活的过程。”[①]当下，新科技革命在新的历史阶段的兴起，是生产力加速发展的决定性因素。科技不仅成为生产力加速发展的物质基础，而且成为了必要的社会历史条件。恩格斯指出：“社会一旦有技术的需要，这种需要就会比十所大学更能把科学推向前进。”[②]社会需要为技术的发展提供了更大的空间，同时，社会转型期更需要科技的迅猛发展。

大众消费社会在20世纪中叶逐步形成，教育的普及和权利的平等使得人类大多数都有能力和权利消费文化产品，以往精英化的文化创作已经不再满足人们越来越多的文化需求，消费的需求引发了文化生产的组织化、产业化。“文化”不再仅仅是精神生产，它与物质生产已经产生了密不可分的关系，甚至与物质消费和日常实践融为一体。文化生产与商品生产普遍结合起来，经济上的迫切需要赋予了文化创新以独特的地位，文化也不再是个体的专利，而是在不断重复的基础上为大众所经历。与此同时，新的艺术门类、种类和样式相继与新兴科技联姻，在艺术竞争中占据了强势地位，原本居于强势地位的传统艺术门类渐渐走入困境，并在不断寻求突围。

现代文明被深深烙刻上了技术性格。按照美国社会学家库利的观点，现代媒介具有四个特征：一是可表达性，能够承载思想和感情；二是记录的长久性，也就是对时间的超越；三是快速性，或者说是对空间的超越；四是扩散性，可以达到所有阶层的人群。[③] 技术的本质特征在于它有内在的自我扩张能力，技术可以不断再生产技术。本雅明认为，工业化带来的变化产生出了一种新的人类存在方式，自然也就产生了新的文化形式。而且，这些文化形式可以复制，还可以进行工业化的生产。人类自从进入信息时代以来，在原子能技术、空间技术、微电子技术、生物工程技术等领域都取得了重大的进步，产业化在科技革命的带动下迅速发展，这个时代的文化主体也加入到了产业化的洪流中，这就是文化产业。

中国目前尚处于发展中国家的行列，在改革开放以后才开始大力发展市场经济，起步晚、起点低，商品经济还不够发达。这一特殊的社会历史条件决定了在我们建设有中国特色的社会主义市场经济的过程中不能忽视精神动力的作用，也即要求我们开展精神文明建设为其提供思想保证和智力支持。在新中国成立前30年间，政治运动贯穿了人们的生活，权力关系与政治的紧密结合导致文化自律性的降低，也淡化了文化艺术活动的生产性和市场性，在较大程度上限制了文化市场的生机与活力。改革开放以后的中国要改变文化建设的滞后状

---

① ［德］马克思、恩格斯：《马克思恩格斯全集》第13卷，人民出版社1998年版，第8页。

② ［德］马克思、恩格斯：《马克思恩格斯选集》第4卷，人民出版社1995年，第732页。

③ 参见谢名家等：《文化产业的时代审视》，人民出版社2002年版，第65页。

况，最现实有效的途径就是大力发展文化产业。党的十七大报告中指出："大力发展文化产业，实施重大文化产业项目带动战略，加快文化产业基地和区域性特色文化产业群建设，培育文化产业骨干企业和战略投资者，繁荣文化市场，增强国际竞争力。运用高新技术创新文化生产方式，培育新的文化业态，加快构建传输快捷、覆盖广泛的文化传播体系。"

作为精神生产与物质生产紧密融合的发展形态，文化产业的发展成为了不可抗拒的历史潮流。不仅仅是中国开始制定文化产业发展策略，世界其他各国在新的形势和环境下也都在纷纷调整和采取新的发展战略，改革和完善经济基础和上层建筑。因为就目前的社会历史条件来看，在现在及未来相当长的一段时间内，精神生产力的高速发展将给人类带来巨大的物质和精神财富，也将带来社会面貌的巨大变革。市场经济的发展一方面促进了社会物质财富的积累，带动了精神文化的繁荣，同时也催生了金钱至上的价值观、信仰危机与思想迷茫、迷信活动泛滥、犯罪率上升等社会现象。这些社会现象既阻碍了社会的发展，也从另一方面为我们表明了生产健康向上的文化产品的必要性和紧迫性。

二、文化产业化的弊端

文化产业的第一个弊端是娱乐泛滥。美国传媒文化研究者尼尔·波兹曼在《娱乐至死》中提到了两种可以让文化精神枯萎的方式：一种是让文化成为一个监狱，另一种是把文化变成一个娱乐至死的舞台。文化产业在市场逻辑的主导下，在传播媒介的发展基础上，把娱乐变为文化传播的常态，那么结果就是"我们成了一个娱乐至死的物种"。中国的文化娱乐泛滥虽未出现尼尔·波兹曼所描述的可怕景象，但全民娱乐狂潮的掀起不得不让我们有所警醒。

1990 年中央电视台《综艺大观》的首播拉开了中国电视娱乐节目的大幕，该节目的出现极大地丰富了中国人的精神文化生活。伴随着中国市场经济的逐步发展和媒介盈利模式发生变革，电视荧屏从以传播新闻资讯为主到娱乐节目占据半壁江山，一直发展到了今天的媒体娱乐泛滥。各地上星卫视纷纷推出娱乐节目，趋之若骛带来了节目的严重同质化：婚恋交友类有湖南卫视的《我们约会吧》、江苏卫视的《非诚勿扰》；娱乐选秀类有《中国好声音》《中国好舞蹈》《中国达人秀》《出彩中国人》；电视真人秀类有《爸爸去哪儿》《爸爸回来了》《人生第一次》《花儿与少年》《花样年华》；脱口秀类有《天天向上》《一周立波秀》《嗨！2014》《老梁故事会》；此外还有娱乐竞技类、职场选秀类、情感调节类，等等。各大上星卫视你方唱罢我登场，综艺竞争呈现白热化状态，观众不亦乐乎地沉浸在全民娱乐的大海中，娱乐化的浪潮前所未有地冲击着中国电视乃至整体文化布局。

娱乐本身并无可厚非，它是现代社会个人减压的方式，也是电视媒体的职责之一，但走向娱乐泛滥化导致电视节目丢弃了原有的审美情趣和艺术品位。“在文化工业中，愉快的否定代替了狂喜和苦行所发现的痛苦。最重要的法则乃是，他们不能以任何代价来满足欲望，他们必须要发出笑声，而且要对笑声感到满意。”[①]娱乐泛化的电视节目以娱乐观众为终极目标，一味地以迎合受众感官的刺激需求来代替受众的审美感受和理性思考，体现了一种强烈的非理性倾向，淡化了理性的思考与对意义的追求。同时，娱乐泛滥割裂了大众多样的审美需求。由于社会地位、文化水平、个性心理、地域特点等因素的影响，人类的审美具有差异性和多样性，而娱乐泛滥化则导致了对受众审美多样性的忽视。文化产业化使文化生产与经济利益直接挂钩，令其自身具备了强烈的游戏性和宣泄性，将大众的文化趣味作为主流，以大众的名义施行文化一元化专制。长期的娱乐泛化，将造成大众审美认知能力的降低和认知结构的简单化、平面化。

文化产业的第二个弊端是山寨文化盛行。在文化产业的发展过程中，随着市场化、商品化在文化领域的深入和拓展，人为构建的消费主义生产出了让人们目不暇接、眼花缭乱的文化商品。在商品和媒介的作用下，在一种相对主义的思潮中产生了一种流行文化——山寨文化。从产生和发展的角度来看，山寨文化是从科技产品中衍生出来，并依托网络等新兴媒介扩展到文化领域的一种文化。

模仿和复制是大众文化的本质特征，山寨文化是对这种特征的真实写照。山寨文化从诞生起就被打上了“草根”“创新”的烙印，它靠模仿起家并加以改造，用极低的成本模仿主流品牌产品的外观或功能，凭借低价优势占领市场，打破传统行业秩序，在外观、功能、价格等方面超越主流品牌产品，最终崭露头角。但“山寨”本身并不都是消极意义，比如与中国一衣带水的日本，在今天的发达之前就经历了一段长期的“山寨”过程。日本在 1868 年明治维新以前，基本上是“山寨”中国的政治经济乃至文化制度。明治维新使日本发生了历史性的变革，同时也走上了“山寨”欧美的道路。从 20 世纪 50 年代开始，日本便在电脑、消费品、通信产品等诸多领域都紧跟美国人的创意，尽管日本人将其称为“逆向工程”，但究其本质就是“山寨”。经历了一段时间相当长的模仿史，日本在“山寨”中进行创新后才有了今天的发展。若将“山寨”放置在艺术史中考量我们会发现：相对于芭蕾舞，迪斯科是一种山寨舞蹈；相对于美声和民歌唱法，通俗唱法就是一种山寨唱法；相对于 NBA，街头篮球就是一种山寨篮球。

当“山寨文化”大行其道时，诸多问题也接踵而来。在浮躁、情绪化、压抑、急功近利、投机心态的促动下，山寨文化变得只追求文化的新奇性和轰动效应。

---

① ［德］马克斯·霍克海默、［德］西奥多·阿道尔诺：《启蒙辩证法——哲学片段》，渠敬东、曹卫东译，上海人民出版社 2006 年版，第 127 页。

2014年5月一座按照1∶1比例仿造的山寨埃及狮身人面像的图片在网络流传，这座雕像坐落于石家庄郊外，长60米，高约20米。据了解，这座山寨景观属于当地一个正在建设中的文化创意园区，这一高仿的山寨狮身人面像引起了埃及文物部门的高度关注，后者还向联合国教科文组织进行了投诉。一时间，中国版“大本钟”“埃菲尔铁塔”“美国白宫”“伦敦塔桥”“悉尼歌剧院”也再次成为媒体的焦点。借用国外媒体嘲讽的话说就是：“在中国，一下午逛遍巴黎、威尼斯。”这样山寨的效应是短暂的、易逝的，也对打造有中国特色的文化造成了消极的影响。

山寨文化倘若不加控制而肆意发展，结果必然会导致一个又一个的流行文化不断诞生，又不断消亡，文化“快餐性”将成为文化发展的常态。这样一来，“文化工业独具特色的创新，不过是不断改进大规模生产方式而已”[①]。山寨文化使符号资源得到了大规模的积累，但其过分模仿、复制和强化符号，导致了符号的同质性，给被模仿的符号本身的价值带来了冲击。对实物、影像、文本等各方面的模仿，带来了亦步亦趋不加改进地模仿对象的行为，这在一定程度上阻碍了人们用更好的技术进行文化创新。

文化产业化的第三个弊端是市场逻辑主宰一切。文化产业化将市场与消费融入了文化领域，词语、图像、音乐结合在一起在表面上反映着社会现实，这一个过程整合了所有的生产要素，从小说改编成为电影，再与后期制作的音响效果融合，这一切都是资本投资的成果。“资本已经变成了绝对的主人，被深深地印在了在生产线上劳作的被剥夺者的心灵中；无论制片人选择了什么样的情节，每部影片的内容都不过如此。”[②]

市场化为文化产品的流通和传播创造了必要条件。在市场经济条件下，文化的生产旨在满足受众的文化消费需求，但在市场规律制约下的文化生产“是一切话语的极端公开化”[③]，它形成了一个庞大的观众、听众和读者群，构成了一个商业化体系。进入20世纪90年代以后，大众文化在中国确立了自身的社会地位，被纳入到了工业生产的逻辑之中。大众文化的生产从策划、投资、制作到宣传、发行、进入实际消费，在整个过程中，大众文化产品都被作为一种批量生产的工业产品而被投入文化市场。许多大众文化产品已经不再把美学和精神价值作为理想，而是把商品的交换价值和使用价值当作了重要的目的，形式的轰动盖过了内容本身，文化市场随处可见铺天盖地的宣传攻势。

---

① ［德］马克斯·霍克海默、［德］西奥多·阿道尔诺：《启蒙辩证法——哲学片段》，第122页。

② ［德］马克斯·霍克海默、［德］西奥多·阿道尔诺：《启蒙辩证法——哲学片段》，第111页。

③ 陈立旭：《市场逻辑与文化发展》，浙江人民出版社1999年版，第134页。

市场经济奉行的原则是，只要有消费需求，就可以对公众话题进行包装，以一种文化消费品的形式展现在受众面前。在市场逻辑的衡量下，重要的是畅销还是滞销，按照这样的逻辑，一种比赛、一种娱乐、一种消遣、一桩公众事件、一出个人隐私，只要能引起关注，就会被市场挖掘出来，转化为商业性的文化消费。

文化产业化的背后是商业经营策略和生产技术的控制。按照市场的固有逻辑，产业化后的文化出于商业性和娱乐性的需要往往会对暴力、诽谤、两性关系、社会矛盾、人类前景等进行种种夸张的表现，让现如今对真实失去判断力的大众真假难辨。同时，用程序化的方式来构造文本，用直接的感官刺激麻痹受众的反思性，受众的个性、独创精神、想象力便会逐渐淹没在文化产业化的浪潮之中。时间的维度、空间的深度丧失在了平面化的文化笼罩之下，这将会导致大众丧失终极关怀和理想信念。

三、文化不仅是可利用资源，更是核心竞争力

“文化”是一个十分宽泛且模糊的观念，一百位研究文化的学者恐怕会给出一百种关于“文化”的不同定义。目前人们对文化的定义有一百五十多种，综合来看文化具有以下特点：文化是物质之外的人类所有的成果或习性，包括精神性和制度性两个方面。文化是人类文明的体现，在不同时空中表现出来的具体内涵不同，在不同环境中也有不同的表现。文化概念涉及极为广泛的内容，它包含了精神观念、社会制度、生活方式和行为模式等领域的内容，如语言、道德、宗教、习惯、审美、艺术、文学、法律制度、象征符号、生活方式、思维方式等。

文化的延续性形成了一种资源，文化资源是文化的表现形式的集合。文化资源是指具有文化特征和人类进步活动痕迹，具有人文的和传统价值的一类资源，包括历史遗迹、民俗文化、地域文化、乡土风情、文学历史、民族音乐、宗教文化、资源风光等多个方面。文化产业发展是以文化资源为基础的，但并不是所有的文化资源都可以进行产业化经营。后现代主义社会与现代社会的最大区别在于向文化主义转型，从开发挖掘自然资源转向开发挖掘文化资源。对文化资源的开发伴随着文化产业化的诞生，在这之前，人们知道石油是一种资源，天然气是一种资源，却从来没有想过像宗教习俗之类看不见、摸不着的文化也是一种资源，更是一种核心竞争力。

作为竞争力的文化是一种软实力的体现，它侧重的是道德、价值观和制度的魅力和吸引力。文化软实力体现为好的文化通过与其他不同的文化进行竞争，从而以无形的方式影响他人，或者是在竞争中对第三方产生更加强大的吸引力。文化作为核心竞争力主要表现在两个方面：一是对本国国民的文化吸引力，二是对外的文化影响力和竞争力。目前，从国际经验来看，经济发达的国家都把满足

大众需求、发展文化产业作为增强文化软实力的最重要的途径。大众文化看起来不起眼，但对于树立良好的国家形象有巨大的积极作用，特别是影视、音乐、富于民族特色的小说等，甚至作为友好型文化的餐饮文化也具有强大的文化渗透力。日本就是从20世纪下半叶开始，通过传播“以小为美”的可爱文化来弱化二战时期留下的“法西斯强霸”形象。

目前，美国、日本、英国等国家的政府都在计划着推动本国文化的影响力。以文化产业为支柱产业的美国，在文化产业的各个领域都居于全球领先地位，电影、图书、音乐、动画、游戏、体育、主题公园和其他衍生产品的开发与销售已经成为美国力量的重要象征，美国文化产业的发展不仅给美国带来了巨大的经济效益，更在文化上产生了巨大的渗透效应，这种渗透效应会在一定程度上影响到政治、经济、社会等各个方面。在20世纪90年代日本经济进入持续低迷时，唯独文化产业获得了巨幅增长。日本政府要员曾经提出过“动漫外交”的口号，现在日本的动漫业产值占到了日本GDP的10%，占世界整个动漫产业产值的2/3。由此可见，在科技高速发展、传播媒介不断进步的今天，文化已经成为一种核心竞争力，其足以带动经济等其他社会领域的发展。文化产生的巨大力量是不可估量的。

要提高文化这一核心竞争力，不能盲目地将关注点放在对其他国家的模仿上，最重要的是反观自身文化。我们的古人为我们留下了先秦诗经、战国楚辞、汉代辞赋、六朝骈文、唐诗、宋词、元曲、明清小说，除此以外，我们的先人还为我们留下了仰韶彩陶、殷商青铜、汉代石像、唐三彩、宋泥塑、元青花、明清园林等艺术精品，我们拥有丰富的文化资源，但更重要的是自古流传下来的思维方式和行为方式。与西方不同，儒家以忠孝安邦、以礼乐治国，道家以“乘物以游心”的哲学处事，这决定了中国文化产业的发展不能一味地模仿照搬，而是应该重视并弘扬中华民族的文化传统。这样的发展思路不仅促进了中国文化产业的发展，而且为人们的精神提供了栖息场所，在提高商品生产中的审美附加值的同时，让人们得到了精神情感上的慰藉。

四、文化产业发展的多重目的

在对文化产业发展的终极目的进行探讨前，我们先要对文化产业的双重属性有一个界定，进而根据其特性探讨其目的。基于个人创意来说，文化产业是一种智慧产业、知识产业、版权产业和审美产业，是对传统文化的艺术创新；基于现代高新技术和新媒体来说，文化产业是一种传媒产业和内容产业，可以大规模复制和批量化生产；基于面向现代市场和国际市场来说，文化产业要形成规模化的文化市场和文化消费。文化产品的艺术性是文化产品相互区别的艺术属性，是产业化的基础。文化产业的出发点不仅是文化产品的艺术性和文化内涵，还有从商业化的角度来审视文化艺术的要求。

文化产业是文化、经济两领域的交叉，是物质、精神两层面的融合，这注定了该产业在具有文化意义的同时也具有经济意义。中国改革开放30多年来，在经济上取得了巨大的进步，同时经济的发展迫切需要文化的加入，特别是在产业升级的进程中，文化倘若缺席就难以顺利完成升级。现代经济发展需要文化的支撑，有时需要文化作为载体，有时则需要文化作为素材和力量，以提升经济的附加价值。在处理经济发展与文化发展关系的问题上，国内长期流行着"文化搭台、经济唱戏"的说法，文化仅仅是服务经济的手段，甚至成为包装地方形象的政绩工程，这就严重忽视了文化的重要性。

当今，文化自己已经可以唱戏，文化与经济之间形成了平衡互动的关系。文化产业是推动现代经济发展的新动力，是不断满足和提高人们精神价值需要的力量源泉，是培养现代化人才的重要途径，也是推动精神文明建设和提高物质生活水平的重要条件。文化产业化使文化从手工作业走向机器化生产，从个体劳动走向群体劳动，从一般技术走向现代科技，从经验管理走向科学管理。文化产业促进了精神生产现代化、社会化和市场化，使文化与更多的高新技术结合，同时提高了劳动者的生产经验和劳动技能，为培养高智力精神生产者打下了基础。经济发展对于文化也具有促进作用，要提高文化竞争力，就需要一定的经济基础。经济越发达的地方，文化产业一般也就越发达，倘若经济不发达的话，没有消费能力或消费能力低的环境也难以促进文化产业的发展。

从文化与经济的关系可以看出，文化产业就如其名字一样，其发展目的也包含文化和经济两方面。文化目的性和经济目的性两者平衡互动、互为支撑，在发展过程中不可偏废。经济层面上的发展目的在于：充分利用文化资本的内在动力，与国际市场相结合，与高科技相联系，结合本土的文化资源，运用国际化的产业资本和技术手段，创造面向世界市场的产品和服务。文化层面上的发展目的在于：一是提高国人的文化自觉性。文化资源的开发和利用取决于文化自觉的程度，通过文化产业的发展可以使国人接触、了解、认知中国几千年来沉淀下的文化成果，并将其精髓运用到当今中国的社会建设之中。二是提高本民族文化在世界范围内的影响力，对外树立起具有中国特色的国家形象，让中国文化走出去，让世界了解中国。三是实现人文的终极关怀。终极关怀主要有三种形式："一是给多样的现实世界以统一之本体存在的哲学承诺，一种是给有限的个体生命以无限之价值意义的宗教承诺，一种是给异化的现实人生以多样审美观照的艺术承诺。”[①]21 世纪哲学本体论和宗教形而上学都面临着学理和信仰方面的危机，艺术的文化形式因此就担当起了为人类提供终极关怀的历史使命，这就要求文化产业的发展要引导人们对生存意义的感悟、理解和追问，使其获得一种精神上的升华，让文化产业在发展的过程中能够寻求人与自然、艺术与科学、人文精神与科学精神和谐发展。

第二节　过度产业化是本土文化、民族文化的焦虑表现

当下，以美国、日本为代表的西方文化借助全球化的东风占领了世界文化市场的大部，这不仅是一种经济行为，也是一种意识形态战略。与这样的全球化文化产业扩张相比，我国的文化产业才刚刚起步，单调的、模式化的产业发展既缺乏竞争力，又反映了民族文化的焦虑感。

一、全球化背景下的文化“泛西方化”

纵观今天中国的文化市场，国产电影票房往往不及美国大片，动漫产业阵地也被美国、日本牢牢占领。在文化产品的选择上，观众更倾向于好莱坞电影，国产电影受到严重排挤，陷入被冷落的尴尬境地。美国凭借科技和经济优势打造了高成本奇观电影这些文化产品，美国的价值观念、生活方式和社会制度被灌注其中，“斯大林希望获得压倒一切的绝对实力地位，而米老鼠却真正实现了这种绝对实力地位”[②]。文化产业的全球化“泛西方化”带来的最终结果有可能是泯灭民族性、特殊性、差异性，造成文化趋于一体化、单一化。现在，每个城市都有麦当劳的金色宫门和肯德基老爷爷和蔼的笑容，每座星级酒店都效仿希尔顿酒店的光鲜亮丽，流行音乐中更是越来越多地融入了西方音乐风格。

“在阴雨连绵的里奥普鲁斯散发着霉臭气的小屋中，年轻的卡博克洛斯族人正在进行辩论。他们是印第安人和黑奴的混血的后代。辩论的题目是加利福尼亚电视系列片《水上救生员》中从事水上救护的帕梅拉·拉德森的胸围是多少，就好像她是身边的一位姑娘。”[③]在中国，许多孩子已经不再坐在高高的谷堆旁边听妈妈讲自己民族特有的古老神话和传说故事了，相反，来自美国的米老鼠、

---

① 陈炎：《文明与文化》，第 218 页。

② ［德］汉斯—彼得·马丁、［德］哈拉尔特·舒曼：《全球化陷阱：对民主和福利的进攻》，张世鹏等译，冯文光校，中央编译出版社 1998 年版，第 17 页。

③ ［德］汉斯—彼得·马丁、［德］哈拉尔特·舒曼：《全球化陷阱：对民主和福利的进攻》，第 19 页。

唐老鸭、小黄人和来自日本的机器猫、名侦探柯南等差不多成了全世界孩子生活中的一部分。我们有充足的理由来担心中国的未来一代对自己民族文化的认同感有可能会陷入危机状态。

西方文化的扩张在一定程度上对被扩张国家和民族的生活方式与某些价值观念产生了影响，主要表现为培养了一种崇尚西方文化的"集体无意识"，而西方文化在西方经济领先的基础上也具备了更易产生被崇尚感的优势，"崇洋媚外"在中国的语言文化环境中是一个贬义词，但却折射出了一个个不可被忽略的文化危机。

首先来看电影方面。2012 年的统计数据显示，内地影院全年上映电影 247 部，全年总票房 146.5296 亿，引进海外进口片 75 部，票房达到 85 亿，海外引进片的票房占据总票房的 56%之巨。海外进口片以美国片为主，数量有 38 部，占引进片总数的 50%，票房上高达 92%。其中，美国二十世纪福克斯电影公司、美国哥伦比亚影业公司、美国华纳兄弟电影公司、迪士尼影片公司、环球影片公司、派拉蒙影片公司出品的电影占据了巨大的市场份额。

2012 年引进影片在数量占比上以动作、惊悚、剧情、冒险四类元素为主，在票房占比上则以动作、冒险、科幻三类元素为主。动作类型元素票房占比达到 61.64%，此类型元素中《碟中谍 4》《复仇者联盟》《黑衣人 3》等 16 部过亿的影片票房累计占到 88.7%。同样冒险类型元素过亿影片 9 部，票房累计占冒险类型元素的 93.7%。相比之下，喜剧、战争、史诗文艺等元素占比均未达到 10%。

美国电影中动作、冒险、科幻片在内地得到的广泛接受表现出了中国大众对美国价值观的认同：以自我为中心的个人主义和英雄主义，极力打造各式孤胆英雄形象，渲染英雄个体控制整个矛盾冲突的巨大理想，夸大英雄个体力量战胜群体敌对势力的决定性作用，将个体力量无限夸大、神化；强烈的科技主义，巨型灾难片、科幻片突出电影的豪华性、奇观性、梦幻性特点，以各种视觉造型和高科技手段打造了影片的独特景观。美国电影对娱乐性和商业性的强调会导致深刻思想内涵的缺失，这实质上是娱乐性外衣包裹下的一种强制性的意识形态灌输。

接着来看"多屏时代"下的美剧传播。伴随着网络时代、数码时代的到来，传播媒介的巨大转变改变了文化传播模式，网络、手机的审查制度相对于电视来说较为宽松，这直接带动美国电视剧、日本动漫从其原产国的电视荧幕上传播到了中国的网络、手机等更加自由的媒介上。在本国电视媒体上"受冷"的美国电视剧，在中国互联网上却形成了持久的收视热潮，受众人数多、传播范围广。每年都有几十部美剧受到网友的追捧，《越狱》《生活大爆炸》《吸血鬼日记》《绝望的主妇》等都火爆了多年。美剧具有连续性强的特点，比如《老友记》播出了十季，长时间的观看使观众将其变成了自己生活方式的一部分，部分美剧的火爆程度甚至超过了热播的国产电视剧。

美剧中隐含着被“免名”的隐形主流价值观，主流价值观往往带有明显的政治痕迹，与社会体制和意识形态密不可分。美国电视剧是现实主义的，即使是科幻类剧目也都遵循着人类社会的规律，秉承着同样的价值观，因此它与传播者和传播环境一样，带有资本主义特征，反映的是资产阶级的主流价值观，但价值观的强行植入会给传播带来不利，因此必然会遭到观众反抗式的解读，所以在这个过程中价值观被“免名”。罗兰·巴特曾经把资产阶级政权自我伪装的过程称为“免名”，他指出：“作为意识形态方面的现实，资产阶级彻底消失了，因为从现实到代表的过程中，从经济人到精神人的过程中，它已经删除了自己的名字。它与事实取得了一致，可是在价值观方面并没有让步，它使自身的地位经历一次真正的‘免名’的运作：资产阶级被定义为不希望被命名的社会阶级。”[①]美剧中呈现的价值观以“普适价值”的面目出现，像《吸血鬼日记》中的 promise（承诺），《绯闻女孩》中张扬的 freedom（自由），经过“免名”的处理后显得自然又真实，在传播的过程中人们在“集体无意识”的情况下对其表示了认可。

二、中国文化产业发展的尴尬现状

我国从上个世纪开始发展文化产业以来，取得了一定的成绩，文化产业的各个产业部门也已全面启动：最早脱颖而出的音像市场曾具有相当的规模，在消费者中形成了相当广泛的影响，但在网络兴起以后音像市场有所衰落；文艺演出市场日趋成熟，对外文化交流日趋活跃；图书市场迅速发展，特别是网络市场兴起之后，规模巨大、覆盖范围广的图书发行网络逐步成熟；电影电视市场错落有序，交易热烈；娱乐、旅游市场遍布全国，迅速壮大；文物市场与艺术品拍卖市场从无到有；广告传媒市场异军突起，势头凶猛；艺术培训市场方兴未艾，逐步壮大；教育产业发展迅猛，前景可观。

但是，尽管取得了上述成就，我国的文化产业与发达国家相比仍存在着较大的差距，与西方文化产业相比缺乏竞争力，主要表现在：总体规模弱小，质量偏低，文化资源浪费现象严重，优势尚未完全发挥出来，文化管理体制不完善，还需进一步强化，等等。与此同时，在面对西方文化产业不断渗透的压力下，中国文化产业的发展显得急躁，文化出现了过度产业化的现象，在这个过程中出现了诸多问题。

一是市场结构单一化。市场竞争是文化产业发展中的客观存在动力，文化

---

① [法]罗兰·巴特：《神话——大众文化诠释》，许蔷蔷、许绮玲译，上海人民出版社 1999 年版，第 138 页。

产业具有市场机制的特征。在市场经济下，竞争机制是市场机制的核心，竞争是市场机制中价值规律发挥作用和实现产品价值乃至经济发展的一种形式。单一化的产业市场结构主要是指或垄断或者完全竞争，在单一化的产业市场结构下，由于电影、电视、出版等各行业、各企业生产的产品不同，很容易形成各自单一的产品系列和市场垄断。从单个行业或企业来看，这种单一的产品和服务系列由于市场垄断，能以较高的价格维持其较高的利润，因而会继续保持相对固定；从整个文化产业来看，各行业分割而据，单一的产品和服务系列只能构成一个简单的文化产品和服务体系，因此，整个文化产业难以适应多层次、多方位、多方式、多样性的文化市场需求。文化产业发展既意味着经济意义上的产业发展，也意味着政治意识形态、社会、文化意义上的文化繁荣；既意味着在本国的兴旺发达，也意味着在世界文化产业格局中的进步强大。然而，单一的产业市场结构阻碍了文化产业的全面发展，降低了本土文化产业的竞争力。单一化发展带来的是追求利润的最大化，却不求占有文化内容和形式上的优势。

以电视行业为例，目前广播电台和电视台体系并没有进入完全竞争的状态中，缺乏中小企业生产的不同的产品和服务，难以满足人们多样化的需求。近年来，自媒体等小成本制作媒体不断出现，但由于其市场小、利润低，积累的资金、积聚的人才有限，生产能力、抗风险能力较低，无法进行大制作、大运作，无法进行技术的综合运用，难以适应大众化市场对低成本、低价格、大规模的需要，难以适应高端、高技术文化产品和服务及其不断提高的需要，长此以往将失去在文化、经济、技术上全面发展的活力。在这方面，美国的发展经验更具有借鉴意义。20 世纪 90 年代以来，美国的许多大型文化企业进行了并购联合，此外，在美国洛杉矶地区，除了七大世界著名影视公司以外，还有 8200 多家中小文化企业，这些大型文化企业与中小文化企业互为依托、互相促进、互相竞争，共同保证了美国影视业的发展。

二是产业发展模式化。我们的文化体制属于计划体制的一部分，文化艺术事业的计划、组织、管理、投资等由政府统包统揽，尽管目前文化管理体制逐步得到了改革，但改革的步伐远远滞后于经济体制改革，政企政事不分、各自为战的弊端依然存在。从总体上来说，我们的文化产业发展仍然处于高度集中统一管理：一方面，书刊出版、影视产品的拍摄与发行、文化交流、大型文艺演出等都必须要经过政府部门的层层审批；另一方面，发展文化产业的重要性得到了政府的过度关注，还被写进了重要的政府文件中，结果导致有的地方政府在没有进行前期充分调研的情况下就盲目地将文化产业作为产业发展的主导部分进行投入，造成了大量的资源浪费。

这种模式化发展下的文化产业与有中国特色的社会主义经济体制是不相适

应的，它既不利于实现文化资源的有效配置和培育文化经营主体以市场为导向的自主经营，也不能充分调动政府推动文化产业发展和实施有效监管的工作积极性，会导致管理弱化，导致消费者需求不足与文化商品短缺并存的尴尬局面，既挫伤了经营主体的积极性，又使经营者出现依赖心理，延缓了文化产业的发展进程，造成社会文化发展落后于社会文化需求，文化竞争力也在这个过程中逐渐被削弱。

三是缺乏复合型人才。人才竞争是文化产业市场竞争的核心部分。在21世纪，能拥有众多的人才就能拥有众多的知识资本，就能把握住未来世界的发展。实践证明，日趋激烈的人才竞争已经成为文化产业发展的决定性因素。文化产业的发展要求复合型人才的参与，这类人才不仅要具备较高的文化艺术素养，同时又需要具有创新能力，在了解产业发展规律的同时又对现代文化企业的资本运作、经营管理以及未来文化市场的预期等方面有足够的驾驭能力，此外，还要把握好现代文化产品的浪潮及消费群体的心态，还要对国家和地方各政府现阶段的产业政策有所了解，对国内外政治的意识形态有成熟的认识。复合型人才的短缺与目前文化产业的发展之间形成了巨大的矛盾，成为制约文化产业发展的重要因素。

四是相关法律法规不完善。在现代社会，必须要运用法律手段调节人们的社会生产和生活。目前，文化立法机关、文化执法部门以及司法机关和人民群众中依然存在重立法、轻执法、漠视法的现象：在文化执法的过程中，不断出现执法部门多、职能交叉频繁的问题；在文化司法的过程中，由于文化法律的特殊性，有的司法工作未能跟上立法的进程，一些司法工作人员驾驭文化法律的能力差，这给文化司法工作带来了很大的难度；在文化守法的过程中，文化产业的经营行为在享受文化法律的同时，漠视其文化行为，钻法律空白，时常打法律的擦边球。因此，完善我们文化产业的法律法规是当务之急。

三、过度产业化背后的民族文化焦虑

以综艺节目为例，从2010年开始，中国电视界开始在欧美、日韩等国际市场寻找满意的综艺模式，许多版权引进节目都创造了收视神话，比如引进荷兰著名电视节目 *The Voice of Holland* 版权的《中国好声音》以及引进韩国MBC电视台版权的《爸爸去哪儿》都创造了收视奇迹。到2013～2014年，国内市场全民引进版权的局面呈现井喷状态，最终在2014年以全民热捧的《奔跑吧，兄弟》创下了版权引进节目的史上巅峰。但是，市场指导的综艺盛宴背后是文化的过度产业化，原创精神的缺失一方面令人对全民综艺的未来担忧，观众已经呈现出审美疲劳是不争的事实，另一方面就是在经济利益驱动下对海外版权引进的背后是一种对民族文化的焦虑。

从上述内容可以看出，随着文化产业的迅猛发展和文化市场的急剧增长，现有的文化市场管理工作体系没能实现“与时俱进”，对文化市场的监管也“力不从心”，我国文化产业发展急求奋起直追，文化呈现出了过度的产业化。我们追求的是“文化产业”在GDP中所占的比重，每年的数据都更进一步引导我们的奋力赶超，我们忽略了东西方在文化根源上的重大区别，忽略了目前文化产业发展的土壤，在宗教作为绝对精神的西方文化体系中，上帝的存在承担了解决人们精神信仰、价值标准和社会教化的功能，成为社会价值评判的基本尺度。在这种文化体系中，文化艺术可以成为纯粹追求美感和愉悦乃至消遣、消费的对象，可以作为产业的基本形态，但不会因此产生对社会道德观念和价值体系的根本冲击。中国的文化是包容的、多元的，中国的文化体系中没有绝对化的宗教精神来承担解决人们精神信仰、充当价值标准和社会教化的功能。中国文化更多地承担着教化和教育的功能，强调“以文化人”，使人在文化的沁润中实现人格的升华，是一种体现社会价值观念的“道德”的“载道”的文化。

梁漱溟说：“据我们看，所谓一家文化不过是一个民族生活的种种方面。”①文化过度产业化是目前中国社会文化焦虑的外在体现。自从现代化敲开了中国的大门开始，中国人一直都存在文化焦虑。文化焦虑跟现代化进程中的文明传播有关系，在现代化进程的宏大叙事下，从他者文化的强势拓展与自我文化的梯度落差开始，人们对技术的发展和生产方式的变化、资本主义制度与生活理念、国家安全与身份认同、启蒙观念的普世性等一系列现代性问题进行了反思。后发性现代化的中国在与他者强势文化的接触碰撞中产生了摩擦，引起了震荡，进而发生了冲突，摩擦、震荡、冲突反映在心理上就产生了文化上的焦虑。焦虑一旦产生之后，危机感、紧迫感就成了积极的反应，焦虑以后也会产生急躁。文化过度产业化背后的民族文化焦虑体现在多个方面：

首先，文化产业经营者以模仿、照搬的“炒冷饭”方式，奉行简单肤浅的“拿来主义”，在不考虑当地社会文化背景的前提下，盲目开发打造文化创意园区，中国版“大本钟”“埃菲尔铁塔”“美国白宫”“伦敦塔桥”“悉尼歌剧院”的背景却是一片片郁郁葱葱的庄稼地。文化产业创意提供者热衷于“照搬”，不加修改地翻拍欧、美、日、韩地区的影视作品，引得国内荧幕“雷雨阵阵”。更有甚者，有人不加创意和思考地拍摄大量内容、情节雷同的影视作品，使电视频道被不同演员演绎的相同内容霸占，比如接连上映的“抗日神剧”和永远在处理婆媳关系的家庭伦理剧。“炒冷饭”现象背后透露的是创新能力的极度缺失，更是文化焦虑的具体表现。

---

① 梁漱溟：《东西文化及其哲学》，上海人民出版社2006年版，第18页。

其次，消费者用戏谑的态度对待文化产品，以“吐槽”为代表的戏谑态度弥漫于网络空间，比如不断被翻拍的金庸武侠剧，编剧在写作时颠覆原有故事情节，添加荒唐的人物设置，故事情节的“狗血”被一众网友、金庸剧迷纷纷吐槽和炮轰，但是导演与演员却在这种炮轰中爆红，吸引了极高的人气，更有人为了证实剧情是否真的与网络吐槽的内容相符而纷纷收看剧集，致使收视率一路高涨，制作商、广告商赚得盆满钵满。消费者的态度直接造成了编剧对原有情节的继续颠覆，没有最“狗血”只有更“狗血”，如此循环往复的文化产业发展模式陷入了一种“病态”，经济收益一路高涨的背后却是民族文化失落的开始。

再次，部分政府部门急功近利不合理地开发文化资源，忽略了文化资源的真正价值。广西壮族自治区田阳县在当地政府的强力主导下，在壮族精英知识分子与文化策划公司的合力共谋下，将境内的敢壮山大胆指认为历史上语焉不详的布洛陀诞生遗址，从而推动了一场排山倒海、波澜壮阔的重建布洛陀信仰的民俗运动，成功地“发明”了席卷整个壮族文化圈的“万民纪念祖公”“万人同唱山歌”等当代布洛陀祭祀与布洛陀歌圩。湖北省长阳土家族自治县为证实自己为土家族发源地，由政府出面全力挖掘在当地原本只是口耳相传的廪君神话，大规模重建庙宇，建构传说，重植神话，使廪君神话成为一种新的口头传说，在境内蔚然成风。

最后，媒体过度夸张，以偏概全，偏离事实真相。新闻信息最重要的特征是真实性、客观性，但目前国内媒体为了在竞争中立足，将新闻真相局部夸张抑或断章取义，只为追求关注度与点击量。新闻来源标注不规范、编发虚假失实报道、恶意篡改新闻标题、冒用新闻机构名义编发新闻等现象层出不穷，许多新闻从业者不从挖掘新闻深度上做文章，不在提高质量上求成效，反而通过采用较为夸张的新闻标题等方式来吸引读者点击观看新闻。《中国青年报》进行万人调查后的数据显示：受访者中 20.1%的人平时只看新闻标题不看正文；66.3%的人在看完标题后会快速浏览正文；只有 11.2%的人会详细阅读正文。尤其是网络新闻读者，面对海量信息，往往只会选择新奇、刺激的新闻标题。“标题党”新闻的诞生正在严重扭曲舆论导向。

过度产业化挫伤了中国文化的多样性。文化产业投资者和经营者的根本目的是为了谋求利润最大化，但目前文化市场的产品和服务价格已经严重制约了普通大众的文化消费，导致不具备市场竞争力的艺术品类大批消亡，文化多样性受到了巨大冲击。上世纪 50 年代，全国各地方民族戏曲剧种有 368 个，1982 年尚存 317 个，2005 年仅剩 267 个，有近半数仅剩业余演出，许多在中国文化发展史上占有重要地位的地方剧种消失了。山西省在 20 世纪 80 年代尚有地方剧种 49 个，现仅存 28 个。拥有近 4000 万人口的贵州省，黔剧、花灯剧等地方艺术团体目前仅剩一个剧团在勉强地维持生存。

文化产业过度产业化的背后是对本土民族文化的不自信，努力赶超的过程中浓郁的“文化焦虑”弥漫，圣诞节、情人节、复活节、狂欢节在每年的受欢迎程度远远超过了中国传统节日。我们一直在不断加强申报世界文化遗产的工作，但我们的物质和非物质文化遗产却在以惊人的速度衰落，城市和乡村里的众多古旧人文景观伴随着旧城改造等的时尚建设不断消失。辜鸿铭先生曾经提到：“在我看来，要估价一个文明，我们最终必须问的问题，不在于它是否修建了和能够修建巨大的城市、宏伟壮丽的建筑和宽广平坦的马路；也不在于它是否制造了和能够造出漂亮舒适的农具、精致实用的工具、器具和仪器，甚至不在于学院的建立、艺术的创造和科学的发明。”[①]而目前中国文化产业化的发展恰恰是与此相反的，发展的功利性、目的性越发增强。

了解自己本民族的文化、继承与创新传统文化才是解决“文化焦虑”的基本路径。当下，有一批专家学者正在致力于传统文化的复兴和教育，这无可厚非，但片面地把“四书五经”作为传统文化是狭隘的，我们需要保护、继承与发展传统文化，而不是永远停留在研究历史中古人说了什么的阶段，我们需要新的中国哲学和新的社会发展思想。任何一个民族和国家都应该有一种宽广的视野和博大的胸怀，应该有世界眼光、全球眼光，要持有理性的“文化自觉”去缓解当下的“文化焦虑”。我们要发扬的是“国粹”，这里的国粹不是简单的京剧，也不是古人所认为的精髓，而是站在今天的立场来表达的精髓。国粹的内容包括诸多方面，艺术上的“粹”和思想性的“粹”都不可丢失。当今的中华民族文化是整合了56个民族优秀传统文化的整体，应具备广采博纳的大气魄，应在各民族优秀传统文化的基础上，重新建构起气势恢宏、有旺盛生命力的当代中华民族文化，形成“各美其美，美美与共”的文化气度来建立属于我们自己的文化自信。

“文化”是一个包罗万象的范畴，其中有的文化可以通过产业化的方式对文化本身的发展起到推动促动作用，但文化全盘产业化将带来诸多问题。文化系统也是一个生态系统，当一部分适于产业化的文化在经济助力下不断飞速发展的时候，另一部分不适于产业化开发的文化在这个生态系统中就会被渐渐淘汰，甚至消亡。我们今天看到的许多非物质文化遗产正在以惊人的速度锐减，譬如泰山挑山工文化是五岳之首泰山的一道流动的文化景观，山上山下的所有物资运输都交付给挑山工的肩膀，但伴随着科技和经济的发展，这一道景观在各种因素的夹击下不断减少，浩浩荡荡的挑山工队伍从几百人变为几十人，以这样的速度减少下去，以后我们恐怕只能通过语文教材中的课文来了解这类文化曾经的

① 辜鸿铭：《中国人的精神》，黄兴涛、宋小庆译，海南出版社1996年版，第2页。

存在了。类似于这样的文化是没有办法与产业化挂钩的,只能将其作为一种文化事业来加以保护和发展,这就需要有文化市场管理体制与文化事业保护体制之间的强力合作。

第三节 创新是文化产业发展的真正动力

创新强调现实的创新,与之相关的两个词是"创造"与"创新"。一般意义上认为,"创新"即发明,它主要着眼于能够提供一种新技术、新发明和新观念,并产生积极的社会意义和社会价值的人的行为活动。科学上的发现、技术上的发明和文学艺术上的创作都是创造活动,而创造中的"原创"就是指从无到有的创造过程或是重新改造已有事物的过程。创造能力是人的一切能力的基础。"创新理论"最早由经济学家约瑟夫·熊彼特于1912年在《经济发展理论》一书中提出,他认为创新包括五种具体情况:第一种指开发新产品,或者是改良原有产品;第二种指使用新的生产方法;第三种指发现新的市场;第四种指发现新的原料或半成品;第五种指创建新的产业组织。

文化产品是文化产业生存的核心内容,文化产品的创新能力、营销模式、盈利途径和产品的丰富性、创新性、多样性及其艺术性共同构筑了其本质特征。创新是文化产品的灵魂,文化产业的生命动力依赖于文化产品的创新性。文化产品的生产要充分追求艺术性、审美性、创意性,越是成功的文化产品,其体现的艺术价值和艺术魅力越高。世界上任何一个民族的文化生命力、传承和可持续发展均有赖于其民族自身文化的创新、丰富和发展。文化创新不仅是原有文化内容的激活,更包括对固有文化模式或范式进行革命性的转型。这便要求任何一个民族在文化价值观念、文化知识体系、文化思维方式和文化体制创新中始终坚持时代性、整体性、系统性和前瞻性。

文化产业创新是一个常议常新的话题,而且国内外有别。发达国家的创新是为了拉开与其他国家的差距,而我们的文化产业创新目的是缩小这些差距,并通过文化产业把自己的民族文化推向世界。今天的文化产业按资源、产品、市场进行划分,主要涵盖了演艺、娱乐、音响、传媒、出版等部门。这些领域竞争激烈,时刻检验着参与者的创新水平。创新是文化产业发展的灵魂,它决定着文化产业的发展。比如,美国并不是一个历史悠久、文化积淀深厚的国度,但美国的文化产品却能够从其他国家和民族的传统文化资源中汲取养分,不断推陈出新,创造出巨大的轰动效应,赢得市场和受众,这主要得益于创新的巨大推动力。当今世界各国(尤其是发达国家)文化产业的发展与创新越来越具有与经济规模相适应的影响力，并且开启了文化生成、传播和扩展的新时代，从根本上推动了人类精神生产和文化形态的革命性变革，进而推动了文化有机体在历史进程中的不断发生、发展和创新。目前，中国的文化产业在国际上竞争力不强，这其中固然有许多值得深入探究的原因，但关键因素之一是中国的文化产业创新能力较差，真正属于自己的、具有自主知识产权的原创品牌非常有限，核心竞争力不强。文化创新、文化产业创新应鼓励提升本土文化产业的原创力，中国文化和文化产业创新应更多地关注民族文化的传统精髓。

一、创新是“中国符号”内外兼顾的筹码——以大片、院线与电影产业为例

电影是一种美学创造，也是一种能满足大众梦想的消费品。20 世纪以来，人们对电影的观念已经发生了重大的转变，电影文化产品可以是个性化创造的产物，电影活动也可以是一种产业化生产流程，从策划、投资和制作、宣传和发行，直到被观众观看和消费，电影产品都可以作为一种批量生产的产业产品而被投入文化市场。当代中国电影的大众化转型在 20 世纪八九十年代成为逐渐兴起的文化主潮，从事业走向产业。中国电影由此开始借助于大众文化工业的传播技术和复制手段，不断地为人们提供消遣性的“原始魔术”，通过对观众无意识欲望的调用，为大众制造遵循快乐原则的狂欢节。面对大众，电影可以被命名为一种叙事游戏，人们可以在电影的故事中消除时间感，排除历史意识，隔断与现实生存的真实性联系，从而使电影成为自我封闭的文本游戏和精致养眼的视觉盛宴。

从目前中国电影产业的发展现状来看，一方面是以创新为文化策略，实现东西方电影文化的双向交流；另一方面则是扎根草根的中国式本土类型片的逆袭。

东西方电影文化进行双向、平等的交流是全球化下文化传播的理想，但目前亚洲面临的是以好莱坞电影文化为代表的西方文化的“强势”输入，在这样的情况下，处于弱势文化地位的中国电影一直在寻求一个“契合点”进行跨文化传播。

中国电影的“大片”不约而同地把武侠片和功夫展示作为跨国传播的桥梁。2004 年，由张艺谋导演的《十面埋伏》被《时代周刊》评选为 2004 年全球十大最佳电影，在国内上映时取得票房 1.5 亿人民币，在国外上映时票房达 3 亿人民币左右，再加上发行权收入 2 亿人民币，在海外电影收入共计达 5 亿人民币以上，这无疑打造了中国电影海外输出的票房神话。张艺谋在这部电影中自觉地以中国独具特色的“武侠文化”为内核，又加入了“天下”“和平”等国际性思想元素，不同地域的观众都可以从中寻得自己可以理解的文化内涵，再辅之以精美的视觉效果，这部电影便赢得了全球观众的喜爱。美国《华盛顿邮报》评论说：“看《十面埋伏》一点也不像是在看一场电影，而像是走进一间富丽堂皇的宫殿。里面的每间房、每个结构、每个角度都给人以愉快的感觉。而且，它并不是温和地吸引着

你，而是强烈地震撼着你，你在里面迷失……”美国《滚石》杂志评论说：“你会看得眼珠子都掉出来。”美国网友则说：“漂亮的场景加上出色的演出，张艺谋完美地制作了世界上最完美的电影。”

《十面埋伏》的片名来自中国传统民乐琵琶曲的《十面埋伏》，单就此看，该片已经打上了“中国制造”的烙印，但在片中又可以看出《谍中谍》式的“卧底与反间”，让西方观众可以从中寻找到似曾相识的感觉。可以说，《十面埋伏》是将民族性与世界性完美融合的典型中国电影。在全球化语境和文化交流中，将国际性的符码融入到富有东方文化韵味的中国电影中，是中国文化产业“走出去”的有效策略。但这种文化策略的创新手段要把握“适度”的原则，成功的中国电影海外营销大多建立在按照西方的想象添加“共通性”元素的基础上，但不能一味迎合西方口味而本末倒置。乱伦、偷窥、弑父、个人崇拜一直以来都是西方电影的叙事符码，在中国电影的发展过程中，曾出现过为了票房利益而将目光聚焦在中国传统文化和历史上的消极因素上的情况，丑恶、血污、宫廷斗争、母子乱伦、暴力和杀戮，通过视觉上的极度夸张而放大到了令人窒息的程度。这类电影传达出来的价值观迎合了西方对东方封建王朝和历史文化的想象，却丧失了东方文化的精神编码。在信息时代，大众的文化自律性在缺乏价值判断和文化立场的传媒影响下，会深陷在某些文化信息中而无法自拔。

与此同时，扎根草根的中国式本土类型片也在进行着各种尝试，有的影片还取得了不错的票房，成功地实现了逆袭。由于受到投资规模、技术水平、专业能力和题材等方面的种种制约，一直以来中国商业类型片创作的空间相对狭小，好莱坞式的常规型电影又很难成为中国商业类型片的主体。2012 年《泰囧》创造了中国本土市场上有史以来最高的票房纪录，高票房背后是电影观众的本土经验、当下情感为国产电影留下了足够的生机。排解当下的喜怒哀乐、构筑中国社会的梦想人生，通过心理共鸣超越视觉冲击，这也是中国国产电影与好莱坞大片重要的区别。

《泰囧》中性格、阶层各不相同的人，为了不同的目的，在共同的道路中遭遇了各种故事，在嬉笑玩闹中揭示出了平凡深刻的人生哲理，电影中折射出了当下社会阶层的分化语境，表达了人与人之间的冲突与沟通。创新并不仅仅意味着追求高端复杂的技术和一咏三叹的电影文本，切换角度进行幽默化的表达不失为另一条内容创新的好路径。《泰囧》中对大时代里商务男之间的钩心斗角和为成功而无所不用其极状态的刻画，都在某种层面上道出了当代中国人真实的生活境遇、心理状态和人生困境，电影最终的落脚点是对中国传统文化伦理中亲情、友情的回归。可以说，《泰囧》这部喜剧电影为现代人迷茫、失落的心理状态找到了一个暂时安歇的居所。

二、创新驱动下以"原创"制胜的文化产业——以动漫产业为例

动漫产业是以创意为动力，以漫画、动画、游戏为内容主体，以形象权为核心盈利模式的文化产业，动漫产业消费群体广，产品生命周期长，附加值高，是当今世界上增长速度最快的产业之一。动漫产业主要由本体产业和衍生产业组成，本体产业即动画影视、漫画出版、动漫游戏等，衍生产业则是围绕动漫本体产业的再生产而展开，利用与动漫作品相关的文化创意进行商品开发、生产和销售的行业。目前世界动漫产业已经形成了庞大的产业集群和消费市场，衍生产品约占收入的70%，电视动画片的衍生产品约占收入的80%。

中国的动漫产业起步并不晚，但由于种种原因，中国的动漫产业长期处于"有作品无产品，有行业无产业"的状态。建国后，上海美术电影制片厂将传统戏曲的表演艺术、国画艺术等传统艺术风格融汇于叙事之中，达到了当时国际上动画的较高水平。这一时期中国动漫的辉煌是建立在世界及其他国家动漫产业刚刚起步或起步不久的基础上，但是当美国、日本的动漫开始快速上升的时候，中国动漫却由于长期处于封闭的计划体制的大环境下而没有实现创新突破，于是在国际动漫界声音渐微，本土市场也逐步被日、美、韩等国的强势动漫占领。

2005年，中国动漫产业出现了一个转折点。《喜羊羊与灰太狼》系列动漫开播以后，迅速形成了独具规模的收视浪潮，以压倒性的优势打败了同时段播放的国外动画片。与此同时，《喜羊羊与灰太狼》不但被引进香港、台湾等地区，还走出国门，在东南亚等周边国家和地区风靡一时。凭借扎实的观众基础，《喜羊羊与灰太狼》系列动漫成功地打造了横向内容丰富、纵向模块完整的动漫产业链。

《喜羊羊与灰太狼》的成功得益于其作品的原创性，原创性动画要求动画设计者具备创造新情景、新故事、新人物的能力，能够从新的角度构思剧情，对完成一件作品所需要具备的所有要素做到各方兼顾。《喜羊羊与灰太狼》极具亮点的地方还在于其能够在成年人中引起热议，这离不开创作设计者对题材的把握和在内容上的创新。在题材上，《喜羊羊与灰太狼》在贴近观众情感世界的同时又不乏自己独到的创新思维，将故事的"反派人物"塑造为"夫妻档"，红太狼是说一不二的女王，灰太狼是外表自信又十分惧怕老婆的"妻管严"，人物角色的多重关系增加了戏剧冲突，反派夫妻间的幽默被淋漓尽致地表现；"正面角色"是一群处于学生时代的羊，喜羊羊、美羊羊、懒羊羊、沸羊羊等多个人物角色都被赋予了不同的性格特点，每一个观众都能在其中找到自己喜欢的设定，这成功地拉近了动画片与目标观众的心理距离。此外，《喜羊羊与灰太狼》还在民族文化的基础上进行了创新思维，将大量中国文化元素糅合到作品中，如喜羊羊的名字与"喜洋洋"谐音，还有红太狼专属的中国红，等等。

从审美特征上看，《喜羊羊与灰太狼》结合当下的社会生活，借用热点话题和焦点事件，打造了风趣诙谐的艺术风格。狼与羊的世界在草原上勾勒出了一幅生动的人际关系图，这符合大众对生活的认知，能够使大众产生感同身受的认同感。同时，动画赋予了角色多面性的性格，如灰太狼作为反派是一个不讨好的角色，但邪恶中带点可爱的多面性格使他受到追捧，人物形象真实而复杂，角色的性格塑造加深了戏剧化的矛盾冲突，强化了作品的表现力和张力，满足了观众的审美期待。在视觉色彩的艺术效果上，《喜羊羊与灰太狼》的画面风格鲜明欢快、色彩对比强烈，并使用不同颜色作为个性特征，如喜羊羊的蓝、懒羊羊的黄、美羊羊和暖羊羊的粉红、沸羊羊的黑、红太狼的红等，这些都用对比强烈的色彩传递了不同的情感。

艺术性与商业性并驾齐驱是《喜羊羊与灰太狼》成功的又一亮点，只有艺术的支持才能使作品具备美学功效，吸引受众，实现商业化的最大价值。商业性利用外在的营销手段提高作品的知名度，在获得经济效益的同时更好地为具备艺术性的作品提供了市场竞争的舞台。在艺术性的雕琢上，除了人物性格塑造、多层次的故事场景、明亮的视觉效果之外，《喜羊羊与灰太狼》故事情节的艺术化摆脱了中国传统观念对动漫作品的束缚，在强调教育功能的同时增加了观赏娱乐性。《喜羊羊与灰太狼》以艺术为导向、以生活为素材的提炼加工，扩大了受众范围，甚至在社会上形成了"做人就做懒羊羊，嫁人就嫁灰太狼"的流行语。在艺术性的内在驱动下，影片的商业性运作形成了强大的宣传攻势，与肯德基、各地影院等联合进行的滚动宣传使这部系列动漫作品成为近十年来中国动画市场上影响力和市场价值最大的国产动画片。

电视系列的大获成功衍生了五部贺岁电影；《喜羊羊与灰太狼》漫画的图书出版涉及了百十多个品种，销量已达千万册；衍生了两部舞台剧，与观众产生了更为密切的互动交流；毛绒公仔、玩具礼品、文具服装、食品、日用品等动漫周边产品也深受欢迎。《喜羊羊与灰太狼》的成功，是题材内容的推陈出新、艺术与商业并轨新模式共同作用下的结果，是中国动漫产业取得一定成绩的标志，同时也为中国动漫产业的未来发展提供了参考。

要从根本上实现动漫产业的发展，就要抛弃对动漫固有的历史性偏见，重塑动漫内涵，仅仅将受众定位在低幼年龄段就会导致中国动漫始终走不出"低龄化"的怪圈。实际上，从具有一定认知能力的幼儿到心智成熟的成年人，都是动漫产品的潜在受众。中国动漫产业需要正视市场需求，针对不同群体进行不同类型作品的开发。在拓宽受众群体的基础上，还需要拓展动漫题材，增加现代元素，丰富动漫形象，避免概念化、教条化、说教化，增强吸引力、感染力和影响力。此外，中国的动漫产业还需要在博大精深的中国文化中寻求灵感，因为片面强调国际化而忽略民族性的动画作品结果往往不尽如人意。但强调动漫产品的民族性并非一味强调民族形象和追求传统，而是应该追求有了现代性的民族精神；不仅要从数千年的历史文化中去寻觅素材，更主要的是在现实生活中去寻找富有时代气息的社会实践和全新的生活方式。一个卡通形象可以代表一个民族的精神，而这个卡通形象未必就应该是一个纯粹的民族形象，更应该是一个具有民族精神的形象。丰富的文化土壤呼唤中国人自己的动漫形象，而且也只有真正具有中国文化特色的动漫形象和文化形态才能让中国的动漫产品获得数字时代消费者的认同，创建出中国的动画品牌形象。

三、创新艺术手段铺就的新型艺术表现形式——以舞台表演剧目为例

2013年，大型情景体验剧《又见平遥》在山西平遥正式公演。该剧以独具特色的舞台形式，借助现代化的科技与艺术手段，讲述了一个关于血脉传承、生生不息的故事。观众在经历了奇特的观剧过程后，都发出了这样的赞叹：这是中国近十年来最具有创新精神的演出，不仅前所未见，而且震撼人心！

《又见平遥》是王潮歌导演"印象"系列山水实景演出后的又一文化品牌，在此之前由张艺谋、王潮歌、樊跃共同打造的《印象·刘三姐》《印象·丽江》《印象·西湖》《印象·大红袍》等七部"印象"系列山水实景演出打造了独具特色的中国文化品牌，仅《印象·丽江》一部作品在2012年就接待了200万人，收入超过4亿元，为当地经济作出了重大贡献，同时形成了良好的品牌效应。但《又见平遥》没有沿用"印象"二字，而且演出场地从以往的室外实景搬进了偌大的剧场中。王潮歌解释说："我们希望能够有不同的演出品种让大家欣赏，一个是实景，叫'印象'；一个是室内，叫'又见'。从山水、气候、云彩中得到的东西叫'印象'，对平遥这样一个具有强烈人文色彩的地方，你不可能仅仅停留在印象，它是又一次见到，就像我们又一次看到父母、祖先一样。"

据统计，"印象"系列每场演出都能够给当地提供500～800人的就业机会，并有近10万人从演出所产生的边际效益中获利。较之实景演出，《又见平遥》的循环上演可以吸纳更多的观众观看，这对于提升当地的就业率，延长游客在山西的停留时间，带动山西旅游、住宿、餐饮、交通等其他产业的发展，将起到重要作用。

《又见平遥》大型情境体验剧在舞台设计上颠覆了传统"三一律"的固定法则，"它把舞台当作相对固定的空间，采取以景分场的办法，截取生活的横断面"，"演出的时间与剧中行动的时间必须完全一致，行动的地点必须固定不变"，以此达到了艺术创作与审美的尺度、艺术形象以及其所模仿的客观对象的逼真。"三一律"法则使舞台将观众与演员分离开来，使观众通过一个画框去观看演出，追

求视觉的“镜像”效果；《又见平遥》的剧场恰恰反其道而行之，繁复和奇特的空间分割让观众产生“穿越”的体验，一会儿是街道，一会儿是大院，一会儿是城墙，一会儿又是黑空间，没有前厅，没有主入场口，没有观众席，没有传统意义上的“舞台”，观众边走边看，表演者深入到观众之中，观众与表演者可以对话，观众成了戏剧的一部分，这些都让传统审美意义上的“审美距离”在创新舞台的设计中逐渐消弭。流动的舞台，流动的观众席，舞台是观众席，观众席是舞台，观众时而是看客，时而是亲历者，舞台可以“挂”在墙上，可以“吊”在半空，可以在观众前后左右的任何一个位置。

“情境体验剧”也是一个新名称，导演王潮歌认为《又见平遥》的新剧种形式具有很强的探索性，“在表达形式上很颠覆，在美学意义上很前卫，在思想情感上很朴实，这不仅仅是一次舞台演出的革命，更是艺术家的一次历险”。《又见平遥的》的剧场是为了这场体验剧而专门设计建造的，它选取的材料和符号采用了山西典型的黄土灰瓦元素，剧场外清风吹起黄土，土层慢慢剥离，露出黄土之下的“古城”，“古城”是真实平遥古城的再造，延绵起伏的屋面，有高潮、有低谷，一波三折，起起落落。依照设计方案，剧场总占地面积 3500 平方米。根据使用功能，剧场演艺区方形平面分割为 A 区、B 区、C 区、D 区四个相对独立的体验区空间。A、B 区为体现平遥地方特色的商道区域，计划有纱阁戏人、纸花铺、牛肉铺、古玩字画、剃头摊、剪纸铺、绸缎庄、当铺、酒楼、铁匠铺、粮店、棺材铺、药店、裁缝铺、推光漆器等；C 区为体现平遥历史古民居的三进院落，包括厢房、下人房、影壁、游廊、院门等单体建筑；D 区包括献殿、戏台、看楼、钟鼓楼等建筑，演艺区仿古建筑群落其实就是一个高度浓缩的古城景区。

后现代哲学家鲍德里亚曾在其理论中提出过“超真实”的概念，它指的是真实与非真实之间界限的模糊。鲍德里亚对此进行了激烈的批判，但将其放置在情境体验戏剧领域，“超真实”的情境再现不仅没有通过幻象使观众迷失，反而让观众在“比真实更真实”的情境中体验了力透纸背的中国情结。观众在进入剧场前与审美对象保持着一定的“心理距离”，但观众在逼真的整体环境下，从审美世界进入现实世界，由审美态度转变为实用态度，观众与艺术对象之间的审美距离消失，演员与观众的互动诱发了观众积极的思维活动，在这样新奇的环境中，观众摆脱了痴迷状态，意识到了“自我”的存在，进而成为积极的观察者，而不是简单的看客。

《又见平遥》舞台艺术的创新使观众获得了真实的感觉，获得了审美享受。对于观众来说，他们在“超真实”的舞台环境中与艺术家彼此心照不宣，共同完成了戏剧的审美创造。观众在体验中追寻根脉，在体验中思考在这个物欲横流、诚信缺失的时代中，能否唤回民族深处的忠诚与信义。我们的根在哪里？我们从哪里来？这样的思考正是对中国传统文化中“家族血缘关系”的回归。

四、创新产业发展形态——以文化产业集聚发展为例

从全世界范围来看，随着信息技术的突飞猛进，人类文化活动日益呈现出集聚态势，高密度的文化活动和文化要素开始在一定的区域内集聚：文化遗产集聚区，比如埃及金字塔古迹集聚区，柬埔寨吴哥窟等；文化活动集聚区，比如日本东京的六本木地区集中建立了两座享有世界声誉的艺术博物馆，并经常举办国内外的优秀展览，在鼓励国内市民参与的同时，吸引了大批海内外的参观者，成为东京的文化活动中心；文化产业集聚区，比如美国的好莱坞集中了美国主要的电影制作公司、重要的文化活动场所及文化经典项目。文化空间已成为人类创造活动的文化"头脑"地区，并不断向周边辐射。

伴随着全球化、信息数码化、产业集聚化、消费娱乐化的强大潮流，在全球分工协作和市场交换的主导下，世界范围内的许多城市都在快速地发展一些新的文化产业集聚区。文化产业集聚区的不断发展有其深刻的内在动因：首先，竞争可以加速创新。在一个区域内，密集地汇聚一批文化创意类企业，必然会带来激烈的竞争。在公平竞争的环境下，只有通过不断创新技术和产品，才能获得竞争力优势。其次，文化产业与其他产业是相互渗透、相互影响的关系，产业关联度大，一个产业功能的实现需要一个集群辅助产业的强有力支持，文化产业集聚可以充分利用共生优势，这有助于降低发展成本。再次，在一个产业集聚地中只要有一个文化企业打造出了良好的口碑，就可以直接带动其他企业的发展，形成区域性品牌。最后，文化产业集聚要求与区域内的人文环境相结合，传承本地文化产业的传统，用创意精神激活工业空间。

党的十七大报告中提出："大力发展文化产业，实施重大文化产业项目带动战略，加快文化产业基地和区域性特色文化产业群建设，培育文化产业骨干企业和战略投资者，繁荣文化市场，增强国际竞争力。"在国内，上海近几年文化产业的发展依托其固有的经济区位条件，顺应全球化的潮流，找到了自身的准确定位，探索出了独特又有成效的发展模式，与伦敦、东京、巴黎等发达国家城市文化产业的发展既有相同之处，又独具特色。

进入21世纪以来，以制造业和服务业为主干产业的上海亟待创意产业为其他产业发展服务并提供知识型内容和商业附加值，并通过2010年上海世博会的举办而逐步成为辐射全球的国际中心城市。上海文化产业集聚园按照功能的不同分为以下几类：(1)特色集聚区：围绕某个行业和服务的亮点进行招商运作，突出某种鲜明的特色服务功能，如以当代艺术为主的M50。(2)综合集聚区：各个行业皆有一部分企业入驻，形成相互配合的关系，如卢湾区创意园8号桥，汇聚建筑设计、广告制作、影视制作等。(3)培训型集聚区：以人才培训为主，如上海

师范大学与政府、企业联手，投入近千万元资金，把虹漕南路 9 号原上海面包厂旧厂房改建成集产业发展、人才培养和艺术研发于一体的设计工厂创意产业集聚区，在设计人才培训基地基础上，建立和完善创意设计人才培训平台。(4)地产开发型集聚区，以地产式开发为主，注入文化创意内涵，如“海上海”是由住宅、LOFT、商业三大物业形态及海上剧场、海上展馆、海上讲堂三大文化建筑组合而成的国际创意社区，完成的是国际创意文化在一个社区内的兼容。

上海文化产业集聚的发展是根据自身特点，“因地制宜”加以创新而形成新的文化集聚形态，采取“三个不变”的开发方式，坚持老厂房、老仓库、老大楼的房屋产权关系不变、房屋建筑结构不变、土地性质不变，促使资源配置向文化创意产业倾斜，在政府政策保障、社会多元投资的多项优势下，上海文化产业集聚发展迅猛。前工业时代的建筑遗存被注入了现代艺术的血液之后，成为了上海经济发展的新兴力量，这为工业时期建筑的保留提供了可能性，并赋予了其新的活力和历史内涵。

当下，各地文化产业集聚区建设在取得辉煌成绩的同时也存在一些问题，如有的园区软件性质的经营收入不抵其在硬件上的大规模投资；有的园区成为政府的形象工程，缺乏产业规模收入，成为政府持续补贴的对象；有的园区没有建立起完整的产业链形态，许多园区仅仅是一种产品的集散地；有的园区盲目跟从，没有自己准确的定位，在不同地域、不同文化背景下生产出了同质性极高的文化产品，没有形成自己独有的品牌，丧失了品牌拉动效应。

第四节　艺术创新与科技发展是文化产业腾飞的保障

20 世纪以来，受源于自然科学领域的量子力学、相对论以及来自社会科学领域的现代主义与后现代主义等思潮的共同影响，伴随着信息传播技术的革命，电信、广播电视、计算机与网络等新技术不断更迭、推陈出新。信息传播工具的重大改变，促进了艺术形式的多样化，同时也对文化产业的发展起到了直接的推动作用。人类的艺术发展史，从一定意义上讲就是一部媒体与科技的进步和演变史，艺术的发展伴随着两者的变化与发展而改变。

20 世纪爆发的信息革命以计算机的应用为标志，以数字化及信息传播技术革命为特征，其影响遍及社会生活的各方各面。美国著名的未来学家尼葛洛庞帝曾经论断：“计算不再只和计算机有关，它决定我们的生存。”进入 21 世纪以来，作为数字和信息化时代代表的“新媒体艺术”发展迅猛，它使人们感觉到生活和工作及所有的环境都已被新媒体艺术包围。

在对新媒体艺术的发展进行论述之前，对“新媒体”和“新媒体艺术”需要有一个明晰的界定。“新”字是针对某个参照系来完成相对性的表述，一般针对时间或技术，这决定了“新媒体”是一个无法定性的概念，是一种流动的形态。按照历史发展观，新媒体可以理解为时间上较晚出现，功能或特性上与既有媒体存在某些差别的媒体形态，但这样的划分又会引发新的问题，即在信息传送技术日新月异地更新发展下，移动终端作为媒体似乎比互联网还要新，以高新技术为支撑的网络媒体都无法列席“新媒体”了。在本节内容的讨论中，“新媒体”的概念为：基于数字化并以先进的信息传播技术为核心技术支撑的媒介或内容载体。“新媒体艺术”的概念为：以数字媒体技术及数字信息传播科技为支撑和媒体的艺术形态，通过利用和展示数字化及信息传播相关新技术，以交互为其主要形式特征、从事或参与有关人类文化、社会、政治、美学、哲学等相关的艺术实践活动。[①]无论何种艺术形式，其所反映和表现的都是现代社会变化带来的社会心理特征，当代的社会变迁是传统艺术形式难以表达的，就像丹纳对时代与艺术关系的探究那样，“作品的产生取决于时代精神和周围的风俗”[②]，在 21 世纪要发展艺术、发展文化产业，就离不开对新媒体的探讨。

麦克卢汉在《理解媒介》一书中提出了“媒介即信息”[③]的观点，认为媒介技术的进步对社会发展起着重要的推动作用。根据传播学学者拉斯韦尔的“5W”模式，新媒体具备五个主要特点：传播者多样化、传播内容海量化、传播渠道交互化、受众需求个性化和传播效果智能化。“文化为体，科技为酶”是新媒体产业的精髓，数字化技术生成、制作、管理、传播、运营和消费的文化内容产品及服务与具有高增值、强辐射、低消耗、广就业、软渗透的属性。新媒体产业的发展在一定程度上反映出了一个国家在信息服务、信息技术研究和集成创新方面的实力和产业水平。

一、影像的狂欢——“奇观”数字艺术

数字艺术指在电脑中以数字化形式创建和储存的艺术形式，其应用领域很广泛，如广告中大量的平面设计、电影特殊效果的制作、用计算机编曲混音的数字音乐等。数字技术与传统艺术相互渗透，可形成数字音乐、数字绘画、数字文学等；数字技术内部分化，应用处理系统可产生计算机生成艺术、分形艺术、像素艺术等；数字技术与艺术领域融合可产生电影特效、数字动画等。目前，在文化

---

① 参见林迅：《新媒体艺术》，上海交通大学出版社 2011 年版，第 29 页。

② [法]丹纳：《艺术哲学》，傅雷译，江苏文艺出版社 2012 年版，第 37 页。

③ [加]麦克卢汉：《理解媒介——论人的延伸》，何道宽译，商务印书馆 2000 年版，第 33 页。

产业领域正在产生重要影响的数字艺术形式主要为由数字化技术带来的“奇观”电影及动画。

巴赫金曾经从民间文化的角度提出了“狂欢化”理论，该理论指在一定条件下形成了“在平时生活中不可能有的一种特殊的既理想又现实的人与人之间的交往。这使人们之间没有任何距离，不拘形迹地在广场上的自由接触”[①]。在《后现代主义与大众文化》中，约翰·多克将狂欢化理论视为对大众文化的肯定：“狂欢活动作为一种文化模式仍然还强烈地影响着20世纪大众文化，例如好莱坞电影、大众文学类型、电视和音乐。这种文化已成国际化，其传播范围之广、影响之大、生命力之旺盛、创造力之丰富也代表着大众文化历史的另一个顶峰，足可与早期的现代欧洲文化相媲美。”[②]数字奇观电影的大量生产正是影像狂欢化的表现。

1911年，乔托·卡努杜发表了《第七门艺术宣言》，提出电影作为一门综合性艺术将成为继文学、戏剧、音乐、舞蹈、建筑、绘画之后的第七门艺术。电影自诞生之日起，就沿着两条道路发展：一是卢米埃尔兄弟开拓的“真实电影”的道路，极力追求还原物质现实的效果；另一条路则是梅里爱开创的“奇观电影”的雏形，他建立了世界上第一个摄影棚，通过运用想象在摄影棚内搭建布景，使用各种道具，再运用“停机再拍”“叠印”“合成照相”“二次或多次曝光”等最原始的特技摄影方法，创造出了那个时代让观众叹为观止的“奇观”。周宪将“奇观”定义为“非同一般的具有强烈视觉吸引力的影像和画面，或是借助各种高科技电影手段创造出来的奇幻影像和画面”[③]。

1997年，美国导演詹姆斯·卡梅隆打造的视觉盛宴《泰坦尼克号》囊括了第七十届奥斯卡最佳影片、最佳导演、最佳摄影、特别视觉效果等11项大奖，以18亿美元创下了全球票房历史的最高纪录。卡梅隆在拍摄这部影片时就说：“我们只有一个目的，就是将观众带到泰坦尼克号轮船上，让他们真实地去感受当时的情景。”[④]为了实现这个目的，该影片耗资两亿美元制作视觉效果，历时5年搭建了1∶1的泰坦尼克号模型，利用数字技术制作了数字海洋、数字乘客、数字海豚，把真实的和虚拟的场景、人物天衣无缝地合成在一起。在《泰坦尼克号》中，豪华巨轮的磅礴气势和沉船灾难的惨烈场景都是影片力求最大程度展现给观众的影片亮点。在拥有强大的数字特技制作能力的前提下，该片的导演可以随心

① [俄]巴赫金：《巴赫金全集》第5卷，白春仁、顾亚铃译，河北教育出版社1998年版，第19页。

② [澳]约翰·多克：《后现代主义与大众文化》，吴松江、张天飞译，加洛审校，辽宁教育出版社2001年版，第258页。

③ 周宪：《论奇观电影与视觉文化》，载《文艺研究》2005年第3期。

④ 张歌东编著：《数字时代的电影艺术》，中国广播电视出版社2003年版，第235～236页。

所欲地选择最能展现影片恢宏气势和视觉奇观的镜头景别。为了凸显影片的奇观性,《泰坦尼克号》用了95个远景镜头来展示船体,其中出现全部船体的镜头有54个。为了增加画面的感染力和冲击力,95个远景镜头中有50个为运动镜头,从更多的角度全方位地展现了船体的庞大,营造出了浩大的气势。2012年,3D版《泰坦尼克号》再度引发票房高潮,相对于《泰坦尼克号》而言,3D版《泰坦尼克号》的叙事情节相同,唯一的不同之处在于后者采用了IMAX3D这种视觉效果最为震撼的巨幕立体电影,它将视觉奇观的呈现推向了极致。1997年3D技术尚未出现,卡梅隆也直言如果当年有3D技术,他会毫不犹豫地使用3D。3D《泰坦尼克号》的制作工作量是巨大的,不论是制作时间还是成本,都比制作一部新影片更有难度:超过300名计算机艺术家,耗费了1800万美元和超过75万的工时,对超过295000帧画面进行了再创造,才充分保证了观众在影院里的立体感受。

数字影视制作已经成为新一代电影电视和传媒产业中举足轻重的使用技术,它在改变传统影视制作流程的同时,向人们展示了炫目的图像和不可思议的视觉效果,同时也在引导着最新科技、娱乐和社会价值的传播方向。以《2012》《少年派的奇幻漂流》《黑客帝国》《星球大战》《速度与激情》《金刚狼》《美国队长》等为代表的数字特效和以《怪物史莱克》《里约大冒险》《神偷奶爸》《功夫熊猫》等为代表的数字动画正在引领着当今数字内容创作的潮流。每年的电影票房排行榜都被特效电影和数字动画占领前十,2013年票房排行前五名就被《怪兽大学》《僵尸世界大战》《超人:钢铁之躯》《世界末日》和《惊天魔盗团》牢牢锁定,而这些无一例外都是数字奇观电影。

在中国电影界,数字技术虽然没有像北美电影一样统治整个电影行业,但电影由叙事向奇观的转向也渐露头角。张艺谋曾经拍摄电影《英雄》,他本人曾说:"过两年以后,说你想起哪一部电影,你肯定把整部电影的故事都忘了,但是你永远记住的,可能就是那几秒钟的那个画面。但是我在想《英雄》呢,过几年以后,跟你说《英雄》,你会记住那些颜色,比如说你会记住,在漫天的黄叶中有两个红衣女子在飞舞,你会记住在水平如镜的湖面上,有两个男人,在以武功交流,在水面上像鸟一样,像蜻蜓一样。所以,像这些画面都是肯定会给观众留下这样的印象,所以这个是我比较自豪的地方。"除此以外,以《四大名捕》《龙门飞甲》《血滴子》等为代表的国产电影都大量使用了数字特效技术,中国的奇观艺术虽然没有完全依赖技术,但是也开始大量运用集群渲染技术、非线性编辑技术及高性能计算硬件设备,以追求更好的视觉效果。

除了与文化产业密切相关的电影产业以外,数字艺术形式还有依托计算机技术产生的计算机生成艺术、处理器艺术、分形艺术等,它们利用和展示了数字化及信息传播等相关新技术，结合相关领域的艺术实验和创作，显现出了艺术与技术融合的特质和魅力。

二、“第九门艺术”——以网络游戏为代表的网络艺术

网络艺术所指的是以网络为载体而展开的各种艺术实践、创作及产生的作品。网络艺术中既有作为传统艺术延伸的“网络音乐”“网络美术”“网络文学”“网络表演”等，也有作为网络服务创新的“搜索艺术”“BBS艺术”以及“电子邮件艺术”等。在网络艺术中，“网络游戏”是综合性较强的复杂技术门类，它集剧情、美术、音乐、动画、程序等为一体，作为数字时代、文化产业大背景下的高科技产物，“网络游戏”具有强大的生命力。2008年，中国互联网游戏的直接收入达到了183亿元的规模，并且在以每年35%以上的速度增长着。目前，网络游戏在欧美日韩等国家的发展也极为迅速，但人们在关注网络游戏的同时却常常忽略了它在文化和艺术中的影响。

网络游戏中广泛运用了计算机技术，主要涉及三维图形、运动捕获与动画、人机交互、人工智能、语言语音处理、网络服务器技术和数据库技术等。三维图形和动画是游戏技术的引擎，游戏玩家对电影级别的逼真图形和动画的不懈追求是三维动画技术不断迅猛发展的推动力。同时，伴随着高科技的发展，人工智能发展成为网络游戏的另一推动要素，情感计算是一个高度综合化的技术领域，它通过计算科学与心理科学、认知科学的结合，研究人与人交互、人与计算机交互过程中的情感特点，设计具有情感反馈的人机交互环境。多模式的情感交互技术能构筑更贴近人们生活的智能空间或虚拟场景。

对于“网络游戏”的文化健康问题向来有很大的争议，它不仅是家长们的噩梦，也是文化精英们不屑一顾的批判对象：网络游戏被认为是洪水猛兽，是令人玩物丧志的危险文化产品，是无用的低俗文化。但批评者没有看到网络游戏也肩负着与其他文化产品一样的功能，尼葛洛庞帝在他的《数字化生存》一书中就直言道：“大多数成年人都搞不懂小孩是怎样从电子游戏中学习的。大家通常都认为这些诱人的游戏比电视还要糟糕，孩子们会沉溺其中而变得焦躁不安。但毫无疑问，许多电子游戏也教孩子们如何制定策略、培养他们的规划能力，这种能力在他们未来的生活中大有用处。”[①]加拿大学者罗伯特·洛根也不同意玩电子游戏是浪费光阴的说法，他认为：“电子游戏实际上有助于认知能力的发展。玩家学会如何掌握复杂的技术系统，其运行可以预测且富有逻辑，所以它推进数

① ［美］尼葛洛庞帝：《数字化生存》，胡泳、范海燕译，海南出版社1997版，第238页。

学、逻辑和科学的技能。在我们生活的数字世界里，这些技能是必需的实用技能。”[①]当前，网络游戏已经成为一种青年亚文化形式，它能够满足青年一代文化抵抗和身份认同的需要，并使他们在虚拟空间中获得现实中无法取得的成就感和满足感。

放下先入为主的文化偏见，我们就会发现网络游戏与既有的艺术形式一样具有审美教育和文化传承的功能，以至于许多学者将其列为“第九门艺术”。《2009年中国网络游戏市场白皮书》中说：“作为一种新型的文化娱乐产品，网络游戏积极推动了中国文化的传承与发展。”一方面，网络游戏本身的内容具备极强的文化色彩，游戏故事情节、场景设置、人物形象等都可具备强烈的“中国风”，如根据《聊斋志异》中《聂小倩》改编的网络游戏《倩女幽魂》，游戏中动人的曲调和唯美的画卷，引领玩家走进了世外桃源般的江南水乡，外加上天入地历经三界之变，谱写了一个个人鬼妖仙间生与死、爱与恨、情与仇的动人故事。另一方面，通过与电影、电视、音乐等文化娱乐产业的融合，网络游戏的文化辐射力进一步扩大，如《轩辕剑》《诛仙》《天龙八部》系列游戏在同名电视剧和同名小说的共同作用下，不断扩大着自己的文化影响力。作为一种艺术品、一种消费品，网络游戏不仅有自己的形式，更有自己的内容。目前，我国研发的网络游戏内容大多来自中国文化，比如西游、三国、封神、江湖、剑侠、仙侠等，都是中国社会文化的重要部分，是中国古老文化的表征。从一定意义上讲，网络游戏借着西方发明的娱乐方式复活了中国文化中的传说。网络游戏的表现手法也常在各类传统文化中汲取营养，如从游戏的图像背景中可以看到国画的手法和气韵，从人物的打斗动作中可以看到武术的招数和套路，有时人物的穿着打扮也会根据故事背景去选择与时代相符的服饰，配乐也会借用一些民族音乐的技法，等等，这些都是对中国传统文化的一种变相的传承与发展。

三、移动终端革命——多屏合一下的多样化信息传播

移动艺术，是以移动通信、游牧计算和全球定位系统为基础而发展形成的。目前，人类仍在不断地努力研究和突破与信息传送相关的技术难题，其主要目的是使信息的传送更快捷、内容更全面。与此同时，艺术的表现形式和传播方式也在不断创新。移动艺术建立在移动通信的原型之上，移动通信经历了模拟式移动电话、数字式移动电话、高速宽带多媒体的三代，目前所使用的无线接入有全球移动通信系统、蜂窝状数字式分组数据交换网络、数字直播卫星、蓝牙、无线局

---

① [美]罗伯特·洛根：《理解新媒介——延伸麦克卢汉》，何道宽译，复旦大学出版社2012版，第147页。

域网、3G、4G等多种类型,移动通信已成为人们生活中的有机组成部分。截至2001年7月底,中国手机拥有量达到1.2亿户,超过美国,位居世界第一。据工信部统计数据,2014年1月底中国移动通讯用户达12.35亿。2010年,国务院常务会议决定推进中国电信网、广播电视网、互联网三网融合,并审议通过了三网融合的总方案,这也意味着中国步入了电视、电脑、手机"三屏合一"的时代。伴随着平板电脑的迅速发展,电脑手机化、手机电脑化的大趋势逐步显现。各大电视台均推出了自己的网络平台,并借助"二维码"与手机设备关联。2012年腾讯公司推出的微信受到热捧后,各大传统媒体也相继推出了自己的公共平台微信订阅号。电视娱乐节目在电视媒体和移动媒体播出的同时也开发了与播出内容、主题相同的手机游戏以扩大影响力,比如《爸爸去哪儿》《中国好舞蹈》等都在节目播出之际推出了同名手机游戏,由此可见传统媒体都想在媒介的融合中寻找一条发展之路。

移动终端便捷、互动参与、跨媒体协同性的特点还加速了"自媒体"的发展。"自媒体"已成为人们获取信息、传播信息、参与社会生活的重要渠道,对传统信息社会产生了巨大的冲击,普通大众生产、积累、共享、传播信息,将四面八方的声音汇聚,使每个个体从独立获得的咨询中判断、评价事物,从而不再被统一的声音告知信息。"自媒体"诞生于网络,但却是在移动媒体的带动下进入高速发展阶段的。2010年至今,中国微博注册用户高达5亿,每天微博发表总数多达1亿条,每一个人都可以随时随地通过手机、网络与外围世界进行直接对话,获取信息与反馈,分享自己的认知与感受。微博以大众化、自由化的发展姿态,以"短、精、快"的创作和传播优势抢占了新媒体文学创作的前沿,从而形成了"微博文学"。

部分名人也借助自媒体这一传播方式纷纷推出自己的品牌节目,如高晓松与优酷合作推出的《晓说 morning call》、与爱奇艺合作推出的《晓松奇谈》、罗振宇推出的《逻辑思维》等,点击率均破亿。与此同时,移动APP的兴起使每个人都可以成为主播、主持人、视频主角,如移动电台软件荔枝FM,移动视频发布软件微拍、美拍等,大众借此充分掌握了自己的媒介,充分形成了自己的选择权和制作权,自己创造出了符合自身审美观念的理想化的审美对象。自媒体的出现改变了大众原有的审美体验,自媒体的自动化、智能化、即时性给人们带来了无限遐想,进一步验证了麦克卢汉关于"媒介是人感官的延伸"的论断,其代理了人对世界的体验和感受,而人们又将更多的真情实感和宝贵体验倾注在自媒体中,二者构成了互动性的现实存在。自媒体弥补了传统媒体的技术缺陷,在人的想象力的作用下日臻完美,越来越符合人的意识倾向。

文化多元化的加速发展牢牢地建立在科技日新月异发展的基础之上,每一种新技术的诞生都会催生一种艺术形式、文化表达形式的形成与发展。自媒体时代是一个追求个性的时代，人们以各种形式的新意来彰显自己的与众不同，但也产生了多样化的文化现象。例如在微信朋友圈中，人们原创的信息越来越少，更多的信息、观点、图片都是从他人处分享、转发而来，相比于传统媒体，人们参与的规则发生了根本性的变化。人们主动接触各类事物，多角色的转变使之更容易被信息裹挟，这样的环境促使大众认为某些人或群体发布的信息是值得信赖的，进而产生了一部分被认为可信度高的“公知”群体和“吐槽”这种“集体交流方式”。2014 年春晚在直播的同时，数以万计的网友无一不是边看电视边用移动终端上网，即时吐槽；此外，多种戏谑方式出现了，咆哮体、淘宝体、甄嬛体都是在一夜之间兴起并传播到了街头巷尾。

纵观高科技带来的艺术表达形式的变化，如数字电影、网络游戏、自媒体传播，科学技术为其提供了形成发展的条件，但社会文化大背景的发酵作用亦不能忽视，上述高科技带来的文化现象是视觉文化带来的必然表现。

从广告形象到影视节目，从印刷物图像到服饰、美容、建筑、城市形象，在教科书和其他读物中，在教室、博物馆、百货商店、大街上等公共空间里，在家居环境、室内装饰等私密空间中，视觉图像无处不在；甚至在医院里，诊断和治疗也日趋视觉化和图像化了；天气预报不再是简单的对天气状况的言语描述，而是径直转化为了对卫星云图的动态模拟；购物活动不再只是购买商品，同时也是对商品的包装、商场内部环境的视觉快感的追求；过去像音乐这样典型的听觉艺术，在当代媒体化条件下也越来越趋向于视觉化；体育运动不但是身体机能的竞技，更是争夺人们视线的“战争”，以至于申办“奥运会”也成了各国文化的视觉形象的展示和较量。[①]

我们的日常生活已经被图像渗透，我们依赖图像去理解和认识世界，图像中也投射出了我们的身影，阿莱斯·艾尔雅维茨说：“无论我们喜欢与否，我们自身在当今都已处于视觉成为社会现实主导形式的社会。”[②]美国社会批评家丹尼尔·贝尔也看到了这一趋势，他说：“目前居‘统治’地位的是视觉观念。声音和景象，尤其是后者，组织了美学，统率了观众。在一个大众社会里，这几乎是不可避免的。”[③]从图腾、图像到仿像，视觉图像一直在人类生活中占据着重要位置，现在图像动摇了文字的中心霸权地位，无论我们是坐在家里看电视、去电影院看电影还是走在街头看户外广告，图像都充斥着我们的生活，影响改变着我们的生

---

① 参见周宪：《重建阅读文化》，载《学术月刊》2007 年第 5 期。

② [斯]阿莱斯·艾尔雅维茨：《图像时代》，胡菊兰、张云鹏译，吉林人民出版社 2003 年版，第 5 页。

③ [美]丹尼尔·贝尔：《资本主义文化矛盾》，赵一凡等译，三联书店 2003 年版，第 156 页。

存方式和生活习惯,图像“以前所未有的力量从文化的每一个层面向我们压来,从最精华的哲学理论到最庸俗的大众媒体的生产,使我们无法逃避。”[①]处于这样的大环境中,我们就不难理解大众对奇观电影的追求、对网络游戏画面特效的追求和对传播元素中图像的渴望,因为这些都是视觉文化时代的必然表现。

四、警惕工具理性的凌驾作用

“艺术借助科技的翅膀才能高飞。”达·芬奇的这句名言生动地揭示了文化与科技的内在联系。文化产业竞争力包括物化价值和非物化价值两个部分,科技创新不仅能极大地提高文化产业的物化价值,而且能提升无形的非物化价值,使文化产业获得长期持续发展的成长潜力和整体竞争力。科技的发展赋予了人们更多的自由支配时间,减低了制作成本,创新了文化门类,刺激了文化产品的生产和消费。与此同时,现代科技还丰富了人们的理性思维、创作手段和表现方法,拓宽了人们的思路,使文化产业进入了一个新境界。

高科技推动下产生的新的艺术表达形式告诉我们,科技在当代新媒体艺术的创作中展现出了极致动能:无论是信息、虚拟、电传科技等“高”科技的应用,还是投影机、摄影机与导电油墨等“低”科技的创作媒材,科技始终是当代艺术创作的根本形式且无法切割,科技体现了新“科技性”“数字性”与“互动性”。因为信息媒体科技的介入,人们才能在新媒体艺术作品中创造出互动性;因为虚拟科技,人们才能创造出虚拟空间体验;因为电传科技,我们才能体会到身临其境却远在天边的时空错置感;更因为各种高低科技的交互应用,才显现出了新媒体艺术创作的无限可能。

任何事物都具有两面性,技术在给艺术带来革命性巨变的同时,也不可避免地带来了问题。数字化的技术虽然使艺术达到了传统艺术无法达到的境界,但艺术也渐渐地被技术所解构。科学在不断进步的同时也在不断推翻曾经的艺术本体的解构定论,当杜尚的《泉》被展出时,艺术与非艺术之间的界限就已经开始模糊,传统意义上界定艺术的条件被解构,复制技术解构了艺术的唯一性,当任何事物都可以成为艺术时,也就没有任何东西可以成为艺术。艺术能否存在?艺术存在的价值是什么?艺术创作的解构、场景的复制、观念的复制、图形的复制、意义的复制,一切都是平面化、去中心化的,艺术家的艺术创造不再追求独创性,因为技术在艺术中的广泛应用使艺术家体会到了高科技带来的优势,并对其产生了依赖感;便捷、多样化的无限复制和批量化的艺术生产,使原本张扬着艺术家个性、充满生命张力的作品难觅踪影。当艺术创作者不再探讨有关意义的

---

① [美]W.J.T.米歇尔:《图像理论》,陈永国、胡文征译,北京大学出版社2006年版,第7页。

问题时,欣赏者的艺术欣赏的独立性、主体性、精神性和理想性也将面临危机。

20 世纪 40 年代,以霍克海默和阿多诺为代表的法兰克福学派就发展了激进的工具理性批判理论,他们认为技术理性构成了思维的标准,技术化的理性思维方式会导致对存在的遗忘,并认为现代社会是一个以技术为基础的被全面管制的社会,在理性工具化的时代,传统思想中的价值之维消失了,技术理性取得了主导性地位,支撑着人们行为的理性基础不再是那个要被政府统治的人和要被改变的社会,而是已经建立起来的机器化过程,人们的理想也不再是充分地实现理性和真理、充分地发挥个体的潜能、实现真正的自由,而是尽力实现与机器化过程的协调一致,工具理性对人的奴役并不表现在外在的强制,而是让人以享受消费的方式来完成,大众文化为这种奴役提供了让人愉悦的感觉。

后现代主义大师鲍德里亚从技术的仿真角度出发为我们描绘了一幅黯淡的人类社会未来的前景,他认为现代技术条件下的人已经消失淹没在了技术的"幻觉"中,人们的生活就像航天飞机发射前的"倒计时"一样,完全被"数字化"了,被"命中注定了",人们终究逃不过技术化这一致命之物的控制,也避免不了技术的陷阱。由此他推断出人类未来的命运不是操纵在上帝的手里,也不在人类自身,而是无奈地被数字技术完全控制,这将会是历史的终结,世界的终结。

法兰克福学派的激进观点也好,鲍德里亚的悲观预测也罢,都在一定意义上提醒我们警惕工具理性的凌驾。我们一方面不能像鲍德里亚那样用技术虚无主义来反对"科技是第一生产力"的命题,也不能故步自封,无视现代科技带来的新问题。我们不能忽视现代网络技术、大众媒体、消费和符号在现代社会中扮演的重要角色,因为无论我们是否承认,数字虚拟世界都已经在相当大的范围内进入我们的生活并产生了影响,到目前为止,我们难以对它对我们未来生活的影响作出准确的估计,就像 20 年前的人们是无法想象到 20 年后的今天世界呈现的模样一样,这就是技术发展的不可预测性。

李政道曾说,艺术和科学的共同基础是人类的创造力,它们追求的目标都是真理的普遍性。艺术与科学之间的关系也是相互作用的,就像后现代在带来平面化、去中心化、缺乏深度的破坏性因素的同时,也带来了去霸权、多元化、平等性的建设性因素。在当今的文化建设中,我们不能在科技打造的"幻梦"中迷失,也不能在批判中否定一切存在的合理性。我们应该探求人与自然、艺术与科学、人文精神与科学精神和谐发展的关系,倡导多元化的社会生态环境。

附　录

论哲学、美学中主客二元对立思维模式的产生、发展及辩证的解决

周来祥

什么是哲学、美学中主客二元对立的思维模式?

什么是哲学、美学中的主客体二元对立呢?我觉得存在着两种根本不同的理解,一种认为只要把存在划分为主体与客体,就是二元对立;另一种认为划分主客体并不就是二元对立,这种一分为二可能走向二元对立,也可能走向和谐统一,关键在于承认不承认人与物、主体与客体之间是否是相互联系、相互依存、相互渗透、相互沟通、相互转化、相辅相成的,拒绝这一点就是二元对立,肯定和实践这一点就不是二元对立。

我们先来看第一种观点。有学者说:"主体性哲学建立在主客二元对立的主体论基础上,这种本体论把存在分割为主体与客体两部分,古代哲学以客体作为主体的依据,近代哲学以主体作为客体的根据,它们都不能避免二元论的弊端。"[①]这就是说,只要把存在划分为主体和客体两部分,那就是主客体二元对立,这样主客二分的历史,就是二元对立的历史。不同的是,古代的对立以客体为根据,近代的对立以主体为根据。事实是这样吗?逻辑是这样吗?答案可能很不同。

① 转引自杨春时:《现代性视野中的文学与美学》,黑龙江教育出版社2002年版,第123页。

我觉得客观存在是统一的，也是差异的、矛盾的。差异、矛盾是绝对的、永恒的、无处不在的，统一是相对的、暂时的、有条件的。万事万物的差异、矛盾的性质、形态是不同的，大体上可以划分为两种，一种是对立的，一种是非对立的，或者说是杂多的。二元对立是指差异矛盾的两个方面在本质上是截然相反的，如美与丑、真与假、善与恶、肯定与否定、前进与后退、正与反、是与非、阴与阳、黑与白等。同时，对立的双方又互为依据：失去了正，就没有反；失去了美，就没有丑。非对立的杂多则不具有这种本质上的不同，如酸、甜、咸、辣，又如红、黄、蓝、白，其性质各自独立，彼此不受影响，失去了红，仍有黄、蓝、白；失去了酸，仍有甜、咸、辣。黑格尔作为辩证法的大师，对我们仍有意义。尽管20世纪以来，批判否定黑格尔成为一种时髦，谁不骂几句黑格尔，似乎就不现代，就不后现代，就不够时尚，但深入剖析一下近代、现代、后现代的哲学和美学思潮，便会发现它们最致命的弱点恰恰就是去掉了黑格尔辩证法的精髓，落入了极端对立的桎梏。现在呼唤回到黑格尔，回到马克思，回到辩证思维，也可能是适时的。黑格尔早在《小逻辑》中就论述了杂多和对立的两种不同的矛盾形态。他说：

> 异第一是直接的异或杂多(die Verschiedenheit)。所谓杂多即不同的事物各自独立，其性质与别物发生关系后互不受影响，而这关系对于双方是外在的。由于不同的事物之异的关系是外在的，无关本质的，于是这‘异’就落在它们之外而成为一第三者，即一比较者。[①]

又说：

> 异的本身就是本质的异，有肯定与否定两面：肯定的一面乃是一种同一的自我关系，亦即坚持其自身的同一，而非其自身的否定。而否定的方面，即是异之自身，而不是肯定。于是每一方面之所以各有其自身的存在，乃由于它不是它的对方，同时每一方面均借对方而反映其自身，只由于对方的存在而保持其自身的存在。因此，彼此本质的异即是‘对立’。在对立中，相异者，不是任一别物，而是与它正相反对的别物，这就是说，每一方面只由于与另一方面有了关系方得到它自己的性格，此一方面只有从另一方面反映回来，方能自己照映自己；另一方面亦然。这样每一方面都是对方自己的对方。[②]

按照黑格尔的论断，宇宙中的万事万物都是相互差异、相互矛盾的，而差异、矛盾大体划分为两大形态：一是“杂多”，一是“对立”。前者是外在的异，非本质的异，后者是内在的异，本质的异；前者之间是相似与不相似的关系，彼此独立，

---

① ［德］黑格尔：《小逻辑》，贺麟译，商务印书馆1962年版，第259页。

② ［德］黑格尔：《小逻辑》，第263页。重点号为引者所加。

互不相涉,后者则是肯定与否定的关系,是"正相反对"的关系。一方的存在是由于它的截然相反的对方的存在而产生的,失去了对方,也就失去了自己。

不仅事物的矛盾有非本质的杂多和本质的对立,而对立也有绝对的对立和辩证的对立之分。绝对的对立认为,既然对立的双方是正相反的,那么彼此之间就不可能相互渗透、相互融合,更不可能相辅相成,和谐统一。如康德认为,物自体是不能认识的,在主观和客观、此岸世界与彼岸世界之间划了一道不可逾越的鸿沟;还有他提出的时间与空间等一系列二律背反的命题,大体上都处在这种对立之中。这种绝对对立的不能沟通的观念,是真正的即我们所说的主客二元对立。这种绝对对立的观念在西方影响深远,根深蒂固,可以说自康德以来的西方近代哲学、现代哲学和后现代哲学(除去谢林、黑格尔、马克思等人)都贯穿着这一根本的观念。在他们那里,压根儿就不相信客体与主体等对立双方之间,能够沟通,能够和谐,能够统一。所以当存在主义寻求消解二元对立的途径时,首先要把客体世界设置为主体自身,这样主客体的关系就变成主体之间的关系(他们称之为"主体间性"),这样主体与主体之间就可以相互融合、相互沟通了。主体间性的提出,正好反映了他们绝对对立观念之深。而辩证的对立则与此正相反,它认为矛盾的双方不仅是对立的,而且是统一的;不但截然相反,而且相互联系、相互影响、相互渗透、相互合作、相互融合、相辅相成、和谐统一的。而且,它们之所以可以和谐统一,恰恰因为相互对立,在相互关联的对立中,埋下了相互融合、和谐统一的种子。它们对立的产生与发展,同时又实现了相互融合、相互转化、和谐统一。这是一而二、二而一的矛盾事物的两个方面。辩证的对立统一观念,对于长期陷入人文主义和科学主义对立的西方近现代文明来说,是很难读懂的,也是很难理解的,恐怕在今后相当长的时间里也还是很难被接受的。应该说明的是,这种辩证的对立不是西方某些人所说的绝对的二元对立。不能一提主客二分,就说是二元对立,甚至把辩证的对立也说成是绝对的二元对立,把马克思主义的辩证思维也说成是主客二元对立的思维模式,那是不科学的,也是不恰当的。正如列宁所说:"辩证法是一种学说,它研究对立面怎样才能够同一,又怎样(怎样成为)同一的,——在什么条件下它们是相互转化而同一的,——为什么人的头脑不应该把这些对立面看作僵死的、凝固的东西,而应该看作活生生的、有条件的、活动的、彼此转化的东西。"[①]问题还可以进一步,不但有两种不同的对立观念,而且对二元对立的解决也有两种不同的方式和方法,一种是强调斗争的方法,一种是强调协调的、和谐的方法。古希腊德谟克利特强调斗争,而毕达哥拉斯则主张和谐。一般地说,西方的传统更强调斗争,而我们中国的传统更强调

---

① [苏]列宁:《列宁全集》第55卷,人民出版社1990年版,第90页。重点号是列宁所加的。

和谐(当然在中国也曾有过偏于斗争的历史)。前者突出对立,激化矛盾,主张以“斗”取胜,认为斗争是发展的动力,不斗争矛盾就不能解决,事物就不能发展;后者则淡化矛盾、缓和对立,协调沟通,以“和”取胜,认为“和实生物”,和则万事兴,和则两利,斗则两伤。对于和解来说,主客体的对立性就更加淡化、更加微弱了。而一味地强调绝对的二元对立,则会拒绝和解、和谐的解决方法,丢掉中国中和、和谐的传统,甚至不能适应时代的精神和需要。

哲学、美学中主客二元对立思维模式不是从古就有的

应该说,主客二分的思维模式不是从人类社会产生就有的。从旧石器时代到新石器时代末,是人类逐步走出自然界的时代,并同动物逐步分离。那时,人与自然还没有明显的界限,主体与客体并未分化,客体是主体,主体也是客体。人类的幼年时期与一个人的孩童时期一样,都把世界看作是人自身,远古流传下来的神话正是他们典型的杰作,如我国蛇身人首的女娲、埃及金字塔的狮身人面像等,真实地记载着人与自然的合一,这说明原始的人还没有真正的人的意识,还没有人的自觉。动物图腾的广泛存在,也说明原始人结成的社会群落常把自己看成某一动物的后裔,比如是龙或凤的同类,唯独还没有人自己,但这种主客未分化的合一,是原始的,是未开化的。若向往这种未分的状态,要保持这种状态,那就不可能有人类的诞生,也就不可能有真正的人类文明的发展。正是在这个意义上,我认为人的独立化、主体与客体的分化,并不全像海德格尔所说的那样,是人类文明的不祥之兆,而首先是有伟大的历史功绩的。可以说,人从自然走出,人把自己与禽兽分开,正是人类文明的真正开端,舍此,原始人就永远留在远古的混沌之中。

从远古到古代,从原始群落到奴隶的、封建的古代社会,从人兽同体到人的独立,从主客混然到主客二分,是人类文明创造和发展的关键的一步。但这种主客二分有四大特点:一是主体与客体有明确的区分。客体就是客体,主体就是主体,自然就是自然,人就是人。甚至人已开始羞于与禽兽同类,“禽兽不如”这句话逐渐成为人类最大的耻辱。第二,这种主客二分并未走到对立,而是相互依存、相生相克、相互融合、和谐统一的。西方古希腊哲学认为世界的本原是水、火、气,德谟克利特说是原子,人与万物具有同一性,它们源于共同的宇宙本体,又复归于自然本体,这也是一种天人合一,是存在论上的天人合一。柏拉图创造了以绝对理念为核心的理论体系,而亚里士多德则提出了形而上学的思想体系,他们都把人放在理念发展和宇宙结构的整体中来理解,同样也是天人合一的。这种主客和谐、天人合一的精神在古代中国更为典型。老、庄首创自然哲学,提出了“道生一,一生二,二生三,三生万物”的观念,而作为万物之一的人,对待自

然的态度是尊重自然、亲和自然,“要无为而为”,顺应自然,要“以天合天”,皈依自然,“天地与我同在,万物与我为一”,天与人是何等的亲密无间啊！与老、庄偏于自然相较,孔、孟儒家则偏于社会,儒家哲学可以说是偏于“善”的伦理哲学。他们认为,人是社会群体中的一员,人与人之间要和睦相处。孔子的学说以“仁”为核心,提倡“仁者,爱人”,即人与人之间的相爱相助。儒家的大同世界就是一幅人人相爱、天下和谐的人间美景。这种思想在中国延续了几千年,到明末,李挚出来首倡“童心说”,才逐步冲破这种和谐的观念,真可以说是源远流长了。第三,这种统一以客体为基础,客体存在是绝对的,主体依附于客体,主体未能得到充分的独立的发展。人依附于自然,个人依附于群体、社会,人的自由、人的自满自足是建立在有限的基础上的。因此,古代和谐美的理想和艺术,是素朴的有限的和谐。第四,人从自然中走出,为了生存发展,面对这个从中走出的自然界,反而感到陌生、惊奇、神秘、可怕。因而,世界是什么的问题便成为古代哲学思考的首要问题,认识论哲学也便成为古代哲学的一大特征。在认识中,主观能否符合客观,思维能否符合存在,人的认识能否符合客观世界的本质和规律,古代哲学家也提出了和谐统一的主张。古希腊爱利亚学派的巴门尼德说:“能被思维者和能存在者是同一的。”[①]我国古代的老子也认为,通过“心斋”“坐忘”“涤除玄鉴”,可以获得一个澄明的世界。孔子虽然很少讲认识论,但在他“五十而知天命”“七十而从心所欲不逾矩”的人生经验中,也可看出人是能认识外界事物的本质规律的,并达到主体的自由。古代哲学不但在存在论上讲“天人合一”,主客体统一,而且在认识论上也讲主客观统一、思维与存在的统一。总之,古代哲学是在一元论的基础上讲主客二分的,这种主客体的关系是素朴的、和谐的、统一的,但还不是在二元论基础上产生的绝对的主客对立,不能把二者混为一谈,不能说古代哲学也存在主客二元对立,那样就会违背历史,违背实际。正是在古代哲学的主客体素朴的辩证统一的基础上,产生了古代素朴的和谐美与和谐的古典美的艺术,产生了古代素朴和谐的人与对象、主体和客体的审美关系。从客体对象说,对象是和谐的,不是分裂对立的,对象客体对人只呈现出它和谐的美的形象,而遮蔽了它崇高的、丑的、荒诞的面目;相对于分裂、对立、多元的近现代来说,是单纯的、贫乏的、不复杂的。从主体方面说,人的心理结构也是单纯的、和谐的,它没有经过感知、意志、情感、理性和无意识的裂变,它还没有感知、欣赏和容纳崇高、丑、荒诞、悲剧的能力,所以,古代艺术对丑是排斥的,古代绘画很少描绘丑,即使间或遭遇到丑,也是将丑美化,纳入到整体的古典和谐之中。古代人难于欣赏主客体之间尖锐对立的崇高,对荒山大漠、悲惨绝望,不是视而不见,就是将其壮美

---

① 转引自[意]托马斯·阿奎那:《论存在者与本质》,段德智译,商务印书馆2013年版,第75页。

化。古代人把压抑的崇高，把非经一跃方能进入自由境界的崇高，描绘成豪放的、挺拔的、洒脱的、一直处于自由境界的壮美，这也就是中国古代艺术只有优美与壮美两种和谐美类型的根本原因，也是中国古代只有大团圆式的"古典悲剧"而没有严格的近代意义的悲剧的根本原因。和谐的美的对象与和谐的未分裂的主体的审美心理，相互依存、相互对应、相互渗透、相互融合、相辅相成地构成了古代素朴和谐的人与对象的审美关系。这个关系是一元的，不是二元的，更不是多元的；是单纯的，相对于近代是不丰富的、不复杂的、不够深刻的；是有序的、稳定的，相对于近代不是无序的、激荡的、开放的。它只能构成和谐的古代的审美关系，而不能构成近现代的二元对立的、崇高的、丑的审美关系和后现代荒诞的多元关系。

哲学、美学中主客二元对立思维模式在近代的产生与发展

真正的主客二元对立模式是从近代开始的，而这时的二元对立绝不是像某些学者认为的那样只是一种谬误。其实恰恰相反，若没有主体的彻底自觉和独立，若没有形成主客二元对立，也就没有近现代文明，没有康德，甚至没有黑格尔，没有马克思。同样，也就没有近代的崇高美学、现代的丑的美学和后现代的荒诞美学及无差别美学。主客二元对立是近现代文明的助推器和催生婆，不能一笔抹杀。

近代主客二元对立与古代主客一元统一的哲学，正好形成了完全相反的特征：第一，古代哲学以客体为基础，是一种客体哲学。近代哲学则从客体转向主体，康德是这一转折的关键人物，他结束了古代的客体哲学，开创了近代的主体哲学。康德哲学的精神，实质上是研究人如何从自然人、感性人，经审美人到达社会人、理性人。自此，主体、理性的地位逐步攀升，一个大写的人日益独立于天地之间，神的光环日益暗淡，人代替了神，成为宇宙的光辉主宰。第二，与古代的主客和谐统一的素朴辩证哲学不同，近代的主客处于绝对对立的状态，主体与客体本质上根本不同，相互没有联系，不能沟通，不能互补，不能融合，一句话，不可能达到统一。主客是二元的，它们之间的对立是根本不能解决的。最早提出这一问题的是大陆理性派的笛卡尔，"我思故我在"是他的一个著名的命题，他把人的本质规定为"思"，即思想，他把主体人的思想实体与客观存在的物质实体水火不容地分裂对立起来，由此认为世界是由人与物、思想与存在、主体与客体的二元构成的，第一次形成了主客二元对立的世界观。第三，这种主客二元对立自笛卡尔以后日益发展，日趋极端化和绝对化，大体经历了近代、现代、后现代三个时期。

第一个时期大约是从18世纪到19世纪中叶，是从理性主义和经验主义的

对立，到康德哲学的综合和德国古典哲学的终结；在美学上，是从柏克到康德的崇高美学和车尔尼雪夫斯基的生活美学，在艺术上，是从浪漫主义的呐喊反抗到现实主义的解剖、批判。从培根经霍布斯、洛克到休谟，强调了认识的感性经验方面，提出了归纳法，形成了经验主义哲学；从笛卡尔到斯宾诺莎，强调认识的理性方面，发展了范畴、概念的演绎法，举起了理性主义的旗帜。两军对垒，各执一端。康德的《纯粹理性批判》，力图把理性派先验的概念范畴和经验派后天的感性经验结合起来，但他不但没有克服二者的对立，反而把这一对立更加深化了，因为他的先天综合判断，只能认识现象，而不能认识"物自体"，"物自体"是不可知的，从而在思维与存在、此岸世界与彼岸世界之间画上了一道不可逾越的鸿沟。第二个时期，大约从19世纪末到20世纪中叶，从人文主义与科学主义对立的形成发展，到海德格尔存在主义哲学的创造。科学主义重视工具理性，强调科学技术，压抑、贬低人文科学、人文精神；人文主义则相反，它重视人的意向、生命和本性，批判和抗拒现代科技对人的物化、单面化、碎片化。两者对立，但也有共同之处。一是双方都各是一个片面，都各讲一面的道理，都在自己的领域作出片面的但又是独创的贡献；二是两者都是非理性的。本来科学是讲理性的，是讲本质和规律的，但20世纪的科学主义思潮，却以感性经验为标榜，这从法国孔德的实证主义，经英国穆勒、斯宾塞，奥地利马赫的经验批判主义，到语言分析哲学、科学哲学和结构主义，都抛弃形而上学，力图建立经验基础上的实证科学，因此，它们不过是近代经验派的哲学的现代演化。与此相应，美学上是丑的升值，丑冲破崇高的外壳，彻底扬弃和谐的因素，登上了现代文化主角的宝座；艺术上是现代主义的兴起和向全世界的蔓延；而文学批评是从俄国形式主义、英美新批评的文本论到结构主义和符号学的嬗变。本来，人是理性的动物，人本主义本应是理性的思潮，但20世纪的人本主义却偏于研究人的非理性方面，从叔本华的意志哲学偏向人的意志、意向、意欲开始，经尼采的超人哲学、柏格森的生命哲学，到弗洛依德专注无意识、潜意识的精神分析哲学，一步一步地向人的本能深化，这一方面丰富了对人的主体的认识，另一方面也使理性的人坠落到感性本能的深渊。在美学上，这一切表现为叔本华的意志论美学、尼采的超人美学、柏格森的生命美学、弗洛依德的精神分析美学、海德格尔、萨特的存在主义美学等。与人文主义比较起来，科学主义更为强大，更占优势，特别是分析哲学几乎风靡欧美，独霸一时。分析哲学大体上有三大特征：一是以经验为基础，二是以分析方法代替黑格尔式的思辨方法，三是语言分析和逻辑分析相结合。分析哲学的精神之父维特根斯坦，创构了逻辑原子主义，认为"原子事实"构成经验，语言和科学就是表述这个经验世界的，哲学就是运用逻辑的方法对科学和语言所陈述的这个经验世界进行分析。因此，分析哲学以分析的方法取代演绎的逻辑思辨，又以语言分析为关键。它认为，语言运用的正确与否是造成一些哲学问题长期争论不休的根本原因，因此，正确地运用语言就会消解由于错用语言而产生的假问题。同时，语言的结构又不是随意的，它是按逻辑规律组织起来的，这样一来，语言分析又必须深入为逻辑分析。在分析哲学的精细分析中，发现了日常用语的不精确。因此，弗雷泽、罗素等人又致力于创造一种人工语言，以提高语言陈述的精确度。总之，分析哲学就是一种排斥人的、纯经验的、纯客观的哲学。与科学主义之执著于经验、语言、逻辑之外在客体不同，人文主义却紧紧地抓住意志、意向、生命、无意识这些人的主体特性。人本来是感性与理性结合的生灵，20 世纪的人文主义却只对意欲、本能、无意识情有独钟；人本来也是从自然界诞生的，人文主义却割断这一历史联系，反而认为世界就是主体的创造。叔本华作为意志论的代表，可以说是人文主义的滥觞。他认为"世界是我的意志"，意志就是自在之物本身。尼采进一步提出权力意志，认为世界本身就是权力意志。柏格森的生命哲学则认为世界是一种"意识之流""生命之流"，把客体说成是主体的意识和生命本身。而到弗洛伊德的精神分析哲学，则已经不见了客体宇宙，剩下的只有"本我""自我"和"超我"了。其中，尤重于"本我"，这是一种生命冲动，是性本能，是完全先天的、潜意识的。这个与客体完全彻底决裂的主体，也算走到了尽头。主体和客体的裂变和对立的日益尖锐，既带来了片面的开拓、丰富和创造，又带来了极端化的褊狭和弊端，这是 20 世纪中叶以来人文主义和科学主义对立发展的第三个时期的基本特征，也就是后现代主义文化的主导倾向。从客体方面说，客观世界由绝对实体（理性本体），经现象世界（感性本体）蜕变为一种平面的、破碎的、混乱无序的世界（荒诞世界）。康德的"物自体"是一种绝对的、理性的本体，是一种自在之物；维特根斯坦的逻辑原子主义，则把由"原子事实"构成的经验世界，作为宇宙的本体，它已失去了康德的理性特色；而到后现代的反本质主义、反中心主义、反逻辑主义，则进一步把世界平面化、无序化、破碎化。从主体方面看，由理性主体经过感性主体而异化为分裂的个别主体。从康德追求社会的人、理性的人，到尼采高喊"上帝死了"，也就是理性的人死了。尼采期待的"超人"和柏格森倡导的生命主体，都是张扬的感性的人。到福柯的"人也死了"，则连感性的潜能也耗尽了，最后是"主体的黄昏"，余下的只有多元的单个的人。在美学上便是由崇高经丑向荒诞的演进，在艺术中便是由近代的浪漫主义、现实主义经现代主义向后现代主义的嬗变。主体与客体的关系，也随着这种主体与客体的日益疏离而不断发展，不断改变形态。在近代崇高和近代浪漫主义和现实主义里，主客体由对立、争斗而趋向于和谐，趋向于统一，即使在主体遭遇挫折、失败乃至牺牲的命运中，他仍然抱着必胜的信念。在丑和现代主义艺术中，感性的人失去了普遍的理性，无法把握日益疏离的客观世界，他困惑，他无奈,但他仍在绝望地挣扎,仍有一颗未死的心,主体与客体处在一种无法解决的对立、纷争、激荡之中。在荒诞和后现代主义艺术中,主客体是两个极端的矛盾结合体,一个是主客体的对立走到极端,一个是主客体对立的消解也走到极端。荒诞剧、黑色幽默是前一个极端的代表,而女权主义、后殖民主义、新历史主义,特别是大众艺术、审美文化则反映了后一种倾向。在这里,分裂、对立的现象世界同时就是一个多元的相对的世界;耗尽一切潜能的非理性的个体的人,也是多元的相对的人。二者构成的正是德里达的后现代的、多元的、相对的解构关系。这两个极端,正是后现代矛盾集合体必然的产物,是这个矛盾体命定的两面,但它的历史走向,当前似正在由对立的极端,一百八十度急转弯,日益走向无差别式的消解的另一个极端。崇高与荒诞作为过渡形态,有其近似之处,即两者既是对立的又趋向和谐,但它们却有一个根本的不同:崇高是理性主体的高扬,是理性痛苦而又乐观的凯歌;荒诞则是感性主体的消亡,是感性主体的无奈、尴尬、非悲非喜的荒诞剧,本来对立已发展到混乱的极端,却幻想它突然间就化为无差别的美妙人间,这本身就是一个荒诞。

主体与客体二元对立的日益极端化,人文主义和科学主义日益彻底分裂,引起有识之士的关注,他们开始思考弥合和消解这种对立的途径。法兰克福学派较早地关注这个问题,提出"主体与客体同一"的一元论,反对主客体对立的二元论,认为这种"同一"就像阴阳两极产生的磁场一样,二者是相互影响、相互融合的,这是一个新的理论动向。胡塞尔的现象学提出"意向性"的理论,这种意向性包括意向主体、意向对象(客体)和意向活动三个方面。显然,他企图用意向活动联结主体与客体之间的断裂,可惜这种意向活动只是一种意识活动。假若他再向前跨出一步,向主体的意志实践活动靠近一步,将取得更为积极的成果和影响。海德格尔提出存在主义,力图以存在论,特别是以人与自然、感性与理性尚未分化的"此在",来消解主客体的二元对立。存在主义者还提出"主体间性"的理论,把人与自然界、人与他人的关系都说成是主体与主体的关系。他们认为主体与客体世界是不能沟通的,但把客体看作主体,主体与主体就可以沟通了,就融合了。其实,客体对象世界是否定不了的,把它说成是主体,它并不就是主体。同时,把你、我、他之间都看成是主体间性,而不同时是互为主客体,也是自相矛盾的。因此"主体间性"的概念不久在西方现代哲学中就不再提了。如在杜弗朗的美学中,被海德格尔等抛弃了的客体(对象)和主体这一对范畴,又重新恢复了它们的地位。存在主义不仅没有消解二元对立,反而加剧了二元对立,加剧了主体的衰亡。康德的主体是理性的主体,是普遍的社会的主体。海德格尔由康德的抽象主体,走向感性生存着的"此在"。雅斯贝尔斯则由海德格尔的主客体未分化的但又非某个体的"此在",走向"我"这一非知识性的个体决定论。如叶秀山同志所阐释的那样，这个“我”不是由因果律决定的，不是“我”的过去决定了“我”的现在，不是“我”的现在决定“我”的未来，而是“我”吸收了过去和将来，“我”自己决定“我”是什么。① 这种“我”的存在论意义上的个体决定论，把个体主体突显到首要的地位。解构主义的德里达，则在否定客体本体的基础上，进一步否定了一切本质、中心，把一切都归于个体主体的虚构，它用主观、相对、多元勾销了绝对性和普遍真理，由二元对立发展为多元解构。当然，解构主义也有它否定权威、解放思想的积极意义，它对传统的挑战同时为新的美学的发展带来了巨大的机遇和发展的空间。总之，他们拒绝客体存在和理性认识论，拒绝知识哲学，只强调主体存在、个体生存的本体性。就这样西方的近现代哲学，便在消解主客体二元对立的努力中，悖论式地走到了主客体二元对立的极端。看来西方靠现代主义和后现代主义，靠存在主义和解构主义来消解二元对立注定是不可能的了。

四、马克思对主客二元对立辩证的科学的解决

马克思在历史上第一次对主客体对立作出辩证的科学的回答。马克思发展了黑格尔的辩证思维，引入了劳动、实践的观点，从本体论和认识论两个层次，从发生学、历史发展阶段论的历史视角，全面系统地论述了主体与客体分裂以及对立和统一的辩证过程。当然，在当时愈来愈严重的形而上学思维的笼罩下，西方现代哲学家很难理解也很难充分重视马克思这一理论的伟大意义和丰富的科学内涵，以致于马克思之后直到海德格尔、德里达的西方哲学和美学仍在原来的轨道上愈走愈远，在某种意义上不能不成为一个巨大的理论悲剧。

马克思认为，主体和客体的产生与划分，是从劳动实践开始的，正是劳动实践创造了人，创造了主体，使人脱离了动物界，使人获得了自由的本质；又正是劳动实践，创造了“第二自然”，创造了属人的自然，创造了人的客体世界；还是劳动实践同时创造了主体和客体的对象性关系，使陌生的客体世界成为主体的对象，同时也使主体成为对象客体的主体。也就是说，生产不仅为主体生产对象，也为对象生产主体。不仅主体与客体的划分、裂变、对立是在劳动实践中产生的，而且劳动实践也内在地规定着二者的同一性、和谐性。主体与客体、人与对象世界为什么能够和谐统一呢？这是因为劳动实践本身是一种二重化的活动。在劳动实践中，一方面，人按照自然界的客观规律，同时依据自己主体的目的和要求，来改变自然，创造世界，使世界成为人的本质力量的实现和自我确证，正如马克思所说：“人的劳动不仅引起了自然物的形式的变化，同时还在自然物中实现他的

① 参见叶秀山：《思、史、诗》，人民出版社1988年版，第240页。

目的。"①这样被改造了的自然界便成为人类的创造物，"表现为他的作品和他的现实"，成了"人自己"。因此，"劳动的对象是人类生活的对象化；人不仅在意识中理智地发现自己，而且能动地、现实地实现自己，从而在他所创造的世界中直观自己。"②这就是说，正因为对象客体是"他的作品和他的现实"，是"人自己"，对象才成为人的对象，客体才成为主体的客体；另一方面，劳动生产不仅使自然人化，也使人对象化，也创造着人类自身，也创造着理智、意志、情感以及各种感觉能力。马克思说："社会人的感觉不同于非社会人的感觉。只是由于人的本质的客观地展开的丰富性，主体的、人的感性的丰富性，如有音乐感的耳朵，能感受形式美的眼睛。总之，那些能成为人的享受的感觉，即确证自己是人的本质力量的感觉，才一部分发展起来，一部分产生出来，因为，不仅五官感觉，而且所谓精神感觉、实践感觉（意志、爱等），一句话，人的感觉，感觉的人性，都只是由于它的对象的存在，由于人化的自然界，才产生出来的。五官感觉的形成是以往全部世界历史的产物。"③这也就是说，正因为人是对象化的人，人是在人化的自然中产生和发展起来的，主体方能成为客体的主体。这样一来，通过劳动实践，客体成为主体的客体，主体成为客体的主体，主体和客体方能真正地相互沟通、相互交往、相互融合，相互转化，才能从本体论上、从发生学上科学地辩证地解决二者之间的二元对立，达到和谐的统一。而存在主义的"主体间性"理论，只是把客体设想为主体，以实现二者的结合，这实质上不过是一种诗意的解决、审美的解决，是一种美好的乌托邦。这一点在理论上是落后于马克思的结果，是轻视或忽视马克思的结果。怎么能把它当作是超越马克思的最合理的学说呢？

更为重要的是主客体二元对立的解决，不只是一个理论问题，而且是一个现实的问题，是一个历史的问题、实践的问题。马克思指出："主观主义和客观主义，唯灵主义和唯物主义，活动和受动，只是在社会状态中才失去它们彼此间的对立，并从而失去它们作为这样的对立面存在；我们看到，理论的对立本身的解决，只有通过实践方式，只有借助于人的实践力量，才是可能的；因此，这种对立的解决决不只是认识的任务，而是一个现实生活的任务，而哲学未能解决这个任务，正因为哲学把这仅仅看作理论的任务。"④理论上的解决，并不就是历史的现实的解决，因为主体和客体二元对立的产生，并不只是头脑中形而上学思维在作怪，更重要的是还有生产力发展的水平、近代资本制度的痼疾、人与社会关系的

① ［德］马克思：《资本论》第 1 卷，人民出版社 1963 年版，第 192 页。

② ［德］马克思、恩格斯：《马克思恩格斯全集》第 42 卷，人民出版社 1979 年版，第 97 页。

③ ［德］马克思、恩格斯：《马克思恩格斯全集》第 42 卷，第 126 页。

④ ［德］马克思、恩格斯：《马克思恩格斯全集》第 42 卷，第 127 页。

裂变与异化等更为根本的因素的制约。正因为如此,尽管马克思早在19世纪中叶就对主客体二元对立问题作了理论上的回答,但在马克思之后的西方近现代哲学中,人文主义和科学主义、主体与客体的二元对立仍在继续发展。可以说,只要没有生产力的高度发展,只要资本制度没有消失,只要人与社会关系的异化仍然存在,那么主客体二元对立的观念便不会真正的彻底的消解。从这个角度看,海德格尔的出现,存在主义消解主客体的悖论,"主体间性"的神话,就不是某个人的失误,就不是某个人的极限和悲剧,而是一种历史的过程和必然,这是谁都难以逃脱和超越的。只有历史的超越,才可能有现实的个人的超越。

马克思正是从这种历史的现实的条件出发,从深刻的历史唯物主义原理出发,认为只有当人类社会发展到共产主义,生产力的高度发展,创造了能满足人类日益增长的物质和精神需要的丰富产品,资本制度的根除,人以个性为基础全面发展,人与人、人与自然高度和谐的社会构成,才可能提供这一历史解决的可靠条件,这种主客体二元对立才可能彻底地得以解决。只有到那时,人与对象、主体与客体、自然与人文的对立才可能现实地根本地达到了和谐的统一。马克思说:

> 这种共产主义,作为完成了的自然主义,等于人道主义,而作为完成了的人道主义,等于自然主义,它是人和自然界之间、人和人之间的矛盾的真正解决,是存在与本质、对象化和自我确证、自由和必然、个体和类之间的斗争的真正解决。它是历史之谜的解答,而且知道自己就是这种解答。①

他又说:

> 全部历史是为了使'人'成为感性意识的对象和使'人作为人'的需要成为[自然的、感性的]需要而作准备的发展史。历史本身是自然史的即自然界成为人这一过程的一个现实部分。自然科学往后将包括关于人的科学,正像关于人的科学包括自然科学一样,这将是一门科学。②

他认为,这种统一的关键在于人成为了社会的人,人与人结成了新的和谐社会:

> 自然界的人的本质只有对社会的人说才是存在的,因为只有在社会中,自然界对人说来才是人与人联系的纽带,才是他为别人的存在和别人为他的存在,才是人的现实生活的要素;只有在社会中,自然界才是人自己的人的存在的基础。只有在社会中,人的自然的存在对他说来才是他的人的存在,而自然界对他说来才成为人。因此,社会是人同自然界的完成了的本质

① [德]马克思、恩格斯:《马克思恩格斯全集》第42卷,第120页。

② [德]马克思、恩格斯:《马克思恩格斯全集》第42卷,第128页。

的统一，是自然界的真正复活，是人的实现了的自然主义和自然界的实现了的人道主义。①

正是在主客体既对立又和谐的基础上，产生了辩证和谐美学和社会主义艺术，产生了人与对象既对立又和谐的审美关系。在这种新型的审美关系中，审美对象各构成元素的组合是既对立又统一的，而人作为审美主体之审美心理诸因素的构成也是既对立又和谐的。辩证和谐的客体对象与辩证和谐的主体审美心理结构相对应，形成了现代人的审美关系。它既具有古代素朴和谐关系的单纯性，又具有近代崇高关系的复杂性、丰富性；既具有前者的和谐性、一元性，又具有后者的对立性、多元性；既具有前者的有序性和稳定性，又具有后者的无序性、激荡性和开放性；它是一种最丰富、最全面、最和谐的崭新的审美关系。从这个观点看，主体与客体、人与自然、人与社会的和谐，既不能像海德格尔的存在主义那样，到远古的人与自然、主客体未分化的"此在"中去寻找；也不能像生态主义那样，只向自然界、生物界的平衡、和谐中去寻找。西方当前出现的生态主义有三个特点：一是以自然为本，二是反人类中心主义，三是认为人是自然界生物链中的一个环节，人和动物是完全平等的。它是人文主义和科学主义对立极端发展的产物，是自然生态遭到严重破坏、人类生存环境急剧恶化的产物，因而它对维持生态平衡，保护人类的生存环境，具有重要的现实意义；它批判人的主体的无限膨涨，蛮横地摧残奴役自然，也有其合理的一面。但它以自然为本的反人类中心主义实质上是反对以人为本的，是反人文主义的。西方有人称其为新自然主义，是有一定道理的。因而生态主义同样是极端的、片面的，这与在共产主义社会自然主义和人文主义的彻底统一是不可同日而语的，更难于由此直接引申出人与自然、人与社会、人与自身和谐统一的生态美学来。真正的生态美学只有用自然和人文统一的和谐美学予以吸收和发展才是可能的。

（原载《文艺研究》2005 年第 4 期）

① [德]马克思、恩格斯：《马克思恩格斯全集》第 42 卷，第 122 页。重点号是引者所加。

中华审美文化的基本特征

周来祥

中华审美文化的根本精神贯穿于中华审美文化各因素、各层次、各维度的种种具体关系之中，便形成了中华审美文化的一些基本特征，这些特征分述于下：

一、儒、道、佛文化是中华文化的三大类型和主要内涵，儒、道、佛的美学观念和审美理想，也是构成中华审美文化的基本元素和基本内容。儒、道、佛的审美文化既各有特色，相互区别，又有一种强大的占主导地位的“中和”精神，使这些差异、矛盾相互补充，相互交融，相互推动，共生共荣。当然儒、道、佛在各个历史时期的发展是不均衡的，我们说儒家文化是中华审美文化的主流和骨干，是从哲学层次看，老庄道家以“道”为本体，这个“道”不是柏拉图、黑格尔抽象的“绝对理念”和“绝对精神”，而是“恍兮惚兮，其中有物；惚兮恍兮，其中有象”的宇宙原始的混沌状态。由这种混沌的“道”衍生出大地（日月）星云、自然万物，是一种“道”的本体论，实是自然本体论，可以说是一种自然哲学。孔孟儒家对这种宇宙原始的“道”不感兴趣，孔、孟、荀的主要精力和目光似专注于人，专注于人类社会，孔子以“仁”释“礼”，把被神鬼统治下的人类从巫术文化中解放出来，推进了人类理性的觉醒。孟子提出人本性的“性善论”，使人进一步走出自然动物世界，向社会的人、理性的人、道德的人，又迈出了巨大的一步。荀子又进一步提出“性恶论”，认为“无伪而不善”，无伪而不美。“伪”即人为，“伪”即人文，“伪”才能使“性”充实，“充实之为美”，“充实而有光辉之为大”。而荀子认为“性”是自然的，是与生俱来，是人的自然性、动物性，与兽性无异。荀子把“性”视为“恶”，视为丑，只有彻底抛弃自然性、动物性、兽性，人才能成为真的人、善的人、美的人。荀子已把自然的人、感性的人，彻底推进到社会的人、理性的人、道德的人，并提出“人定胜天”的命题，把“人”彻底从自然界中独立出来，解放出来，初步设定了人与自然、人与天的差异对立的关系。假若说儒家也有本体论的话，那么孔、孟、荀的本体论，是一种关于人的本体论，关于人类社会的本体论，是一种伦理政治哲学。而佛家特别是中国化的佛学——禅宗，以“心”为本体，他们认为佛我一体，佛即我心。

从这三种不同的哲学本体论出发，儒、道、佛在解决天与人、人与自然、人与人、心与物之间的三大基本关系中，便自然呈现出不同的色调。道家从道出发，从自然本体出发，强调“天人合一”，以“天”为主，人从自然中走来，又崇尚自然，依靠自然，顺应自然，走向自然，回归于自然。庄子的最高理想是“天乐”，是“以天合天”，是人合于天，人合于自然是个体生命与宇宙本体的结合。这有点近于在后现代语境中出现的生态主义，特别是激进的生态主义者。因此，妻子死了，庄子可以“鼓盆而歌”，不把它当作人生的悲哀，而是看作人复归于天然的自然归宿，是“以天合天”的一件乐事。

孔子讲“仁”，“仁”字由二人组成，“仁者，爱人”，孔子伦理政治哲学的核心是处理人与人之间的关系。孟子说“天时不如地利，地利不如人和”，把人与人的和谐放在天时、地利之上，放在人与自然的和谐之上。荀子提出“制天命而用之”，把天时、地利、自然放在人的支配之下，人的地位不断在上升。到汉代董仲舒甚至把天地变化、自然灾害看作是人类社会主宰者不良的政治道德行为所造成的，并且预兆着人类社会、王朝政治的吉凶，这就是所谓“天人感应”的重要内涵。其实在《中庸》中早就由人及天，认为“喜、怒、哀、乐之未发，谓之中；发而皆中节谓之和”。而“致中和”，则“天地位焉，万物育焉”。这段话若从另一面看，就是说人若不中不和，那么天地就会异位，万物就不能生育，天灾人祸就是必然的了。从这个意义看，董仲舒的“天人感应”论也不是完全自造的，而是儒家思想发展的一个必然。这样看来，“天人合一”在儒家那里是以“仁”、以“人和”为根基的，“天人合一”，是合于人，“天人合一”以人为旨归，而不是老庄的人合于天，以天为旨归。而在人与人、个人与社会之和中，个人依归于社会，自我不能离开他人，个人不能离开群体。在个人与社会的和谐中，群体、阶层、社会是主导的，个人要遵循道德规范和社会秩序，所以马克思说古代社会没有独立的个性，只有单个的个人，阶层、等级就是他的个性。佛家特别是禅家从心理本体出发，把心与物的关系放在突出的位置，追求心、物绝对和谐的超然世界，把超脱外物世界的羁绊，获得心灵绝对平衡自由的涅槃境界作为自己的主旨，在这里物归于心，以心理为依归，假若说佛家心与物和谐中包含着“天人”关系的话，那么这个天、物是以心为本的。

从人生态度看，儒家积极入世，努力进取，以立德、立功、立言为手段，以“国家兴亡，匹夫有责”而自命，以“自强不息”“知其不可而为之”的精神，以兴国富民“兼济天下”创造“大同世界”为理想。而老庄道家却主张清静“无为”，崇尚自然，顺应自然，自由“逍遥”，而超然世外。佛家则避世遁世，“跳出三界外，不在五行中”。三者有明显的差异，甚至在历史上也有较强烈的冲突，如历史上几次灭佛运动，就是突出的事例。但三者又以“和”的精神相互渗透，相互融合。不少仁人志士在“达则兼济天下，穷则独善其身”人生信条中，不但有儒家的人生理想，而且含有超然世外、潇洒飘逸的佛道之风，甚至也可以遁迹佛门，与禅师为伍。“诗仙”李白一方面“明朝散发弄扁舟”，一方面又说“天生我才必有用”；“诗佛”王维一方面隐居钟南山，一方面也曾“少年壮志当拿云”；白居易写过于世的新乐府，也有大量的闲适诗。从历史发展看，儒、道、佛的关系愈到后来愈紧密，甚至在宋元之后，渐渐趋于三家合流了。

从审美理想与艺术观念看，儒家始祖孔子以“仁”为美，他说“里仁为美”，孟子主张“与民同乐”，荀子《乐论》弘扬“乐敦和”的观念，总之，儒家认为审美本质在于和谐，艺术的审美本质也在于“敦和”，在于“温柔敦厚”，如孔子所说“乐而不淫，哀而不伤”。不过这种“和”偏于人与人、个体与社会的和谐，是一种偏于社会的美，是一种偏于内容的艺术美，是一种偏于模仿再现的艺术。道家始祖老子以“道”为美，以体现道、符合道的事物为美的事物，这种美偏于天与人、自然与人文的和谐关系，也可以说是一种偏于自然的美(庄子:“天地有大美而不言”是)，一种偏于形式的艺术美，是一种偏于抒情表现的艺术。佛家特别是禅宗以佛我同一为美，以涅槃的绝对的宁静为美，它着重解决心与物的关系，是种偏于心理的美。儒家的社会美偏于向善，以善为美，主张“美善相乐”，艺术上强调社会伦理政治功能的功利主义，是一种偏于伦理的美学，偏于社会、政治的美学；道家偏于求真，以体“道”合“道”为美，艺术上尚“无为”，追求超功利的审美特性，是一种偏于自然的美学，偏于哲学的美学；佛家特别是禅宗以“悟道”为美，是一种偏于信仰的美学，偏于宗教的美学，是一种偏于超尘脱俗的艺术。社会美、自然美、心灵美是各不相同的美的形态，但又是相互交融、相互补充、相互推动的，它们是统一的美的本质的不同类型。偏于内容美的艺术和偏于形式美的艺术是互异的，但内容美与形式美是不能相互分离的，而是和谐统一在一起，否则就不成其为艺术。偏于摹写再现的写实艺术与偏于抒情表现的写意艺术也是古典艺术的两大不同的艺术类型，但再现与表现、写实与写意，也只是各有量的不同，各有侧重面的不同，而不是可以有此无彼，或有彼无此的。总之在审美理想、审美观念、审美情趣、艺术本质、艺术类型方面，儒、道、佛虽各有不同的追求，但这个追求又是互补互动共生共荣的。特别是在审美境界的追求上，都有一种暗合于必然又超于必然的自由精神，《诗经·文王》说的周文王“不知不识，顺帝之则”，孔子说“七十而从心所欲不逾矩”，朱熹说的“自中节”，庄子倾慕的“逍遥游”，都是这种审美自由境界的不同表述。不管儒家还是道家，都把审美看作合于真、善，而又超越真、善，合于规律又超越规律，合于目的而又无目的的自由境界。这种审美境界高于认识的真的境界，高于伦理实践的善的境界，是人生追求的最高境界，也是中华审美文化最显著最重要的特征之一。

从总的艺术风貌看，儒家积极进取，干预现实，观察思考，易于促进艺术中写实倾向的发展，对形成写实的传统有重要的作用。如“诗圣”杜甫的诗篇被称为“诗史”，白居易的新乐府运动，明显是受到儒家世界观、人生观和审美理想的影响。道家“无为”，任性自然，放浪纵恣，想象奇伟，追求生命自由，极力摆脱人为规范的约束，推动了古典“浪漫”的嬗变，与老庄同样产生于南方一样，屈原写出了《离骚》这第一部悲剧性的“浪漫”诗篇，倾向道家的“诗仙”李白，情感奔放，想象奇幻，是承屈原而发展的另一位伟大诗人。佛家特别是禅宗专注内心，崇淡尚静，对中华审美文化从前期重写实向后期重写意的转变在文化上起了关键的作用，宋词、元画，特别是文人写意画，充分反映了这一点。儒家在风格上重方正端庄，如儒将之庄严伟岸，欧、柳，特别是颜真卿的书法显示了这一点。道家既尚自然，又重气势，“出水芙蓉”的雕饰，“笔走龙蛇”的狂草，都是明证。禅宗超世外，守静笃，倡冲淡，讲韵味，王维之田园诗，可谓代表之作。无论是儒家的方正端庄，还是道家的奔放气势，大都属于“大”美一类，或者说是壮美、阳刚之美，而冲淡、孤寂、宁静、委婉则属于“小”美之列，或者说是优美、阴柔之美。可以说阳刚之壮美，与儒道文化有很大关系，而阴柔之优美则与佛家特别是禅宗文化有深刻的内在联系。儒家强调艺术规范、艺术法度，唐代诗歌、书法遵格律，尚法度；道家则任性情，尚自由，极力突破艺术法度的限制束缚，而儒、道、佛的相互渗透，则日益趋向“从有法到无法”，“无法是至法”，“无法之法”的境界，艺术上升为一种合规律的自由的审美创造。儒、道、佛在审美文化和艺术创造中，既相互排斥又相互交融地形成多姿多彩伟大辉煌的中华审美文化。汉代雄风、盛唐气象历来为人所称道，谓之“汉唐风格”。奔放雄奇的汉赋，凝重雄浑的霍去病墓前的雕塑，诡异奇幻的汉画像石(砖)，既有楚骚老庄的因子，也有厚重朴实的儒家元素。盛唐气象虽与汉代雄风有相同的大美风貌，但细加分析，从审美文化的维度看，盛唐气象则与汉代雄风有显著不同。盛唐气象中不但包孕着儒家的凝重深沉，有杜甫的“沉郁顿挫”；不但有奔放气势，有李白的“黄河之水天上来，奔流到海不复回”；而且有佛家特别是禅宗的逸兴韵味，有王维的无穷韵致。因而在整个盛唐气象中，比汉代剑拔弩张的雄气，比拼死搏击的骨力，更多了一些雍容大度和自由从容，更多了一些潇洒飘逸的风韵，更多了自然而然的勃勃生气。因而杜甫在《三吏》《三别》《赴奉先咏怀》之后，并没有像屈原依“彭咸之所居”，有了更多的洒脱；李白在奔放气势中，透着一丝潇洒飘逸的风度。在“举杯消愁愁更愁”的思绪中，仍跳动着“天生我材必有用”的自信与乐观；王维在寂然的田园风光中，也充满着一种明快欢愉的生气。盛唐气象除了社会、历史、政治等因素外，单从文化看，确是儒、道、佛互补、互渗、互动、互融而形成的中华审美文化的另一个高峰，一个全面开放、臻于成熟灿烂的艺术高峰。

以上是在总的方向上，延续不断上说的，而在各个历史阶段三者却各有特色。汉代是“独尊儒术”，魏晋时期道家文化则更受推崇，唐以后佛家特别是禅宗文化日渐浓重，特别是在宋词、文人写意画中影响更深，并日益走向三家合流。

这一点在中西文化的比较中，更为清晰。“西方偏于客体，偏于求真，而客观世界充满着矛盾和对立，因而西方文化中的对立因素、斗争精神更重于中国；中国古代文化由于偏于主体，强调内心的均衡与平静，因而平衡、和解的观念更重于西方。与此相关联，古希腊的悲剧精神重于中国古典大团圆的悲剧。古希腊有酒神精神与日神精神的对立，有希腊精神（主要是日神精神）和希伯来精神的对立；而中国的儒、道、释虽有对立，但更强调它们之间的互补，最后形成以儒家为主体的三教合流。”①

二、感性与理性的融合是中华审美文化的一大特点，特别在古代文化中，由于天与人、主体与客体形成一个关系整体，未能进一步分化，与此相联系，主体的感性活动与理性活动也是一个整体，感性与理性也未充分分化，理性不是抽象的，思辨的，而是沉浸在经验、具体、感性之中，而具体的感性的活动中又积淀和闪耀着理性的光辉。我在《中国与西方古典美学理论的比较》中就说：“相对地说，西方的美学更具分析性和系统性，东方的美学更带直观性和经验性。”“我国古典美学虽然偏重于感性形态，但可贵的是它在感性的经验形态中，却充满着古典的理性主义精神，闪耀着艺术辩证法的光辉。”“我国古典美学是把生动的意象、本质必然的规律、感性的经验形态和深刻的理性内容紧密地结合在一起。”②中国古代的理论常常是经验的形态，而不是概念、范畴辩证运动的理论体系。古代文论、古代美学大都采用随笔、偶感的形式，如大量的诗话、词话、曲话、书论、画论；有的以诗论诗，如司空图的《二十四诗品》、元好问的《论诗绝句三十首》；有的创造了评点体，如金圣叹评点《水浒》，脂胭斋评《红楼梦》；有的近似口诀、格言，如京剧等戏曲中的经验总结，显得只言片语，零碎散乱，缺乏分析与系统。中国古典美学的概念，如“气势”“神韵”“风骨”“法式”大都带有感性的诗意的特征，具有多义性、不确定性。如“风骨”，有的说“风是情，骨是辞”，有的说“风是情，骨是理”，有的说“风是情，骨是结构”，有的说“风是内容，骨是形式”。众说纷纭，莫衷一是。还有我国古典美学多是分类研究的，如分诗论、文论、乐论、曲论、书论、画论，都是针对某种艺术形式发言的，还没有发展到把艺术、审美、审美文化作为一个总体来概括的高度。刘熙载的《艺概》似乎显示了一种新动向，可是一旦进入论题，又分为《词概》《曲概》了。但我国古典美学却在这生动的格言，诗意的意象中，揭示了深刻的美学规律。“不着一字，尽得风流。语不涉难，已不堪忧”，司空图在《二十四诗品》中的这四句诗，就生动而深刻地揭示了诗的审美特征。其实，这种特征不只是诗的特征，对一切艺术的审美特征来说，也是相通的、共同的。

---

① 周来祥：《中国传统文化思想是中和主义的》，载《文史哲》1987年第4期。

② 周来祥：《周来祥美学文选》（下），广西师范大学出版社1998年版，第1608～1612页。

在中华审美文化中充满着情感的体验和生命的律动，情感驱动着想象高飞，个体生命感悟着宇宙的精神，无概念却暗含着规律，无目的却符合着目的，必然的活动却达到自由的审美境界。庄子的“庖丁解牛”“轮扁斫轮”，在物质的实践活动中悟道，这种得道的境界，已是掌握了规律又超越了规律的审美自由。禅宗的“顿悟”，与艺术的灵感、审美的创造，是近似的、相通的。感性与理性的结合，又呈现为文、史、哲三大学科的相交相融合密不可分。特别在先秦，史是哲，亦是文；文是哲，亦是史；哲是史，亦是文。学科还未分化，难于截然划界。《周易》是哲，也保留了不少可贵的历史资料，也是一部诗体哲学。《诗经》是文，但反映着周人的“中和”观念与周代社会的生活风貌，特别是《雅》、《颂》中的《生民》、《皇矣》、《公刘》、《大明》、《文王》等诗篇，可以说是一部周人祖先的英雄史诗，若没有这些诗篇，周人的历史将是一片空白。《孔子》、《孟子》和《荀子》，特别是《老子》和《庄子》，是哲，其中也不乏历史内涵，更是一篇篇给人以艺术享受的美的文章。《国语》《春秋》三传、包括汉司马迁的《史记》是史，也可以说是一部记叙性的文学作品，并充满着哲人的智慧。

三、中华审美文化的另一个特点，是伦理性与审美性的结合，是美与善的结合。中华文化不同于西方文化，它在天与人、客体与主体的关系中，偏重于人，偏重于主体，在《礼记·中庸》中已清楚地看到这一点。而西方则偏重于天，偏重于客体，无论是柏拉图的绝对理念，还是黑格尔的绝对精神，都是作为一种独立的客体。中华文化强调人，强调主体，强调伦理社会，强调善，偏重美善结合，偏重人生理想与审美理想的结合；而西方文化强调客体，强调理念，强调真，偏重美与真的统一。在《东方和西方古典美学理论的比较》①一文中，我曾说：“西方更侧重美与真的统一”，“东方则更侧重美与善的结合”，“把情感和伦理道德结合起来，以道德规范指导情感，是我国古典美学的一个传统原则”。在《中国传统文化是中和主义的》一文中，我又进一步指出：“西方古代偏于探讨客观世界的真，而中国古代偏于追求主体世界的善。西方是偏于理性认识的哲学，中国则是偏于感性实践的伦理哲学。西方科学和哲学遭到怀疑时，由宗教来补充，科学和宗教两种对立的意识，在西方却神秘而奇妙地结合在一起。中国伦理的修养和内省，又常以审美的自由为它的最高境界，美和伦理学难分难解。西方的文化是科学型、宗教型的，而中国文化是伦理型和审美型的。”②

中华审美文化伦理性与审美性相结合的特点，体现于各种类型、各种层次的文化之中，可以说审美文化几乎把中华文化在总体上都变成具有审美属性的文

① 载《江汉论坛》1981年第6期。

② 周来祥：《中国传统文化是中和主义的》，载《文史哲》1987年第4期。

化，在偏于反映人与人、人与社会关系的文化中，美常常以善为美，善即美"美善相乐"是其根本内涵。而在偏重于表现人与自然关系的文化中，则往往把自然与人的关系看作是人性的、情感的、道德人格的。莲花"出污泥而不染"象征人品格的高洁；苍松之傲霜斗雪，寓示着人的坚贞不屈的精神，所以"比德说"成为中华审美文化的一种典型的观念。这一特点贯穿于文化的各个方面，甚至在社会风尚、民间节庆文化中也深层地体现出来。过去的旧历年，现在的春节，是我国传统节日中的第一大节。在过年时，放爆竹、贴门神原来是为了驱鬼消灾的，后来逐渐演变为贴对联、贴年画，比起原初的门神来，它更富于一种审美内涵，甚至已成为一种艺术形式。在除夕之夜阖家团聚吃年饭和相互拜年的活动中，充分体现了中华文化的和谐精神，一方面增强了全家的感情和亲友之间的和睦，一方面又体验和共享着天伦之乐和全社会如一家的融融之情。过个团圆年、快乐年，是中华民族的普遍意识和共同追求。中华民族的传统节日，大都从一种生产、实用、巫术的节日，从一种礼仪、伦理、社会的活动，日益演变为一个充满欢乐、充满浓厚艺术气氛的节日，日益渗透着审美的内涵。中秋节由庆秧收、贺团圆到望月、赏月、追月、玩月的审美活动，是个典型的表现。清明节由祭祀、扫墓逐步演化为春游，端午节由纪念屈原演化为赛龙舟，都可以看到这一点。伦理性与审美性的结合，在每个人的衣、食、住、行等日常生活中，也鲜明地表现出来。春秋间晏子就曾谈到五味的"和"，认为和羹一样的饮食，"君子食之，以平其心"，可以使人心平气和。《诗经》中也曾把酒称为"和旨"，已在饮食中积淀着中和文化的意蕴。中国饮食文化讲究色、香、味、形、意、养俱全，不但好吃有营养，还要好看、好闻，连菜名都充满诗意，升华为一种审美的享受。从《礼记》我们知道，古人穿衣是有等级、有亲疏的，从丧服的五服，就可看出他在宗族中的地位。而衣服不单遮体避寒、代表着社会身份，而且讲究美观。在先秦大夫才可乘车，而车有几马又是分等级的，车不但是交通工具，而且是等级的象征，同时讲究马饰、车饰和仪仗。居室也分主房、配房、殿庭、朝堂，不单要实用，更讲究雕梁画栋，庄严辉煌。总之，衣、食、住、行这些日常生活已演化为一种审美文化。陈炎说得很好："与西方人将艺术科学化、宗教化的倾向相反，中国人一向有着将政治谋略、行政管理、军事战争、饮食起居等一切社会活动统统美学化的泛艺术倾向"，"中国的历史本来就是一部最为广义的审美文化史"。[①]

总之，这是太极的文化，这是八卦的文化，这是阴阳互补、阴阳中和的美的文化；

这是龙的文化，这是凤的文化，这是龙飞凤舞、龙凤呈祥的中和文化；

---

① 陈炎：《中国审美文化史》，山东画报出版社2000年版，第6页。

这是汉民族的文化，这是多民族的文化，这是多元共生的中华民族的文化；这是本土的文化，这是开放的文化，这是全人类文化不断交融中感性与理性、伦理与审美和谐结合的独特的东方文化；

这是古典的文化，这也是年轻的文化，这是中华民族不断与时俱进的文化；这是中华文化"生生不已"持续发展不断创新的文化。

研究中华文化，探索中华文化，颂赞中华文化，承传中华文化，弘扬中华文化，以创造社会主义新型的和谐文化。

[原载《西北师大学报(社会科学版)》2007年第6期]

和·中和·中

——再论中国传统文化的和谐精神及其审美特征

周来祥

在西方,"和谐"一词相对应的英文是"harmony",源于古希腊文的"hakmonia",但它并不是舶来品,在中国古代也早已产生了这个词语和概念。谈到中国的"和谐",过去我曾反复征引过《尚书·舜典》中的话,因为《尚书》是我国现存较早的古籍。它记载了一些我国远古时代的历史资料和传说事迹,虽然不一定完全符合历史实迹,但基本事件和思想观念,大体应该是可信的。《舜典》载:

> 帝曰:夔!命女典乐,教胄子。直而温,宽而栗,刚而无虐,简而无傲。诗言志,歌永言,声依永,律和声,八音克谐,无相夺伦,神人以和。夔曰:于!予击石拊石,百兽率舞。①

从文字上说,这里出现了"和",也出现了"谐"。从全文来看,它所说的"和"与"谐"的含义是一致的,"和"也就是"谐","谐"也就是"和"。而文中所说的诗、乐、舞,整体上都是和谐的。他们教子女的乐、诗,都是既威直又温和,既宽容又严厉,既刚强又不肆虐,既简礼又不傲慢的,从诗,到歌,到声、到律、到八种乐器的演奏、到百兽率舞,都协调有序,用诗、乐、舞的和谐沟通人与神、天与人的关系,以达到"神人以和"、天人以和的目的。这里的"和"与"谐"虽然没有直接组成一个词,但与"和谐"一词的内涵已无二致,而"和谐"与"谐和"二词也无大分别,只是"和谐"说起来更顺口,更普遍而已。何时把"和"与"谐"连成一个词,我没有详细考察,但在魏晋时期"和谐"一词已时有出现,如《魏书·萧道成传》附《萧颐传》:"颐初为太子时,特奢侈,道成每欲废之,赖王敬则和谐。"唐人房玄龄《晋书·挚虞传》更是直接说道:"施之金石,则音韵和谐。""和谐"直接与音韵、艺术和审美相联系,可见在中国传统文化中、"和"、"谐"、"和谐"都是紧密相连,甚至是相互代用的,也可以说"和谐"是地道的中国产品,在古代它与"和""中和"具有同样的内涵,大体是同一个概念。"和"(或"和谐")作为一个词语出现得很早,那么,它是怎样由一个日常的词语演化成为一个哲学、美学的概念和范畴的呢?我

① 《尚书正义》,《十三经注疏》(上),中华书局1980年影印本,第131页。

们先来看看它在甲骨文中指的是什么？

在甲骨文中，“和”有大体近似又各有不同的字体，在《殷虚书契前编》中作，在《铁云藏龟》中作，《说文》说：“龢，调也，从龠禾声，读与和同。”《集韵》说：“龢，一曰小笙，十三管也。”龢同和，原指笙或排箫之类的乐器。因为各种乐器演奏，需要谐和，所谓“八音克谐”，因此“和”原本就有协调、调和、和谐之意。郭沫若也说它本义是乐器，后引申为和声之意。今人康殷在《文字源流浅说》中作了一些新的解释，他说：“和谐的和，本作，前人释为排箫之类乐器，禾声，或作以手按箫孔之状。”又说：“旧释和云‘借为盉’”，“盉为调和酒之器，后省为和，故和亦有调和之意。后用以代龢谐字，其意亦自可以相通，和酒亦犹龢乐也。”[①]由此看来，“和”之释义虽有乐器、调酒器等不同说法，但延伸为调和、协调、和解、和顺、和美、和谐、不走极端之意，已成为大家之共识。

西周末至春秋期间，曾有和同之辩，对“和”的理解有了新的进展，其中史伯、晏子、单穆公的论述最为重要。史伯说：

> 夫和实生物，同则不继。以他平他谓之和，故能丰长而物归之。若以同裨同，尽乃弃矣。故先王以土与金木水火杂，以成百物。是以和五味以调口，刚四支以卫体，和六律以聪耳，正七体以役心，平八索以成人，建九纪以立纯德，合十数以训百体。出千品，具万方，计亿事，材兆物，收经入，行姟极。故王者居九畡之田，收经入以食兆民，用训而能用之，和乐如一。夫如是，和之至也。于是乎先王聘后于异姓，求财于有方，择臣取谏工而讲以多物，务和同也。声一无听，物一无文，味一无果，物一不讲。[②]

在这里史伯已明确地认识到三点：1.“和”是“以他平他”，是众多不同事物的协调、平衡。“同”只是“以同裨同”，是同一事物或因素的相加和重复。2.“和”是万物产生的本原和动力。金木水火土相杂，才能成百物，五味相调才能有美味，强四肢才能有健康的身体；而“同”只能造成事物的单一，窒息事物的生存，导致万物的枯竭和衰亡。3.认为音乐和万物一样，也产生于“和”“声一无听”，“和六律以聪耳”，单一的声音不能构成乐曲。只有“和六律”才能产生动听的音乐。晏子也从五味的“和”，讨论到五声的“和”，他说：

> 和如羹焉，水、火、醯、醢、盐、梅，以烹鱼肉，燀之以薪，宰夫和之，齐之以味，济其不及，以泄其过。君子食之，以平其心。……先王之济五味，和五声也，以平其心，成其政也。声亦如味，一气，二体，三类，四物，五声，六律，七音，八风，九歌，以相成也；清浊、大小、短长、疾徐、哀乐、刚柔、迟速、高下、出

① 康殷：《文字源流浅说》，荣宝斋 1979 年版，第 513 页。

② 《国语·郑语》，上海古籍出版社 1998 年版，第 515～516 页。

入、周疏，以相济也。君子听之，以平其心，心平德和。故《诗》曰：‘德音不瑕。’今据不然，君所谓可，据亦曰可；君所谓否，据亦曰否。若以水济水，谁能食之？若琴瑟之专一，谁能听之？同之不可也如是。[①]

这一段话有四点值得注意，一是把“以他平他”的“和”，进一步发展为不同事物之间相辅相成，和相反事物之间相反相补、相反相济的两种关系。“一气，二体，三类，四物……”等属于不同的事物，它们相辅相成，“清浊、大小、短长、疾徐、哀乐、刚柔、迟速、高下、出入、周疏”属于彼此相反的事物，它们相反相济。二是对“和”提出了一个标准，那就是“济其不及，以泄其过”，也就是既不要不及，也不要过分，要适度，能达到“恰到好处”之境地者，才谓之“和”。三是“和”的目的，无论是美味，还是音乐，都是为了使人达到“心平德和”。四是进一步说明“同”是“以水济水”，单一的事物没有相反相济、相辅相成的关系，所以食不能成美味，声不能成音乐，无人食之，无人听之。

值得我们特别注意的是，单穆公已从主客体相互对应的关系中，论述“和”的问题。他说：

“夫钟声以为耳也，耳所不及，非钟声也。犹目所不见，不可以为目也。夫目之察度也，不过步武尺寸之间；其察色也，不过墨丈寻常之间。耳之察和也，在清浊之间。……今王作钟也，听之弗及，比之不度（指超过了‘大不出钧，重不过石’的度数），钟声不可以知和。[②]

“夫乐不过以听耳，而美不过以观目。若听乐而震，观美而眩，患莫甚焉。夫耳目，心之枢肌也，故必听和而视正。听和则聪，视正则明。聪则言听，明则德昭。[③]

这里说的“耳目”，不只是生理的感觉器官，而且与人的心理、智慧相联系，是“心之枢肌”，人的生理、心理、思维是一个均衡、有序、和谐的结构整体。这个和谐的生理、心理结构必然要求“听和而视正”，只有“和”的音乐和“正”的视象，只有“清浊、大小、短长、疾徐、哀乐、刚柔、迟速、高下、出入、周疏，以相济”的和谐的审美对象，才能构成现实的审美关系，才能产生“听和则聪，视正则明；聪则言听，明则德昭”的审美感受和伦理政治效应。若音乐、视象过于强烈，过于宏大，过于刺激，超过了人和谐的身心结构所能接受的限度，则会震耳欲聋，刺目而眩，不能成为人的审美对象。当然，声音过低、过细，视象过小、过微，为耳所不能闻，视所不能见，同样也不能构成“和”，不能相互对应成主客体的和谐关系。这就是说，

① 《左传·昭公二十年》，《十三经注疏》（下），中华书局 1980 年影印本，第 2093～2094 页。

② 《国语·周语》（下），上海古籍出版社 1998 年版，第 123 页。

③ 《国语·周语》（下），第 125 页。

“和”不仅决定于对象的“和”，还决定于主体的和。主体心理、生理结构的和谐所不能接受的对象，难以成为“和”的对象。反过来也一样，只有和谐的生理、心理结构，而没有和谐的对象，也不能构成“和”的审美感受。“和”是和谐的对象与和谐的主体相互对应、相互谐和的结果。在两千多年以前，古人已有这样辩证的眼光，是很值得注意的。到《礼记》有一个大的发展，标志是提出了“中和”的概念：

“喜、怒、哀、乐之未发，谓之中；发而皆中节谓之和。中也者，天下之大本也；和也者，无下之达道也。致中和，天地位焉，万物育焉。”①

这段话内容非常丰富，首先是提出了“中”的概念，在此之前，“中”与“和”没有明显的关联。在甲骨文中“中”作“”（见《殷虚书契前编》），或作“”（续编），像一面旗，本义应是旗帜，后借为中，以表方位。大概到《中庸》才有了一个大变化，《中庸》说的“中”，是指喜、怒、哀、乐七情未发之时，浑然整一的内心和谐状态，而内情发之于外时，皆中节者谓之和。这里“中”与“和”既有区别，又有联系：一在内，一在外；一在主体，一在客体；一主静，一主动：是其不同之处。但作为和谐的内涵又都一致，在这个意义上，可以说“中”是内之“和”，“和”是外之“中”，“中”是主体内心之和，和是客体外在之“中”；中是静态之和，和是动态之中。其次是关于“中节”的概念，所谓“中节”，主要的精神就是要合乎礼义，要遵守礼义法度。上述《周礼》中的“中”，已有礼的意思。《后汉书·虞延传》说：“（富）宗性奢靡，车服器物，多不中节。”明黄绾《明道篇》卷一说：“行之于身，无不中节，谓之道。”这都可为“中节”作一注脚。这就是说，人的外在行为只有恰到好处地合乎礼义，才是“和”。儒家讲“非礼勿言”、“非礼勿行”、“以礼节情”，都是为“和”制定了一个伦理政治的最高标准。这一点似乎是前所未有的。最后，更重要的是它展现了一种由己及人，由人及物，由人类社会及宇宙万物的一种认识过程和思维推理模式。“喜、怒、哀、乐之未发，谓之中；发而皆中节，谓之和”，是讲人自身心中之“和”。“中也者，天下之大本也；和也者，天下之达道也”，是由个人推及他人，推及天下（人类社会）之“中和”，认为它在内是人类社会之“大本”，在外是人类社会之“达道”。而个人与他人及人类社会（普天之下）都达到“中和”之境，则整个宇宙天地都会各得其位，运行有序，孕育万物，共生共荣。在这里，由人道推出天道（人道即天道），然后，又翻过来以天道论证人道，天人合一，是合之于人，而非合之于天。天和，地和，人和，终归于人和，归之于以修身为本。身正心和才能“齐家治国平天下”，才能“天地位焉，万物育焉”。总之，它由人与自身的和谐，推及人与社会的和谐，由人与社会的和谐，推及天与人、人与自然的和谐，从而把和谐的关系扩展到主客关系的各个方面。这里似乎已开董仲舒天人感应的先

① 《十三经注疏》（上），中华书局 1980 年影印本，第 1625 页。

河，过去多批判它是神秘主义，现在看来它也说出了人与自然相互影响的某些方面。人道影响天道，天道论证人道，也控制、约束人道，使人道适中，不要过分，对此不可概而否之。《中庸》把“中和”的理论推进到一个比较全面系统的境地。不仅儒家是这样，老庄道家也是这样，道家哲学首重养生，他们从个人的养生出发，内在地体验到生命的奥秘，体验到自然生命向精神自由的超越，从而推己及物，由养生之道推及宇宙自然之道，达到生命精神与宇宙本体的统一，达到“以天合天”的境界。

到汉代董仲舒的《春秋繁露》，融合了阴阳、五行的思想，对“中和”又有了新的阐释。他说：

> 起之不至于和之所不能生，养长之不至于和之所不能成。成于和，生必和也；始于中，止必中也。中者，天下之终始也；而和者，天地之所生成也。夫德莫大于和，而道莫正于中。中者，天地之美达理也，圣人之所保守也。诗云：‘不刚不柔，布政优优。’此非中和之谓与？是故能以中和理天下者，其德大盛；能以中和养其身者，其寿极命。[①]

董仲舒在这里强调天下事物，莫不生于和，又成于和，莫不始于中，又止于中。这里指出中和的普遍性、绝对性，是非常重要的，同时又说明和是德之至大，中是道之至正。人们要以中和理天下，要以中和养其身，这样其德可以“大盛”，其寿可以“极命”。因此，以中和理天下，养其身，也就是循天中和之道而为之。不仅如此，董仲舒在理论上的一个进展，还在于直接把“中和”与美联结起来，他说：“中者，天之用也，和者，成之功也，举天地之道，而美于和。”[②]《春秋繁露·天地阴阳》又说：“世治而民和，志平而气正，则天地之化精，而万物之美起。”[③]还说：“故人气调和，而天地之化美。”[④]由人美、政美、扩大为天地之美。“中和”向美、向天地自然延展，是其一大特色。此前，“和”多与“乐”相联，“乐”虽然是“美”的，但“美”范围更大更广。更值得注意的是，董仲舒还提出了“非中”“非和”的问题。他说：“天地之制也，兼和与不和，中与不中，而时用之，尽以为功。”[⑤]但不和最后必导致和，不中必归于中：“天地之道，虽有不和者，必归之于和，而所为有功；虽有不中者，必止之于中，而所为不失。”[⑥]这里明确地指出了天、地、人之间存在着“非中”“非和”的现象，这比只讲“中和”更为全面，更为辩证，更合乎实际。

---

① (清)苏舆：《春秋繁露义证·循天之道》，《新编诸子集成》，中华书局1992年版，第444页。
② (清)苏舆：《春秋繁露义证·循天之道》，第447页。
③ (清)苏舆：《春秋繁露义证·天地阴阳》，第466页。
④ (清)苏舆：《春秋繁露义证·天地阴阳》，第467页。
⑤ (清)苏舆：《春秋繁露义证·循天之道》，第447页。
⑥ (清)苏舆：《春秋繁露义证·循天之道》，第447页。

而且董仲舒认为，“和与不和，中与不中”，可因时而用之，尽以为功，也就是根据不同的实际情况予以运用，当用中和者即用中和，当用不中不和者，则用不中不和，都可以发挥不同的功用，他肯定了“非中”“非和”的必要性。但最后他更强调“非中”“非和”不能无限制地发挥，更不能独立化，它最终必须导向于“和”，导向于“中”，成为天、地、人整体和谐的一个有机的组成部分。

汉以后，随着文学的自觉，中和的观念日益向艺术延伸，在刘勰的《文心雕龙》中，从《原道》到《序志》，从总体到部分、到各个概念范畴的剖析，无不体现着一种“中和”、“中庸”的精神，可以说它是《乐记》之后又一部体系更完整的中和论的文艺美学。如《神思》中说“神用象通，情变所孕。物以貌求，心以理应。刻镂声律，萌芽比兴。结虑司契，垂帷制胜。”[①]这几乎把构成艺术的心与物、神与象、情与理、声律与比兴、情思与文采等主要元素和范畴，都予以辩证的论述，并将之融合为一个和谐的整体，可以说代表了唐代以前我国古典和谐艺术的美的理想。刘勰在《序志》中说：“擘肌分理，唯务折衷。”这是他在《文心雕龙》中的追求，也是以后我国文论、诗论、画论、书论、曲论的主导追求，“中和”也由哲学、伦理领域，日益转向美学、艺术领域，日益成为一个美学概念和艺术范畴。

与《文心雕龙》在“中和”中更偏重倡导“风骨”不同，与盛唐以前更重气势、雄浑、骨力的大美不同，自司空图的《诗品》开始，逐渐转向平淡、自然、宁静、清远之优美。这既受到道家的影响，也受到佛禅的浸润。它在主体与客体、心与物、情与理、质与文、阴与阳、刚与柔之间，更强调相辅相成、相反相济、相异相融的方面，更强调宁静、平衡，更强调温文尔雅。司空图向往的“冲淡”就是这样一种美的境界：

> 素处以默，妙机其微。饮之太和，独鹤与飞。犹之惠风，荏苒在衣。阅音修篁，美曰载归。遇之匪深，即之愈稀。脱有形似，握手已违。[②]

司空图以诗论诗，在诗之境界意蕴中，寄托其观念，放飞其理想。从篇名看，冲者，阴阳相和也，淡者，平淡自然也。冲淡，就是阴阳二气相谐相和所产生的温婉柔和之态。《诗品》认为，要创造冲淡之美，先要有冲淡之人。冲淡之人，平素寡言少行，常处默然静寂之中，他最能体察其微妙之机，最能达冲淡之境。它饱含阴阳相融相和之气，淡如独鹤起舞，柔若微微和风，荏苒吹衣，婉如听音于修篁，声声清和，其美致又不可得之而载归。它不期而遇，不营而谐，不意而和，它不着意，不着力，不留迹，恰似自然。若一旦费力着意为之，就徒有形似，难传谐和之神，甚至愈求之愈远矣。此后，冲淡、自然、宁静、柔和优美之风日炽，逐渐成

---

① 范文澜：《文心雕龙注》(下)，人民文学出版社1958年版，第459页。

② 刘祁、归潜志：《中国历代诗话选》(一)，岳麓书社1985年版，第95页。

为宋元明(中叶之前)的主导倾向。严羽的"兴趣"说,王渔洋的神韵说,大都是优美理想的延续和发展。

宋明理学吸收庄老,融合佛禅,使儒学出现一个新的变化,达到一个新的高度。朱熹作为理学之集大成者,对《中庸》作了新的阐述,使"中和""中庸"转向实用化、生活化、世俗化方面发展。他说:

> "中、庸是一个道理,以其不偏不倚,故谓之'中';以其不差异可常行,故谓之'庸',未有中而不庸者,亦未有庸而不中者。惟中,故平常。尧授舜,舜授禹,都是当其时合如此做,做得来恰好,所谓中也。中,即平常也,不如此,便非中,便不是平常。……又如当盛夏极暑时,须用饮冷,就凉处,衣葛,挥扇,便是中便是平常。……若极暑时重裘拥火,盛寒时衣葛挥扇,便是差异,便是失其中矣。[①]

在这里"中"一方面兼含有"和"的意思,依礼酌时"合如此做",并"做得来恰好",做得恰如其分,便是"中"。同时,"中"更倾向于平常,更倾向于世俗,更倾向于实用,不但尧舜禅让谓之中,连酷夏衣葛摇扇,寒冬重裘拥火,也是"中"。这也就是说不管大道理、小道理,不管哲学、伦理,不管政治、经济、文化、日常生活、风土人情,不管治国、治家、待人、处事,只要当时情况下,按"礼"应当如此做,又做得适当,恰如其分,都是"中",都是"中和"。这样"中和""中庸"不但是"天人合一"的至高理想,不但是人生追求的至善境界,还是现实生活中具有普遍性、实践性地处理各种具体问题,协调一切关系的最佳方法。这与当时连佛教也都在世俗化是同一种趋势。对此,朱熹是自觉的,并特别指出过:"中和之中,专指未发而言,中庸之中则兼体用而言。"[②]在体用兼擅中,他特别关注中和之人的培养和成长。朱熹对《论语》中"子路问成人"的问题,作了这样的阐释:"兼此四子之长,则知足以穷理,廉足以养心,勇足以力行,艺足以泛应。而又节之以礼,和之以乐,使德成于内而文见乎外,则材全德备,浑然不见一善成名之迹。中正和乐,粹然无复偏倚驳杂之弊,而其为人也亦成矣。"[③]

在这种礼乐的修养中,朱熹强调要达到一种超越理之必然、礼之束缚的自由境界,提出了"自中节"的概念。他说:"心与理会,不为礼法所拘而自中节。"[④]所谓"自中节",就是不要有意识地强制性地去崇理、遵礼,要在无意的言行中自然地体现理,合于礼。他对"执中"的阐释,充分说明了这一点。他说:

---

① 《朱子全书·中庸一》。

② 《朱子全书·中庸二》。

③ 《论语集注》卷七,《四书五经》(上),中国书店 1985 年版,第 59~60 页。

④ 《朱文公文集》卷六十九。

圣人义精仁熟，非有意于执中，而自然无过不及，故有执中之名而实未曾有所执也。以无时不中，故又曰时中。若学未至理未明，而徒求夫所谓中者而执之，则所谓中者果何形状而可执也，殆愈执愈失矣。[①]

这种休养的境界与审美的境界相通，艺术家若能达到这种境界，自然会创造出艺术之神品、逸品，传颂百代。同时因朱熹兼融佛道，也与汉唐儒学不同，他更"主静"，讲"立诚"，这对唐以后阴柔优美的发展也起了推动作用。

虽然明中叶以后，随着近代崇高的萌芽和浪漫思潮的兴起，曾对中和的理想产生了较大的冲击，但始终未能突破古典的和谐圈，未能动摇中和观念的主导地位，直到明末清初的王夫之，在《中庸》的问题上仍极力推崇朱熹诠释的正统地位。他说：

朱子章句之作(指《礼记章句》中的《中庸章句》)，一出于心得，而深切著明，俾异端之徒无可假借，为至严矣。……夫之不敏……故僭承朱子之正宗为之衍，以附章句之下，庶诸者知圣经之作，朱子之述，皆圣功深造体验之实。[②]

由上述看来，"中和"(或和谐)在古代中国是一个贯彻始终的思想观念，从远古到清末，源远流长。河姆渡文化中已出现阴阳和谐的太极图案，《史记·黄帝本纪》中已载"协和万邦"。在发展中，"和"的内涵越来越深刻，越来越丰富，由一个日常词语逐步升华为一个哲学概念、美学概念、伦理道德概念，日益成为中华民族文化的核心范畴和主导精神。古典和谐在概念上从"和"到"中和"，从"中和"到"中"，有一个发展演变的过程。先是春秋之前多讲"和"，《中庸》开始分为内"中"外"和"，兼论"中和"，大概由于宋代理学侧重个人内心修养功夫，更强调"执中""时中"，所以又渐渐省略为一个"中"字。中和之道，就称之为中道；中和之德，就称之为中德；中和之行，就称之中行。因而"和""中和""中"在发展中虽各有区别，但精神一致，甚至可以相互代用。古典和谐在内涵和精神上，也有一个不断深化、不断拓展的过程。春秋以前的"和"多指不同事物、不同因素的和谐组合，所谓"以他平他之谓和"。《礼记·中庸》之后，提出了礼是和的标准，只有符合或体现"礼"的协调组合，才能称之为"和"，所谓"发而皆中节谓之和"。汉儒董仲舒则进一步将中和推之于事物由始到终、由生到成的全过程，也就是说，不只是"发而皆中节谓之和"，而是"起之不至于和之所不能生，长之不至于和之所不能成"，"和"应由始至终，由生到成，贯彻于一切时空之中。即所谓"中者，天下之终也；而和者，天地之所生成也"，"中"偏重于时间发生的始与终，"和"侧重于空间存在的生与成。而时与空、中与和是统一在一起的，他指出了"中和"的普遍性、绝对性，是对"中和"思想的一大贡献，这是前所未有的。朱熹开始把"中和"

---

① 《朱子全书·孟子四》。

② (清)王夫之：《船山全书》，岳麓书社 1991 年版，第 1246 页。

实用化、生活化，使“礼”泛化为在特定条件下一切言行“合如此”的标准，即所谓“当其时合如此做，做得来恰好所谓中也”，又所谓“中，即平常也，不如此便非中”，这里单言“中”，亦开后世由讲“中和”转向只讲“中”的滥觞。“中和”精神大体经历了以上四个阶段，每个阶段都有其特点和不同的侧重，但和谐精神又是始终如一的。

中国传统文化所讲的“中和”，不只是贯彻始终，同时又是一个几乎无所不包的大概念、大范畴，它无所不在、无处不在、无时不在，渗透于民族的大脑、灵魂和肢体，甚至于从每一个文化细胞中都能看到它的踪迹和影子。从大的方面说，它体现为宇宙的本体，就是中和之道；体现为人类的行为、实践，就是中和之行；体现为待人接物、处理、解决问题的方式、方法，就是中和之用。从哲学认识论看，中和就是至真；从伦理道德看，中和就是至善。孔子就说过：“中庸之为德也，其至矣乎。”从美学上看，中和就是至美，从《尚书·尧典》之“八音克谐，无相夺伦”，史伯的“声一无听，物一无文”、“以他平他谓之和”，晏子的“和六律以聪耳”，《礼记·乐记》的“礼辩异，乐敦和”，到孔子的“乐而不淫，哀而不伤”，和儒家“发乎情，止乎礼义”及“温柔敦厚”的诗教，都言说着同一个观念：中和就是美。

总之，“和”“中和”“和谐”的观念是我国远古时代就已产生的，并逐步发展成为古代中国人的哲学本体论和方法论，它把“中”归于“喜怒哀乐之未发”，归于“天下之大本”，实际上就是以人、以（以人类主体为基点的）“天人合一”本体。这种本体不是单纯的主体本体，也不是单纯的自然本体，而是人与天素朴统一的本体，是主客体谐和的关系本体。因而中国古代的哲学本体论，不是主体本体论，也不是客体本体论，而是主客体统一的关系本体论。中和论不但是本体论，还是古代中国人认识事物、判断事物和处理事物的最高原则与普遍的思维模式和行为模式。它要求认识、判断、处理任何事物都要“中节”和“自中节”，由内“中”到外“和”，必须合乎“礼义”，必须“合如此做并恰到好处”，这就把本体论与方法论、认识论与目的价值论内在地统一起来。内“中”与外“和”的结合，主与客、静与动的结合，也就是本体论与方法论、知识论与价值论、认识与践行、人文与自然素朴的整体的和谐统一。从“中和”“和谐”这一本质的规定性看，中国的古代可以说是一个广义的美的时代，中国古代哲学可以说是一种美的哲学，中国的古代文化也可以说是一种美的文化。不但老庄道家“以天合天”的和谐的自然哲学是一种美的哲学，孔孟儒家“天人合一”的伦理人文哲学也是一种美的哲学。

古代中国偏于以人、以主体为基点的主客体统一的哲学和美学，不同于古代西方偏于客观的哲学和美学。自古希腊毕达哥拉斯学派开始，就从自然哲学的观点，以数的结构关系来论述和谐问题。柏拉图把最高的真与美和客观的“理式”联系起来，直到黑格尔还把人与美作为绝对精神发展的一个环节来阐述。黑格尔认为世界的本原是一种绝对理念，理念外化为自然界，自然界产生了具有自觉意识的、主观精神的人，主观精神又外化出人为的客观精神(物质文明)。继而人的主观精神又自由自觉地去认识客观精神，最后达到主客观统一的绝对精神。这种绝对精神的显现有三个阶段，也可以说是有三种形式。当它显现为感性形式，就是艺术，这是初级阶段；当它显现为观念象征的形式，就是宗教，它比艺术高一级；当绝对精神以其自身的形式，也就是以理性概念的形式表现出来时，就是哲学，这是最高的阶段。总之，他们都以客观自然界或客观抽象理念作为出发点，走的是由客体到主体，由自然到人文，由物到人、到美、到艺术的认识路线和推理过程，他们都以客观自然或理念为基点，把人与美和艺术包融到客体的体系之中，归结到宇宙自然或客观理念之中。显然这是两种各有特色的哲学体系、美学体系、文化体系。正因为古代中国从人、主体和社会出发，以人类社会为本，它必然内在地要求把美与善结合起来，所以中国古代的哲学是偏于伦理的哲学、政治的哲学、人生的哲学，中国的文化也是偏于伦理性和审美性相统一的文化。而在西方，一开始就以宇宙自然(或理念)为本，它自然要求把美与对客观世界认识的真统一起来，所以它们的哲学偏重于认识哲学和逻辑哲学，它们的文化也偏重于自然性与科学性、真理性与宗教性(作为尚未认识世界的必然产物)相结合的文化。同时，中国偏于和谐的中和文化也不同于西方偏于对立的斗争文化。中国文化讲对立而不对抗，强调“和实生物”，认为天时不如地利，地利不如人和，和则万事兴，和则两利，斗则两伤，“和”是事物发展的动力。西方文化认为斗争是事物发展的动力，不斗争事物就不能发展。更重要的是中国文化认为由“和”而生的万物，不是阴胜阳败，或阳胜阴败，不是一方吃掉另一方，而是相反相济，相反相补，扬长避短，相互助长，求同存异，相互包容，共生共存，共进共荣；而西方依靠斗争性达到的同一性，则认为双方水火不容，必以一方之失败换取一方之胜利，必以一方为他方消灭为代价。中国民族文化的发展，犹如滚雪球，越滚越大，在滚动中，今天变百分之十，明天变百分之十，后天再变百分之十，它日新月异，不断在量变中发生质变，不断在升华中求得新生；它与时俱进，不断与历史同步。因而中华民族文化没有古埃及、古印度文化的中断，成为世界上唯一没有衰落而保持旺盛生命力的伟大文化。而西方文化的发展常以“飞跃”的突变形式出现，每一次的新生，都是在废墟基础上的重塑，因而古代文化的中断可能就是必然的，而每次重建的代价似乎也更大了些。中国传统文化的和谐精神，是中华民族具有巨大凝聚力的心理根源和传统力量，也是中国古代社会超稳定性的精神因素和文化基因，它对于构建社会主义和谐社会，仍有重要的现实意义和巨大的精神力量。

(原载《文史哲》2006年第2期)

参考文献

著作类文献

[1]《中共中央关于深化文化体制改革推动社会主义文化大发展大繁荣若干重大问题的决定》,人民出版社 2011 年版。

[2]《中国大百科全书》总编委会编:《中国大百科全书》第 11 册,中国大百科全书出版社 2009 年版。

[3]《中国儒学年鉴(2010 年)》总第 10 卷,济南新汉洋商务印书有限公司印制,2010 年。

[4]蔡源莉、吴文科:《中国曲艺史》,文化艺术出版社 1998 年版。

[5]曾繁仁:《生态美学导论》,商务印书馆 2010 年版。

[6]柴莹:《文化视域中的张艺谋》,中国社会科学出版社 2011 年版。

[7]陈炎:《文明与文化》,山东大学出版社 2006 年版。

[8]陈炎主编:《当代中国审美文化》,河南人民出版社 2008 年版。

[9]丁亚平、吴江主编:《跨文化语境的中国电影:当代电影艺术回顾与展望》,中国电影出版社 2009 年版。

[10]董健、胡星亮主编:《中国当代戏剧史稿(1949～2000)》,中国戏剧出版社 2008 年版。

[11]方文山:《青花瓷:隐藏在釉色里的文字秘密》,作家出版社 2008 年版。

[12]辜鸿铭:《中国人的精神》,黄兴涛、宋小庆译,海南出版社 1996 年版。

[13]胡惠林、单世联:《文化产业学概论》,书海出版社 2006 年版。

[14]贾明玉编:《吴冠中文集》,山东美术出版社 2011 年版。

[15]蒋慧明编著:《中国国粹艺术读本:相声》,中国文联出版社 2008 年版。

[16]康有为著,乔继堂选编:《康有为散文》,上海科学技术文献出版社 2013

年版。

[17]李尔葳：《张艺谋说》，春风文艺出版社 1998 年版。

[18]李刚：《论中国第五代导演的文化精神》，中国社会科学出版社 2008 年版。

[19]李零：《郭店楚简校读记》，北京大学出版社 2002 年版。

[20]李炜、任芳编著：《中国现代、当代舞蹈发展概论》，四川大学出版社 2006 年版。

[21]李乡状：《小品艺术与赏析》，吉林音像出版社、吉林文史出版社 2006 年版。

[22]李泽厚：《美学三书》，安徽文艺出版社 1998 年版。

[23]李泽厚、刘纲纪主编：《中国美学史》，中国社会科学出版社 1984 年版。

[24]李泽厚：《李泽厚十年集(1979～1989)》第 1 卷，安徽文艺出版社 1994 年版。

[25]李泽厚：《论语今读》，安徽文艺出版社 1999 年版。

[26]梁启超著，李华兴、吴嘉勋编：《梁启超选集》，上海人民出版社 1984 年版。

[27]梁漱溟：《东西文化及其哲学》，上海人民出版社 2006 年版。

[28]梁思成：《中国建筑史》，百花文艺出版社 2005 年版。

[29]林迅：《新媒体艺术》，上海交通大学出版社 2011 年版。

[30](南北朝)刘勰著，周振甫注：《文心雕龙注释》，人民文学出版社 1981 年版。

[31]刘宗超：《中国书法现代创变理路之反思》，江西美术出版社 2008 年版。

[32]鲁虹：《现代水墨二十年》，湖南美术出版社 2002 年版。

[33]马克思、恩格斯著，陆梅林辑注：《马克思恩格斯论文学与艺术》上册，人民文学出版社 2002 年版。

[34]洛齐编：《书法与当代艺术——世纪末的最后碰撞》，中国美术学院出版社 2001 年版。

[35][德]汉斯·彼得·马丁、[德]哈拉尔特·舒曼：《全球化陷阱：对民主和福利的进发》，张世鹏等译，冯文光校，中央编译出版社 1998 年版。

[36]孟梅林、盛容：《装饰艺术》，合肥工业大学出版社 2004 年版。

[37]倪钟之：《中国曲艺史》，春风文艺出版社 1991 年版。

[38]欧阳友权主编：《文化产业通论》，湖南人民出版社 2006 年版。

[39]钱穆：《孔子传》，三联书店 2009 年版。

[40]孙隆基：《中国文化的深层结构》，广西师范大学出版社 2011 年版。

[41]孙中山:《三民主义》,九州出版社 2011 年版。

[42]汪景寿、[日]藤田香:《相声艺术论》,北京大学出版社 1992 年版。

[43]王决、汪景寿、[日]藤田香:《中国相声史》,北京燕山出版社 1995 年版。

[44]王克芬编著:《中国古代舞蹈史话》,人民音乐出版社 1980 年版。

[45](明)王守仁撰,吴光等编校:《王阳明全集》,上海古籍出版社 2011 年版。

[46](清)王文诰辑注,孔凡礼点校:《苏轼诗集》,中华书局 1982 年版。

[47]吴冠中:《文心画眼》,团结出版社 2008 年版。

[48]吴玉杰:《新历史主义与历史剧的艺术构建》,中国社会科学出版社 2005 年版。

[49]谢名家等:《文化产业的时代审视》,人民出版社 2002 年版。

[50]徐复观:《中国艺术精神》,华东师范大学出版社 2001 年版。

[51]许文胜:《和谐之道》,东方出版社 2008 年版。

[52]杨博一:《美国脱口秀》,京华出版社 2000 年版。

[53]杨远婴、潘桦、张专主编:《90 年代的"第五代"》,北京广播学院出版社 2000 年版。

[54]叶朗主编:《中国文化产业年度发展报告(2003)》,湖南人民出版社 2003 年版。

[55]易存国:《固着与超越:中国审美文化论》,安徽文艺出版社 2000 年版。

[56]尹鸿:《当代电影艺术导论》,高等教育出版社 2007 年版。

[57]于明诠:《是与不是之间——书法传统的文化寻绎与当代述说》,山东人民出版社 2007 年版。

[58]张歌东编著:《数字时代的电影艺术》,中国广播电视出版社 2003 年版。

[59]张新平主编:《万里长城永不倒——爱国主义为核心的民族精神》,兰州大学出版社 2012 年版。

[60]张渝、沈珉:《书法主义》,湖南美术出版社 2003 年版。

[61]中国大百科全书出版社不列颠百科全书编辑部编译:《不列颠百科全书:国际中文版》(18),中国大百科全书出版社 1999 年版。

[62]中国社会科学院语言研究所词典编辑室:《现代汉语词典》,商务印书馆 2012 年版。

[63]中华书局编辑部点校:《全唐诗》第 3 册,中华书局 2013 年版。

[64]周津编:《幽默的艺术——相声·小品》,大连出版社 1996 年版。

[65]周来祥、陈炎:《中西比较美学大纲》,安徽文艺出版社 1992 年版。

[66]周来祥、周纪文:《中华审美文化通史(秦汉卷)》,安徽教育出版社 2007

年版。

[67]周来祥:《三论美是和谐》,山东大学出版社 2007 年版。

[68]周来祥:《文艺美学》,人民文学出版社 2003 年版。

[69]周来祥:《周来祥美学文选》上、下,广西师范大学出版社 1998 年版。

[70]周宪:《中国当代审美文化研究》,北京大学出版社 1997 年版。

[71]朱光潜:《西方美学史》,人民文学出版社 1979 年版。

[72](宋)朱熹撰:《四书章句集注》,《新编诸子集成》本,中华书局 1983 年版。

[73]朱颖辉:《当代戏曲四十年》,文化艺术出版社 1993 年版。

[74][澳]约翰·多克:《后现代主义与大众文化》,吴松江、张天飞译,加洛审校,辽宁教育出版社 2001 年版。

[75][德]瓦尔特·本雅明:《机械复制时代的艺术作品》,王才勇译,中国城市出版社 2002 年版。

[76][德]黑格尔:《小逻辑》,贺麟译,商务印书馆 2010 年版。

[77][德]恩斯特·卡西尔:《人论》,甘阳译,上海译文出版社 1985 年版。

[78][德]康德:《判断力批判》上卷《审美判断力的批判》,宗白华译,商务印书馆 1964 年版。

[79][德]马克斯·霍克海默、[德]西奥多·阿道尔诺:《启蒙辩证法——哲学判断》,渠敬东、曹卫东译,上海人民出版社 2006 年版。

[80][德]马克思、恩格斯:《共产党宣言》,中央编译出版社 2005 年版。

[81][德]马克思、恩格斯:《马克思恩格斯全集》第 42 卷,人民出版社 1979 年版。

[82][德]马克思、恩格斯:《马克思恩格斯全集》第 13 卷,人民出版社 1998 年版。

[83][德]马克思、恩格斯:《马克思恩格斯选集》第 4 卷,人民出版社 1995 年。

[84][德]马克思:《资本论》第 1 卷,中共中央马克思恩格斯列宁斯大林著作编译局编译,中央编译出版社 1975 年版。

[85][德]沃尔夫冈·韦尔施:《重构美学》,陆扬、张岩冰译,上海译文出版社 2006 年版。

[86][俄]巴赫金:《巴赫金全集》第 5 卷,白春仁、顾亚铃译,河北教育出版社 1998 年版。

[87][法]让·波德里亚:《论诱惑》,张新木译,南京大学出版社 2011 年版。

[88][法]丹纳:《艺术哲学》,傅雷译,江苏文艺出版社 2012 年版。

[89][法]罗兰·巴特:《神话——大众文化诠释》,许蔷蔷、许绮玲译,上海人

民出版社 1999 年版。

[90][古希腊]亚里士多德:《政治学》,吴寿彭译,商务印书馆 1981 年版。

[91][加]马歇尔·麦克卢汉:《理解媒介——论人的延伸》,何道宽译,商务印书馆 2000 年版。

[92][美]E. 阿伦森:《社会性动物》,邢占军译,缪小春审校,华东师范大学出版社 2007 年版。

[93][美]W. J. T. 米歇尔:《图像理论》,陈永国、胡文征译,北京大学出版社 2006 年版。

[94][美]爱德华·W. 萨义德:《知识分子论》,单德兴译,陆建德校,三联书店 2002 年版。

[95][美]詹明信:《晚期资本主义的文化逻辑:詹明信批评理论文选》,张旭东编,陈清侨等译,三联书店 1997 年版。

[96][美]罗伯特·洛根:《理解新媒介——延伸麦克卢汉》,何道宽译,复旦大学出版社 2012 版。

[97][美]马斯洛:《人的动机理论》,林方主编:《人的潜能和价值——人本主义心理学译文集》,华夏出版社 1987 年版,第 162～168 页。

[98][美]尼尔·波兹曼:《娱乐至死》,章艳译,广西师范大学出版社 2004 年版页。

[99][美]尼葛洛庞帝:《数字化生存》,胡泳、范海燕译,海南出版社 1997 版。

[100][美]塞缪尔·亨廷顿:《文明的冲突与世界秩序的重建》,周琪等译,新华出版社 2010 年版。

[101][美]苏珊·朗格:《艺术问题》,滕守尧译,中国社会科学出版社 1983 年版。

[102][斯]阿莱斯·艾尔雅维茨:《图像时代》,胡菊兰、张云鹏译,吉林人民出版社 2003 年版。

[103][苏]列宁:《哲学笔记》,林利等译校,中共中央党校出版社 1990 年版。

[104][英]E. H. 贡布里希:《秩序感——装饰艺术的心理学研究》,范景中、杨思梁、徐一维译,湖南科学技术出版社 1999 年版。

[105][英]阿诺德·汤因比:《人类与大地母亲——一部叙事体世界历史》上、下卷,徐波等译,上海人民出版社 2012 年版。

[106][英]达尔文:《物种起源》,周建人、叶笃庄、方宗熙译,商务印书馆 2009 年版。

[107][英]德里克·希特:《何谓公民身份》,郭忠华译,吉林出版集团有限责任公司 2007 年版。

[108][英]罗素:《西方哲学史——及其与从古代到现代的政治、社会情况的联系》，何兆武、李约瑟译，商务印书馆1963年版。

[109][英]马林诺夫斯基:《文化论》，费孝通等译，中国民间文艺出版社1987年版。

[110]Bernard M. Timberg. *Television Talk : A History of the TV Talk Show*. Austin: University of Texas Press, 2002.

[111] Thomas S. Yukic. *Fundamentals of Recreation*. NY: Harpers & Row, 1970.

期刊类文献

[1]《中共中央关于构建社会主义和谐社会若干重大问题的决定》，载《前线》2006年第11期。

[2]《中共中央关于深化文化体制改革推动社会主义文化大发展大繁荣若干重大问题的决定》，载《求是》2011年第21期。

[3]曾振宇:《文化认同与文化产业化》，载《山东社会科学》2010年第10期。

[4]陈旭光、车琳、李雨谏:《2011年中国电影产业与艺术年度报告》，载《文艺争鸣》2012年第2期。

[5]董伟、茅威涛、傅谨等:《百年越剧与茅威涛的追求》，载《中国戏剧》2007年第1期。

[6]高清海:《中国传统哲学的思维特质及其价值》，载《中国社会科学》2002年第1期。

[7]巩艳芳:《论新时期国家观念内涵的扩展》，载《中州学刊》2011年第3期。

[8]韩少功:《文学的"根"》，载《作家》1985年第4期。

[9]黄永林、谈国新:《中国非物质文化遗产数字化保护与开发研究》，载《华中师范大学学报(人文社会科学版)》2012年第3期。

[10]江凌:《消费主义语境下中国电影"亲民审美"的价值影响力》，载《当代文坛》2013年第2期。

[11]刘冰:《论儒家"普遍和谐"观念的现代意义》，载《新视野》2008年第2期。

[12]刘筠梅:《高校文化产业学科建设的现状与思考》，载《内蒙古大学艺术学院学报》2011年第3期。

[13]罗松:《小百花能否华丽转身》，载《中国戏剧》2009年第2期。

[14]茅威涛:《寻找平凡的心动》，载《中国戏剧》2007年第9期。

[15]牟世晶、张伟:《论民族精神与社会主义核心价值体系的辩证关系》,载《理论月刊》2012 年第 9 期。

[16]钱淑芳:《视角与聚焦:脱口秀节目之网络与电视》,载《视听界》2009 年第 6 期。

[17]孙春萌:《北京奥运会仪式音乐文化初探》,载《科技信息》2009 年第 15 期。

[18]谭盾:《〈水乐〉带我回家了》,载《东方艺术》2010 年第 5 期。

[19]谭盾:《我要为学院出力,为祖国服务》,载《中央音乐学院学报》1986 年第 2 期。

[20]唐朴林:《解读谭盾“中国音乐走向世界,只有靠民乐”之说》,载《中国音乐》2008 年第 3 期。

[21]陶莹:《哈辉:传颂汉音的使者》,载《文化月刊》2012 年第 5 期。

[22]童庆炳:《文学经典建构诸因素及其关系》,载《北京大学学报(哲学社会科学版)》2005 年第 9 期。

[23]王省民:《民族艺术走向文化市场——对青春版〈牡丹亭〉演出成功的另类解读》,载《文艺争鸣》2010 年第 5 期。

[24]肖鹰:《从求真悦学到视学为术——于丹现象批判》,载《当代文坛》2007 年第 4 期。

[25]杨经建:《新古典主义与二十世纪中国文学》,载《文艺研究》2006 年第 4 期。

[26]仪平策:《当代审美文化建设与古代审美文化资源》,载《理论学刊》2009 年第 9 期。

[27]张斌、孔令云:《文化产业界定研究综述》,载《滨州学院学报》2011 年第 8 期。

[28]张志全:《当代戏曲保护与传播的困境及其对策研究》,载《戏剧文学》2013 年第 4 期。

[29]峥嵘:《谭盾〈地图〉的音乐人类学解读》,载《中国音乐》2006 年第 3 期。

[30]周纪文、方超:《从周立波的“海派清口”看当代市民审美文化的新特质》,载《民俗研究》2010 年第 4 期。

[31]周纪文:《艺术体认与中华民族精神的传承》,载《东岳论丛》2013 年第 7 期。

[32]周来祥:《从和谐美学看和谐社会》,载《文艺研究》2007 年第 2 期。

[33]周来祥:《和・中和・中——再论中国传统文化的和谐精神及其审美特征》,载《文史哲》2006 年第 2 期。

[34]周来祥：《现代和谐的哲学与美学思考》，载《文史哲》2008 年第 1 期。

[35]周宪：《论奇观电影与视觉文化》，载《文艺研究》2005 年第 3 期。

[36]周宪：《重建阅读文化》，载《学术月刊》2007 年第 5 期。

[37]朱栋霖：《论青春版〈牡丹亭〉现象》，载《文学评论》2006 年第 6 期。

报纸类文献

[1]《"慢生活"：时尚生活方式的新选择》，载 2013 年 6 月 5 日《文汇报》。

[2]邓线平：《为什么要扎实推进社会主义文化强国建设?》，载 2013 年 1 月 9 日《南方日报》。

[3]李惠子：《足尖上的政治与欲望》，载 2008 年 2 月 13 日《中国青年报》。

[4]任仲平：《文化强国的"中国道路"——论推动社会主义文化大发展大繁荣》，载 2011 年 10 月 15 日《人民日报》。

[5]习近平：《关于〈中共中央关于全面深化改革若干重大问题的决定〉的说明》，载 2013 年 11 月 16 日《光明日报》。

[6]习近平：《致生态文明贵阳国际论坛二零一三年年会的贺信（2013 年 7 月 18 日）》，载 2013 年 7 月 21 日《人民日报》。

[7]徐虹：《第三种生活：看得见的风景》，载 2002 年 9 月 21 日《中国青年报》。

[8]杨奎松：《何为民族主义，我们应该怎样爱国？——杨奎松教授访谈录》，载 2005 年 7 月 28 日《南方周末》。

[9]张玉玲：《"印象"系列：打造文化产业的中国品牌》，载 2010 年 2 月 24 日《光明日报》。

学位论文

[1]阳泳红：《周立波的海派清口研究》，四川师范大学硕士学位论文，2014 年。

[2]张彩云：《谭盾钢琴组曲〈八幅水彩画的回忆〉创作研究》，西南大学硕士学位论文，2009 年。

图书在版编目(CIP)数据

美,在传统与创新之间/周纪文,傅合远主编.
—济南:山东大学出版社,2016.10
ISBN 978-7-5607-5638-7

Ⅰ.①美… Ⅱ.①周… ②傅… Ⅲ.①审美文化—研究—中国
Ⅳ.①B83—092

中国版本图书馆 CIP 数据核字(2016)第 244579 号

责任策划:傅 侃
责任编辑:傅 侃 李昭辉
封面设计:张 荔

出版发行:山东大学出版社
社 址 山东省济南市山大南路 20 号
邮 编 250100
电 话 市场部(0531)88364466
经 销:山东省新华书店
印 刷:济南继东彩艺印刷有限公司
规 格:720 毫米×1000 毫米 1/16
18 印张 319 千字
版 次:2016 年 10 月第 1 版
印 次:2016 年 10 月第 1 次印刷
定 价:28.00 元
